POCHES ODILE JACOB

BIOLOGIE DES PASSIONS

DU MÊME AUTEUR
aux Éditions Odile Jacob

Casanova, la contagion du plaisir (Prix Blaise Pascal), 1990.
Celui qui parlait presque, 1993.
La Chair et le Diable, 1996, « Poches Odile Jacob », 2000.
La Vie est une fable, 1998.
Qu'est-ce que l'homme ? Sur les fondamentaux de la biologie et de la philosophie, avec Luc Ferry, 2000, « Poches Odile Jacob », 2001.

JEAN-DIDIER VINCENT

BIOLOGIE DES PASSIONS

Préface de Claude Kordon

Illustrations de
François Durkheim

Odile Jacob
poches

ÉDITIONS ODILE JACOB, 1986, 1994, 1999, MARS 2002
15, RUE SOUFFLOT, 75005 PARIS

www.odilejacob.fr

ISBN : 978-2-7381-1083-1
ISSN : 1621-0654

Avant-propos

Quelques millions de neurones à jamais perdus séparent l'auteur de ces lignes et celui de *Biologie des passions*. Une dizaine d'années après les débuts de son écriture, ce livre paraît à la relecture avoir pris moins de rides que celui qui l'a écrit. C'est que l'urgence du désir n'a pas cessé d'exercer son emprise sur les hommes et que ceux-ci restent plus que jamais les esclaves de leurs passions. Le soi-disant « post-modernisme » a voulu faire croire que la distribution des prix était achevée et qu'il convenait maintenant de goûter, sans trop d'impatience, aux joies machinales d'un destin tout tracé. Au buffet scientiste les invités se sont précipités, comme des sauterelles affamées par les mets innombrables servis par la nouvelle biologie. Mais la nourriture était amère et ne rassasiait pas ; on consomme depuis avec un certain dégoût et il faut de la bioéthique pour faire passer les plats.

Les faits rapportés dans ce livre et les interprétations qui en sont données restent pertinents pour l'essentiel. Les attitudes idéologiques qui étaient visées n'ont pas perdu de leur arrogance. Dans la deuxième partie, souvent négligée par le lecteur épuisé par le discours savant du début et impatient de connaître, dans la suite, les secrets chimiques de ses passions, l'auteur décrivait, tout en revendiquant le droit à l'ironie, un certain nombre de « machines célibataires » qui fonctionnent pour la jouissance privée de ceux qui les construisent ; machines fabriquées à partir d'éléments du réel, mais qui ne sont pas destinées à fonctionner comme telles : principalement productrices d'idéologie, elles ne sont pas dépourvues de dangerosité. Parmi elles, les réseaux neuronaux d'ordinateur permettent d'entretenir l'illusion physicaliste selon laquelle l'homme n'est qu'une machine particulièrement douée pour les mathématiques appliquées. Des règles de logique fondées sur la raison universelle offrent à Homo Sapiens l'avenir radieux d'un destin programmé (Robot Sapiens). Et d'avoir trop négligé ses passions et sa nature animale, l'homme se trouve surpris devant ses propres violences et l'affirmation généralisée de son immonde « bêtise » : bête qui se repaît du sang de son prochain et jouit de voir l'autre humilié et dépouillé de son bien. Pendant ce temps, toujours plus virtuel et plus éloigné du réel, le commerce se répand sur la biosphère à coup d'ordinateurs toujours plus puissants et d'algorithmes déchaînés partis à la conquête d'eux-mêmes. Est-ce le triomphe annoncé de l'esprit ?

Biologie des passions a été bien reçu à sa sortie par un public prêt à y voir une protestation contre un réductionnisme qui faisait la part trop belle aux neurones aux dépens de l'esprit. L'auteur n'a pas à redire, sinon qu'il ne partage pas ce point de vue. Un biologiste n'a rien à faire d'une substance immatérielle qui viendrait animer les rouages compliqués du cerveau. Le vivant suffit au vivant pour vivre et il n'est besoin que du langage pour que l'homme réalise qu'il a de l'esprit. A l'opposé, des enquêteurs soucieux de vulgarisation et des naïfs en mal de solutions simples à leurs problèmes existentiels se sont acharnés à interroger l'auteur sur les molécules du plaisir ou les hormones du coup de foudre. Comme si la mystérieuse chimie des passions pouvait se réduire à quelques ingrédients distillés dans l'hypothalamus. La vie, les passions animales, une affaire de molécules, bien sûr, mais celles-ci ne sont jamais au singulier : tout le vivant réside dans les relations qui les unissent, supportées par des forces qui sont celles de la physico-chimie mais qui créent et entretiennent des formes qui n'appartiennent qu'au vivant et sont, à leur tour, génératrices de forces. L'esprit n'est pas dans les formes, mais dans les rapports existants entre celles-ci ; le cerveau de l'homme en est la plus belle manifestation.

En huit ans, la biologie moléculaire a apporté une moisson considérable de faits scientifiques, replaçant les dess(e)ins et les enjeux de la vie dans le génome. Mais, paradoxalement, ce dernier n'est plus seul et n'apparaît plus comme le tyran exclusif régnant sur les fonctions du vivant. Descendus de leur Olympe, les gènes sont livrés aux caprices des facteurs cellulaires et extracellulaires qui règlent leur expression et leur déploiement spatio-temporel. Le concept d'état central fluctuant, qui sert de fil conducteur à l'exploration des mécanismes des passions, pourrait aussi bien s'appliquer au niveau du génome et de la cellule ; mais il s'agirait d'un autre livre. En attendant l'invasion de nouvelles machines célibataires, nous laisserons donc celle-ci fonctionner avec la sérénité des vieilles horloges.

Jean-Didier Vincent
« Les Fontaines », juillet 1994

Préface

Pourquoi l'humeur, la douleur ou l'état amoureux transforment-ils non seulement notre manière d'agir, mais aussi notre façon de penser ? Quels sont les paramètres biologiques communs aux comportements inspirés par la pulsion sexuelle et par la recherche du pouvoir ? Ces questions et bien d'autres que suscitent l'introspection ou l'observation naïve des autres, les scientifiques les éludent volontiers comme insuffisamment respectables. La vulgarisation (comme ils disent finement) de Jean-Didier Vincent n'a pas cette arrogance ; elle simplifie, sans escamoter la complexité ; elle tente de dépasser l'anecdotique par l'anecdote ; elle ne s'abaisse pas au niveau du profane, mais elle l'apprivoise par le paradoxe. Celui-ci menace-t-il de tourner à la provocation ? Le voilà qui débouche sur l'épistémologie ou sur la mythologie ; ou qui renvoie l'affrontement de la pensée immatérielle et du cerveau-machine à un théâtre d'ombres chinoises. Dialectique étonnante, qui bouscule la dualité du monde extérieur et de notre représentation du réel, du milieu intérieur et d'une conscience qui lui serait irréductible. Mais ce n'est pas un propos d'illusionniste : les grands débats de la neurobiologie moderne y demeurent parfaitement lisibles. Quand il n'était que *terra incognita,* le cerveau a d'abord été décrit par des défricheurs venus de l'anatomie et de la physiologie ; il l'a donc été en termes de câblage et de potentiels électriques. Vue par eux, pathologie mentale égale lésion. La deuxième génération d'explorateurs, issue de la biochimie, de la biologie moléculaire et de la théorie de la communication, voit surtout dans le système nerveux un échange de signaux chimiques codés ; elle exprime son image de la maladie neurologique ou psychiatrique par des carences ou des pléthores de *médiateurs*. L'auteur, descendant de la première vague, mais plus proche par le cœur et par l'esprit de la deuxième, voit dans le jeu des hormones un moyen de rapprocher des conceptions mal réconciliées. Ces signaux qui diffusent librement dans l'organisme introduisent un degré d'incertitude dans la rigueur extrême des câblages neuronaux. Bien des biologistes ont cherché cette incertitude sous l'agencement trop bien ordonné de la communication neuronale. Il y a trente ans, Alfred Fessard envisageait déjà que les potentiels d'action échappent, par des « courants de fuite », au déterminisme contraignant des architectures cérébrales. On peut ainsi entrevoir qu'une plage de liberté se glisse entre les deux dimensions dominantes, l'affective et la discursive, de la connaissance.

L'immersion de notre organe noble dans ce bouillonnement d'humeurs permet de dépasser les représentations mécanistes de l'organisation nerveuse, du réseau téléphonique des neuro-anatomistes au jeu de clés et serrures des pharmacologistes moléculaires. Elle fait justice de la hiérarchie illusoire de cerveaux multiples – structures reptiliennes maîtresses des pulsions animales, structures cognitives émergeant avec les primates –, dernier avatar d'un siège épiphysaire de l'âme et de la peur anthropomorphique d'abaisser notre conscience superbe au rang d'une interaction biologique parmi d'autres.

Palais de l'esprit plutôt que musée du savoir, l'ouvrage de Jean-Didier Vincent présente une vision qui procède à la fois de l'humanisme et de l'ère informatique. Sa science s'y inscrit très naturellement dans nos racines culturelles.

L'humour, et bien sûr la pointe de moralisme des mauvais esprits, la sauvent du réductionnisme. Livre délectable, qui donne en prime le sentiment fugitif d'embrasser d'un seul regard les multiples facettes du cerveau, le plus étrange de nos attributs.

Claude Kordon

The whole man must move together.

Introduction

> Il y a des fois où il faut boire un coup de trop et prendre ses ébats et s'amuser, bref, commettre quelques péchés, en haine et mépris du diable... Je boirai donc parce que tu le défends et même je boirai un bon coup ! Il faut toujours faire ce que Satan défend ! Oh ! Si je pouvais enfin imaginer quelque énorme péché pour décevoir le diable et qu'il comprenne que je ne reconnais aucun péché, que ma conscience ne m'en reproche aucun.
>
> MARTIN LUTHER, *Correspondance.*

« D'aussi loin que je me souvienne, je n'ai jamais pensé qu'à ça », confiait, à l'approche de la mort, un philosophe contemporain connu pour l'austérité de ses mœurs [1]. L'aveu rappelait que, malgré les arrangements de langage qui s'étaient succédé depuis les temps obscurs, l'homme n'avait cessé d'être « bêtement » l'esclave de ses « passions ». Si l'on additionnait chez lui le temps occupé à avoir faim, soif, à être éperdu de désir, à retenir ou à satisfaire un besoin de puissance, d'affection ou simplement de défécation, il ne lui resterait guère de loisir pour l'exercice exclusif des fonctions nobles de l'espèce, le langage et la pensée. Partageant avec ce philosophe une éducation fondée sur la présence constante du péché, nous avons découvert très tôt qu'on pouvait, comme l'indique Thomas d'Aquin, souffrir du contraste entre l'appétit intellectif, où se manifeste l'empire de la volonté, et l'appétit sensitif, sujet des humaines passions [2]. Mais ces passions étaient-elles mauvaises comme le proclamait une tradition morale violente venue des stoïciens ? Étaient-elles des maladies de l'âme qu'il s'agissait à tout prix d'extirper [3] ? Ne retrouvait-on pas les sanctions de ce moralisme dans l'exil imposé aux *passions* par les docteurs dans les bas-fonds du cerveau et dans les marais des humeurs, laissant à l'exercice de la raison les nobles étendues du cortex, toujours plus vastes à mesure que l'évolution rapprochait la bête de l'ange ? Sommés de décliner notre appartenance aux « chargés de pensée » ou aux « chargés de passions » auprès d'un hypothétique ministère de la vie, nous avons choisi de nous réfugier dans l'énoncé de données biologiques et entrepris de ne rapporter des passions que ce qui concernait des observations recueillies en laboratoire.

Ce faisant, il ne sera plus question, tout au long de cet essai, que de faits expérimentaux ou d'observations recueillis pour la plupart chez des animaux. Nous ne manquerons pas ainsi de contrarier l'idée tenace selon laquelle l'*instinct aveugle* est l'apanage des animaux, en opposition avec l'*intelligence consciente et humaine fondée sur le raisonnement et le discours*... La thèse cartésienne du *machinisme des bêtes* a tout fait pour affermir cette opinion. Plutôt que nous perdre dans une interminable discussion sur l'intérêt des modèles animaux dans la compréhension des phénomènes humains, nous préférons nous rallier à l'opinion d'un contemporain de Descartes, Cureau de La Chambre, selon qui l'instinct, loin d'être incompatible avec le raisonnement, l'implique plutôt. L'instinct, dit-il, est « le refuge ordinaire de ceux qui ne veulent point reconnaître le raisonnement des animaux, et qui leur est comme un mot consacré ou une parole magique, avec laquelle ils croyent fasciner les esprits et arrêter toutes les raisons qu'on leur objecte ». Tous les mouvements de l'appétit sont précédés par deux propositions, l'une qui fait connaître que telle chose est bonne, et l'autre qu'on la peut faire ; et que l'opération est la conclusion qui ferme et termine ces deux propositions [4]. Il n'est meilleure définition de ce que l'on appelle aujourd'hui les *fonctions cognitives,* dont on reconnaît qu'elles jouent un grand rôle dans la genèse des comportements animaux et humains, à côté des associations purement machinales entre les stimuli et leurs réponses.

Mais qu'entendons-nous par *passions* ? A ne considérer que l'homme agissant et maître de ses conduites, on oublie trop ce qu'il subit de faim et de soif liées aux besoins du corps, de souffrance liée aux douleurs et de plaisir ou de frustration liés aux événements de sa vie affective. Ainsi désignerons-nous par *passions* tout ce qui est subi par l'animal ou l'homme. Nous retrouvons dans le terme son sens primitif dérivé de *pâtir ;* il indique un caractère passif, qui l'oppose au mouvement et à l'exercice de la volonté. Il est, peut-être, significatif que le terme de *passions* en usage chez les philosophes et physiologistes de l'âge classique ait disparu du langage des psychologues et des biologistes contemporains, pour être remplacé par celui d'*émotions,* qui implique au contraire la notion de mouvement. L'origine de cette désaffection tient à Descartes [5] lui-même, qui voit dans le *mouvement* le critère primordial de la passion. Qu'il s'agisse des mouvements qui sont excités dans les organes des sens par leurs objets ou des mouvements des « esprits animaux » excités en nos nerfs, tous aboutissent à une glande – *coronarion* – située dans le cerveau et dont les mouvements font sentir à l'âme la passion. Cette critique a été reprise par T. Ribot, qui en tient principalement pour responsables les auteurs anglo-saxons [6]. Encore, pour Ribot, les passions ne sont-elles que des émotions, c'est-à-dire des états affectifs éruptifs, assujetties au temps et intellectualisées. C'est cet usage du mot *passion* qui s'est conservé aujourd'hui pour désigner un état violent des sentiments qui nous porte vers une autre personne (passion amoureuse) ou vers tout autre objet qui accapare notre volonté (passion du jeu, par exemple).

Le matérialisme mécaniste qui a inspiré la physiologie neuronale s'est désintéressé des passions. L'idéologie neuronale ne peut se passer du mouvement. Le moi neuronal élabore des images-mouvements et l'action représente la force d'auto-organisation du cerveau. Les émotions sont actions-conduites, tout à l'inverse des passions. Le moi des passions serait au contraire un moi passif subissant les contraintes du milieu et de l'espèce, un moi humoral que l'on pourrait opposer au moi neuronal.

Mais ce serait une erreur de considérer les passions comme les effets purement passifs de la présence de l'être au monde. Il nous paraît au contraire que les passions sont partie intégrante de l'être et fondent sa « réalité existentielle ». Nous suivons en cela la thèse développée par le physiologiste allemand Johannes Müller (1826) [7] qui s'inspire largement de la théorie des passions chez Spinoza. « Toutes les passions, dit-il, peuvent être ramenées au plaisir, à la peine et au désir. Dans toutes, on trouve pour éléments l'idée de soi-même ou de sa vie propre, l'idée de choses étrangères qui limitent ou agrandissent notre vie propre, le penchant à la conservation de soi-même et le pouvoir d'aider ou de contrarier ce penchant. » Dans ce texte, il est dit encore « [...] qu'il n'y a qu'un seul et unique appétit, une seule et unique tendance originelle à maintenir et étendre le pouvoir de sa propre existence [8] ». De cette primauté du désir, il sera beaucoup question par la suite. Le désir « détermine des mouvements de l'appétit par lequel l'âme tâche de s'approcher du bien et de s'éloigner du mal ». Peut-être n'y a-t-il pas très loin du désir à ce que d'autres appellent l'amour. Bossuet, qui dénombre onze passions, ajoute : « [...] et même nous pouvons dire, si nous consultons ce qui se passe en nous-même, que nos autres passions se rapportent au seul amour et qu'il les renferme et les excite toutes... Ôtez l'amour, il n'y a plus de passion, reposez l'amour, vous les faites toutes naître [9]. » Et, un prêtre de l'Oratoire, le père Sénault, écrit : « Tous ces mouvements qui troublent notre âme ne sont que des amours déguisés ; nos craintes et nos désirs, nos espérances et nos désespoirs, nos plaisirs et nos douleurs, sont des visages que prend l'amour suivant les bons et les mauvais succès qui lui arrivent [10]. » On trouvera, dans notre chapitre sur le sexe, un texte de Freud qui ne dit pas autre chose. La biologie, avec la notion d'attachement-amour établie par Bowlby [11], montrera ce caractère primordial de l'amour conçu comme l'attribut exclusif du désir.

Une brève introduction n'est sûrement pas le lieu d'exposer la théorie spinoziste des passions. Les biologistes, au contraire des psychiatres, s'embarrassent peu de Spinoza. Ils ont tort. Le spinozisme est un système cosmologique, il n'est pas une théorie de l'expérience. Il permet plus facilement que d'autres de tenir une électrode d'une main et un chapelet ou un manuel d'idéologie de l'autre. Claude Bernard, qui passe pour le plus dualiste des savants, ne se prive pas de faire appel à la *concomitance* qui dérive de l'idée spinoziste du parallélisme psychophysique. Il écrit, dans une des *Lettres beaujolaises* adressées à Mme Raffalovich : « On ne ramènera jamais les manifestations de notre âme aux propriétés brutes des appareils nerveux pas plus qu'on ne comprendra de suaves mélodies par les seules propriétés du bois ou des cordes du violon qui sont nécessaires pour les exprimer [12]. »

Les scientifiques se délectent, au contraire, volontiers de Descartes, même s'ils n'en ont pas poursuivi la lecture au-delà de quelques morceaux choisis. Il est vrai que, grâce à Descartes, l'âme immortelle a été chassée définitivement du corps, laissant aux mécaniciens la licence d'explorer le cerveau en toute sérénité. Mais, pour avoir été trop violemment mise à la porte, l'âme, expulsée à l'extérieur des murailles du corps, ne s'est-elle pas faite trop bruyante ? Désormais, il ne sera jamais autant question d'elle que chez ceux qui font profession d'en dénoncer les méfaits. Cette perversion de la pensée cartésienne est particulièrement saisissable dans la doctrine des localisations cérébrales. Comme le remarque Riese [13], « l'effort d'attribuer à des fonctions mentales des résidences cérébrales et régionales est totalement incompatible avec la thèse cartésienne suivant laquelle la pensée n'a pas de nature spatiale », l'étendue n'étant le propre que du corps. A vouloir ne présenter que des mécaniques pour expliquer la pensée, il est à craindre que quelques scientifiques ne se soient parfois transformés en illusionnistes. Face à cette prétendue rigueur, d'autant plus violemment proclamée, comme chez le prestidigitateur, qu'elle ne sert qu'à masquer un « truc », nous ne pouvons que souscrire aux principes énoncés par Spinoza qui affirment l'indépendance des deux séries en cause, à savoir la mentale et la physique. « L'élimination des lois de la conscience, de l'analyse, de l'interprétation et de la localisation des activités cérébrales est en effet la pierre de touche de la neurologie jacksonienne [14] », dans laquelle s'établit une hiérarchie de structures qui ne peuvent être conçues de façon séparée et autonome et qui conduit au principe du parallélisme du psychique et du physique comme manifestation d'une unité fondamentale de l'être. Cette position nous a conduit à la définition du concept d'*état central fluctuant* sur lequel sera fondée notre description biologique des passions.

Il n'empêche qu'au moment où s'avère l'irréductibilité de l'être aux seules pièces qui constituent la machine, celle-ci s'affirme toujours plus complexe dans le même temps qu'elle livre peu à peu les secrets de ses mécanismes intimes. On s'étonnera toutefois de voir que l'on peut dans le même temps analyser des circuits tissés de milliards d'éléments connectés entre eux, d'une complexité à l'image de notre destinée singulière, et mettre au point une molécule unique, capable de provoquer ou de corriger les plus inextricables désordres de l'esprit. Dans l'une des éventualités, le cerveau apparaît comme un ordinateur ineffable et ravissant l'imaginaire, et, dans l'autre, comme une glande dont il suffit de modifier une sécrétion anormale pour rétablir les fonctions dérangées. Voyez ce malade appelé schizophrène. Il se déplace à pas lents d'automate ; ses mains collées au corps égrènent d'invisibles chapelets ; son regard est noyé dans sa face figée. Il a suffi de quelques grammes d'un « neuroleptique » pour faire d'un furieux à l'intelligence torturée ce zombie qui croise ses semblables dans le jardin de la maison de santé. Un simple médicament introduit dans les humeurs diffuses du corps suffit à réduire la merveilleuse machine qui crée et se crée, qui perçoit et se perçoit, à n'être plus qu'un automate désœuvré. Ainsi le scientifique n'est-il pas le seul accusé de réductionnisme, et la nature elle-même montre l'exemple d'une radicale simplification.

Même un être unicellulaire possède un certain degré de liberté entre les récepteurs de l'information à la surface de la cellule et les effecteurs situés à l'intérieur [15]. L'évolution des espèces consiste en un accroissement progressif du nombre des intermédiaires entre les informations venues du monde et les effecteurs responsables des actions. Le degré de liberté de l'animal augmente avec le nombre de ces intermédiaires. Mais c'est parce que l'élément liquidien et les substances qu'il transporte introduisent une solution de continuité dans l'organisation des cellules, que cette liberté est possible. Notre approche des passions sera donc précédée d'une étude des humeurs, c'est-à-dire des milieux liquidiens de l'organisme et des substances qui, en leur sein, permettent la communication.

Nous traiterons ainsi de ce que l'on appelle la constance du milieu intérieur. Le milieu intérieur est censé reconstituer autour des cellules les caractéristiques du milieu marin originel. Selon le principe de l'*homéostasie*, tout écart à la norme se traduit par la mise en jeu de mécanismes tendant à ramener la grandeur perturbée à sa dimension initiale. Dans ces conditions, les passions ne seraient qu'un rappel à la norme, une sorte de névrose du normal ; ce dernier serait un immobile référentiel fictif. En réalité, derrière l'impassibilité du milieu intérieur se cache un imbroglio de fausses constantes, toutes plus ou moins interdépendantes et chacune variable d'une espèce à l'autre, d'un individu à l'autre et au sein du même, selon le temps et les circonstances. On conçoit le volant d'inertie que peut offrir la perpétuelle agitation des humeurs du milieu intérieur à la souplesse opérationnelle du système nerveux ; le cerveau exposé à un tel remue-ménage ne risque-t-il pas d'en être la victime (y laisser son âme ?). Pour s'en protéger, il a la possibilité d'organiser lui-même son désordre. Le cerveau-glande, par ses multiples sécrétions de neurohormones, se révèle grand maître des humeurs. Au même titre que le cerveau-machine, le cerveau humoral subit et agit, à la fois victime passionnée et ordinateur de sa propre passion.

Une autre protection du cerveau est l'existence d'une barrière de sang et de méninges qui isole le milieu cérébral du reste du milieu intérieur ; une barrière percée de portes, voies de passage à des informations sélectives. Mais, en se repliant dans ses murs, le cerveau a entraîné avec lui les éléments du désordre périphérique. A côté de l'organisation rigoureuse des neurones en réseaux milliardaires de connexions synaptiques, on peut soupçonner à l'intérieur du cerveau un double jeu de sécrétions hormonales modulant au gré d'humeurs diffuses le fonctionnement des grands ensembles neuronaux.

Loin d'asservir l'homme, on voit bien que les passions participent à son affranchissement des contraintes du milieu. Retrouvant en cela la tradition des philosophes du XVIIe siècle, nous étudierons en dernier lieu le bon usage des passions qui traduit leur valeur adaptative. Descartes proclame dans l'article 211 des *Passions de l'âme* « [...] qu'elles sont toutes bonnes de leur nature et que nous n'avons rien à éviter que leur mauvais usage ou leur excès [16] ». Loin de constituer une maladie, les passions, pourvu qu'elles demeurent, comme le dit Aristote, dans une « excellente moyenne », sont le propre de la vertu. Bien plus, de même qu'elles constituent la base de l'expérience de l'être, elles sont aussi la source de la communication entre les êtres.

Nous ressentons finalement la crainte d'abuser le lecteur en lui présentant sous le nom violent et poétique de *passions* ce qui n'est qu'un recueil d'histoires de biologistes. Mais peut-être ne s'agit-il que d'un prétexte métaphorique pour décrire les concepts d'une discipline biologique nouvelle qui aussi est la nôtre : la *neuro-endocrinologie.* Les sciences de la vie n'ont jamais abandonné le langage métaphorique. Plus que toute autre forme, celui-ci exprime la fatalité d'un certain réductionnisme. Ainsi les humeurs désignent-elles aussi bien la teinte joyeuse ou triste de nos « façons d'être » que les liquides de notre corps qui en sont rendus responsables. On parle de fonctions psychiques ralenties comme de rythmes encéphalographiques lents. On pourrait multiplier les exemples où la signification physiologique hésite entre la signification littérale et la signification figurée. Quitte à décevoir le lecteur, notre propos visera uniquement les glandes et les humeurs du cerveau. Mais, à trop fréquenter les métaphores, peut-être succomberons-nous parfois aux délices d'une métaphysiologie : c'est la grâce que je nous souhaite...

Première partie

FLUIDES

CHAPITRE PREMIER

Humeur, humeurs

Ce matin-là, je m'éveillai de mauvaise humeur.

Les humeurs, substances sécrétées par les cellules et fluides qui les transportent, font de notre corps un véritable bouillon de sorcière dont l'humeur, douce ou violente, varie avec la composition. La similitude des mots pour désigner les liquides de notre corps et l'état de nos sentiments révèle, à travers l'unité symbolique, les relations de causalité qui les unissent. La primauté de l'élément liquide dans l'organisation de la vie fonde l'humorisme d'Hippocrate ; elle se heurtera plus tard aux théories mécanistes.

Le jour qui filtre à travers les volets m'annonce que la journée sera maussade. Est-ce la lumière teintée de pluie ou les substances charriées pendant la nuit par mon cerveau endormi ? Je suis de mauvaise humeur ! De cette humeur aux humeurs, qui parcourent notre corps, est tracé notre chemin.

L'humeur, selon J. Delay, est « cette disposition affective fondamentale, riche de toutes les instances émotionnelles et instinctives, qui donne à chacun de nos états d'âme une finalité agréable ou désagréable, oscillant entre les deux pôles extrêmes du plaisir et de la douleur. L'humeur est à la sphère thymique, qui englobe toutes les affections, ce qu'est la conscience à la sphère noétique, qui englobe les représentations ; elle en est à la fois la manifestation la plus élémentaire et la plus générale [1] ». Cette définition met en présence la sphère affective et la sphère raisonnable. Nous y retrouvons l'éternelle confrontation entre l'émotif et le cognitif, ou entre les sentiments et la pensée, qui oppose la bouillie confuse de l'un à la rigueur sèche de l'autre. Une rêverie sémantique sur le mot *humeur* conduit inévitablement à l'élément liquide. Bel exemple d' « imagination substantielle [2] » où le symbole recouvre à la fois l'effet et la cause. Humeur/passion à la fois singulières et plurielles : l'humeur est la mer sur laquelle vogue au gré des courants et des vents la flotte innombrable des passions. La mer, tour à tour calme et violente, a aussi ses humeurs qui retiennent le navire immobile ou le précipitent vers les gouffres. Face à l'humeur et ses humeurs, la raison raisonnante oppose la rigueur de ses mécanismes nerveux. On retrouve ce dualisme à l'œuvre tout au long de l'histoire de la physiologie.

Le cerveau mouillé

Dès sa naissance, à la fin du XVIIIe siècle, la neurophysiologie s'est attachée à l'étude des fonctions de relations – mouvements et perceptions – les plus adaptées aux explications de type mécaniste. Le solide compte seul qui permet le démontage de l'être vivant et du système nerveux en pièces détachées. « Ce n'est pas la croissance du végétal ni même la palpation visqueuse et viscérale du mollusque qui ont suscité des explications du type mécaniste, c'est la locomotion distincte et successive du vertébré, dont le système nerveux centralisé commande en les coordonnant des réactions segmentaires, celles précisément qu'on peut [...] simuler par des mécanismes. Une amibe, dit von Uexküll, est moins machine qu'un cheval [3]. »

Face à ce mécanicisme sec, l'humide a été longtemps négligé. Le domaine de ce que Bichat appelle la « vie végétative », par opposition à la « vie animale », se prête moins à la mise en machine. A ces fonctions végétatives correspondent les instances émotionnelles et affectives. La description par Langley [4] d'un système nerveux végétatif dit « autonome », responsable de ces fonctions, ne permet pas à lui seul d'en matérialiser les mécanismes. Avec le concept de milieu intérieur et la découverte des hormones, l'humide va retrouver sa place. La neuro-endocrinologie et la neuropharmacologie triomphantes permettront aux sécrétions des glandes transportées par les humeurs d'envahir le cerveau et de rendre compte des variations de l'humeur. Le cerveau lui-même acquiert le statut d'une glande. D'Hippocrate à Guillemin [5], la ronde des paradigmes n'a cessé de tourner.

Au commencement était l'eau

Le Kosmos a les pieds dans l'eau, principe de la nature selon Thalès de Milet (vers 630 av. J.-C.). A partir de l'eau primordiale sont engendrés les autres éléments, terre, air et feu. Cosmogonie naïve, fondée sur l'observation des crues du Nil, mais qui signe l'acte de naissance de l'esprit scientifique. L'eau est à la fois ce qui crée et ce dont est fait l'univers : *natura naturans,* créateur et créature. La *physis* est la matière incorruptible, principe d'unité qui engendre et fait évoluer les choses. Pour la première fois est affirmée la conception objective d'un *monde physique issu de lui-même, sans intervention extérieure.*

Une question de principe

Empédocle d'Agrigente (485-435 av. J.-C.) énonce avec plus de clarté la doctrine des quatre principes : eau, terre, air et feu, éléments incorruptibles, éternels et constituants de toutes choses. La partition quaternaire correspond au *tetractys* des pythagoriciens, par lequel on entend les quatre premiers nombres en série, 1, 2, 3, 4, dont la somme fait 10, qui symbolisent les quatre points cardinaux d'où soufflent les quatre vents, les quatre saisons et les quatre âges de la vie *(figure 1)*. Cette structure quaternaire s'inscrit dans un système de coordonnées binaires qui répartit les qualités en deux couples d'opposition, chaud/froid et sec/humide [6]. L'univers existe sous deux états : un *état stable* qui correspond au chaos dans lequel sont unis les éléments de façon immobile, éternelle et incorruptible, et un *état instable* qui correspond au Kosmos, résultat de l'éclatement de l'univers en une multitude de particules infimes : les germes. Ceux-ci s'agrègent à leur tour pour former le monde sensible. Deux forces sont constamment au travail : la *répulsion (nerkos)* ou *dispute (eris)*, qui sépare les contraires, et l'*amitié (philotis)*, qui unit les semblables. « Tout a lieu de manière incessante pour créer non seulement les êtres du monde tant organiques qu'inorganiques, mais aussi pour provoquer leur destruction suivant les prédominances mutuelles. Ainsi a lieu la création et la destruction par ordre successif [7]. » Les corps et organes sont formés du mélange des éléments et tirent leurs qualités des proportions variables de ce mélange. La génération résulte de l'attraction par amour des semences mâle et femelle. Les sens obéissent aussi à la loi des semblables. Il y a similitude de nature entre l'objet perçu et l'organe qui le perçoit [8]. Des particules se détachent de l'objet et pénètrent par des pores dans l'appareil sensoriel. Ainsi « voyons-nous la terre avec de la terre, l'eau avec de l'eau, l'air avec de l'air et le feu avec du feu ».

Quant à l'âme, elle aussi matérielle, elle est liée au sang et se meut comme les particules infimes des choses à travers les pores. Penser et sentir sont même chose. La joie ou la jouissance se produisent, selon Empédocle, par la réunion des semblables, tandis que la tristesse se produit par l'éloignement des contraires. Le désir qui aspire à la possession du semblable vient de l'incomplétude du mélange. « L'appétit est l'indice d'un manque de nourriture ; on éprouve alors le désir de ceux des semblables qui manquent dans le mélange afin de pouvoir remplir en suppléance ce qui est nécessaire à satisfaire l'appétit par le semblable. » Quant aux souffrances, « elles naissent des contraires à cause de l'éloignement des éléments du mélange par leur différence [9] ».

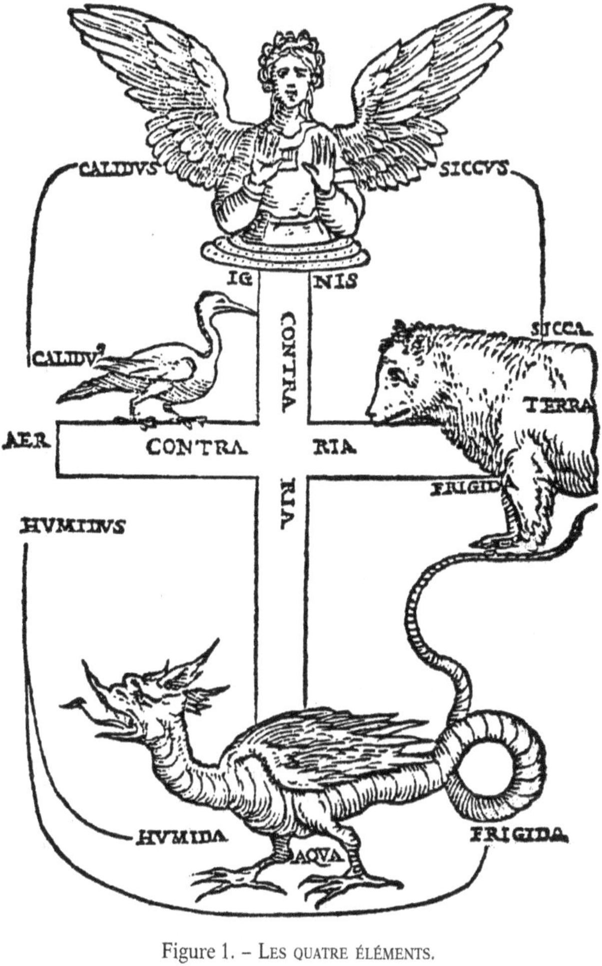

Figure 1. – LES QUATRE ÉLÉMENTS.

Ces affirmations offrent des antécédents à l'humorisme d'Hippocrate et à la physiologie moderne des régulations. La quête de précurseurs est souvent abusive et chaque théorie scientifique moderne a toujours un Grec ancien à son service. Mais, sans faire d'Empédocle le fondateur, comme on le prétend parfois, de la chimie et de la physique contemporaines, reconnaissons au fils de Méton le mérite d'avoir désigné l'amour et la haine comme moteurs du monde, tout en offrant, dans une doctrine centrée sur les passions, l'exemple d'une pensée matérialiste pure.

Quelques Grecs

Pour Anaxagore (500-428 av. J.-C.), l'univers est formé de particules identiques infiniment petites, les *homéomères*, et fait appel à un esprit ordonnateur, le *noûs*. *Noûs* qui ne se mêle à aucune chose, mais donne l'impulsion première au *tout*, connaît la qualité des homéomères qui échappe à l'entendement humain et organise les choses. Ce spiritualiste confond le *noûs*, esprit créateur *(deus ex machina)*, et l'esprit matériel contenu dans les choses. Anaxagore appartient à la cohorte future de ceux qui, préoccupés uniquement des choses de l'esprit aux dépens de l'esprit des choses, balanceront entre spiritualisme et matérialisme mécaniste, laissant les passions s'ébattre solitaires dans le marais flou des humeurs.

Plus proches de l'humorisme mais encore entachées de pythagorisme animiste, les doctrines d'Alcméon et de Philolaos figurent dans les antécédents immédiats de l'hippocratisme, Alcméon (vers 500 av. J.-C.) est à juste titre considéré comme le « vrai père de la médecine expérimentale [10] ». Vivisecteur illustre, il a, par ses dissections de cadavres et ses expériences sur des animaux vivants, montré que l'encéphale est au « cœur » des activités spirituelles et des sensations. Du cerveau partent les nerfs qui le relient aux différents organes des sens. L'étude de leur structure anatomique et de leurs qualités révèle leur fonction. Nous entendons avec l'oreille parce qu'elle est creuse et sèche ;

nous voyons avec l'œil parce qu'il est mobile et que son fond noir reflète une humeur diaphane ; nous goûtons avec la langue parce qu'elle est molle, tiède et humide ; nous sentons enfin avec les narines qui conduisent lors de l'inspiration le flux odorant de l'air vers l'encéphale. Les neurobiologistes chérissent la mémoire d'Alcméon qui a mis le cerveau au centre des passions à la place du cœur. L'âme immortelle des pythagoriciens loge maintenant dans les étages supérieurs. Mais on trouve surtout, chez Alcméon, un extraordinaire réalisme substantiel : il n'est question que de qualités qui s'animent, s'affrontent, gonflent ou dépérissent, au sein du corps *(soma)* de l'homme, théâtre et lieu privilégié de la nature. Les passions s'expriment dans les chairs et l'esprit se meut au milieu des passions. Alcméon croit à la justice *(dikè)* responsable de l'état normal du monde. La santé résulte de l'isonomie, c'est-à-dire de l'équilibre des forces et de la juste proportion des qualités qui vont par couples de nature opposée : l'humide et le sec, le froid et le chaud, le doux et l'amer, etc. L'équilibre est dynamique et suppose une régulation : ainsi l'excédent de froid se régularise par l'apport de chaud et l'humide par l'apport de sec. « Une force régie par une seule de ces qualités (monarchie) est pourvoyeuse de maladie, car le pouvoir d'une de ces forces prise isolément est corrupteur. Ainsi la maladie éclate d'un excès de chaleur ou de froid [11]... » Telles sont énoncées et reprises par la suite dans les écrits d'Hippocrate les bases théoriques de l'humorisme et, plus près de nous, de l'homéostasie ou équilibre du milieu intérieur.

Une doctrine voisine est décrite chez Philolaos (550 av. J.-C.), disciple de Pythagore, qui fonde sa conception du monde sur le symbolisme des nombres et sur l'analogie absolue entre l'homme et l'univers. Comme le monde a son feu central, le corps humain a son principe de chaleur dans les parties génitales, source de la vie. Le désir appartient au corps qui aspire à tempérer la chaleur intérieure par l'air froid de la respiration. Les humeurs, dont le rôle s'affirme, se répartissent et varient de volume selon l'influence alternée et réciproque du chaud et du froid. Elles sont cause des maladies.

Une autre figure de notre galerie de bustes grecs est Diogène d'Apollonie (469-410 av. J.-C.). L'esprit (ou âme) vient de l'air divin incorruptible et y retourne. L'air-âme-esprit se trouve dans l'encéphale qui représente l'unité de la conscience et sert de médiateur avec l'organisme. Dans ce fatras métaphysique, l'origine somatique du plaisir et de la tristesse est toutefois affirmée. Le sentiment de plaisir se produit « lorsqu'une grande quantité d'air se mélange dans le sang qui se répand par tout le corps conformément à la nature. Lorsque l'air est pauvre, contre nature, en même temps qu'épais, il ne se mélange point et occasionne un sentiment de tristesse [12] ».

La théorie des humeurs

*Hippocrate n'est pas le père de la théorie des humeurs ; on trouve toutefois dans les écrits hippocratiques le premier exposé cohérent de la doctrine qui servira de fondement à la physiologie et à la médecine pendant des siècles. Un exemple de ce rôle sera donné par la « mélancolie », maladie dont l'histoire se confond avec celle de nos idées sur les humeurs. A partir de l'époque classique – XVII*e *et XVIII*e *siècle –, le système nerveux se substituera aux humeurs dans l'explication des phénomènes et des maladies de l'esprit.*

HIPPOCRATE ET L'HUMORISME

Hippocrate (460-377 av. J.-C.), dans le traité *De l'ancienne médecine*, réfute l'opinion de ceux de ses prédécesseurs qui attribuent le monde à une seule substance, air, terre, feu ou eau, car « cela reviendrait à dire qu'il n'y a qu'une seule maladie et pour lors qu'un seul remède ». Au contraire, l'organisme est un mélange équilibré de plusieurs substances qui font coexister des qualités opposées : chaud/froid, doux/amer et acerbe/insipide. Aucune qualité n'est dominante qu'elle ne soit tempérée par son contraire. « Tant que ces forces se trouvent étroitement mélangées, c'est-à-dire froid et chaud en coexistence étroite, cela n'a pas d'effet ; car il se forme ainsi une correction et une symétrie du froid par la participation du chaud et ensuite celle du chaud par la participation du froid ; et, étant séparées, elles se rassemblent sans qu'il soit besoin d'aide ou de préparation [13]. » On ne peut décrire plus clairement le principe de l'homéostasie. Les règles de l'hygiène et de la thérapeutique en découlent. L'alimentation avant tout ne devra pas s'écarter d'un mélange de qualités qui se rapproche du vivant *(diététique)*. Si la nature se charge elle-même de maintenir l'équilibre, il convient donc de se garder d'intervenir de façon intempestive et gênante pour l'action de ses forces. La maladie représente une rupture d'équilibre. Il peut exister une disposition constitutionnelle *(diathèse)* à ce déséquilibre. L'alimentation, qui représente le lien entre l'organisme et le milieu ambiant, doit viser à rétablir cette synergie. Les remèdes consistent en drogues ou en interventions qui renforcent ou répriment les qualités insuffisantes ou en excès. Plus que par la description formelle du système des quatre humeurs, c'est par la dialectique vivante de son équilibre dynamique que l'humorisme d'Hippocrate introduit la physiologie moderne.

Le corps est un agrégat de liquides, les humeurs, et de solides qui les contiennent. Et c'est de l'action de ces liquides que naissent les phénomènes vitaux. Les humeurs cardinales sont le sang, le phlegme ou pituite, la bile jaune et la bile noire. L'équilibre des humeurs constitue la *crase* ; sa rupture, la *dyscrasie*. Cet équilibre a une tendance naturelle à se rétablir. Par analogie avec l'alimentation, dont nous avons vu qu'elle est le lien substantiel entre l'homme et la nature, une humeur crue dont les qualités en excès provoquent des troubles morbides doit être cuite pour cesser de nuire : c'est la *coction* qui permet la transformation de l'humeur peccante et la rend favorable à l'expulsion au cours de la crise. Ces événements se succèdent dans le temps et permettent de suivre et de prédire *(prognose)* l'histoire de la maladie. Dans l'explication de la maladie, l'unité symbolique est toujours respectée et la qualité des humeurs traduit la qualité des symptômes.

De l'hippocratisme et de son folklore de saigneurs en chapeaux pointus, il faut conserver une pensée systémique rigoureuse dont naîtra plus tard la physiologie des régulations. A côté des cnidiens [14], qui créent une pathologie d'organes reliant exclusivement la fonction à l'appareil, les hippocratiques, tout en empruntant le savoir anatomique des premiers, considèrent l'organisme comme un tout. Un tout fait de parties interdépendantes, liées par les humeurs conçues comme des systèmes de communication et d'action, rôles qui seront confiés plus tard aux hormones. La doctrine des *tempéraments* étend cette notion d'interdépendance à l'ensemble de l'univers. Le tempérament est la manière d'être au monde de l'individu et lui donne sa capacité réactionnelle ; constitution dynamique et diachronique qui s'oppose à la constitution statique et structurale prônée par les cnidiens. L'isonomie des humeurs et l'harmonie des qualités établissent un accord avec le monde. La proportion des humeurs est variable selon le tempérament et conditionne la nature de cet accord. Chaque individu réagit selon son tempérament à l'action du milieu : climat, lieux, produits du sol, etc. Le tempérament lui-même n'est pas stable et, comme la nature, évolue avec les saisons et les âges de la vie.

L'humeur noire

Parmi les humeurs, une place particulière revient à la *bile noire, atrabile* ou *mélancolie*, responsable par son excès de la dénaturation de l'affection du même nom. Les attributs qui désignent la substance ont ici un pouvoir métaphorique tel qu'ils en viennent à se confondre avec ceux de la maladie dont ils sont la cause. L'atrabile est une humeur concentrée ; produit d'évaporation, elle a accumulé les propriétés térébrantes, corrosives et agressives de la bile jaune. Comme le malade mélancolique, elle se consume d'elle-même. Noire, elle figure la tristesse du déprimé, la nuit qui l'entoure et la mort qu'il appelle de ses vœux. De toutes les humeurs, elle est la plus instable et passe soudain de la glace à l'ébullition. La richesse métaphorique ne doit pas faire oublier la réalité substantielle de l'humeur. Elle offre une explication naturelle et cohérente des troubles de l'esprit : excès ou dénaturation, accumulation par engorgement, refroidissement ou échauffement sont les avatars ordinaires de l'atrabile. Bien plus, selon que l'atrabile se porte sur le corps ou sur le cerveau, on observe de l'épilepsie ou de la mélancolie. Toutes les causes étant physiques, la thérapeutique sera du même ordre et visera par une action contrariante à rétablir la proportion juste, la température optimale, l'écoulement facile et la répartition équilibrée de l'humeur.

Le rôle de la bile noire dans la genèse d'une affection mentale fournit le premier exemple de relation causale entre un désordre psychique et une anomalie biochimique. La deuxième partie du XXe siècle verra se multiplier les tentatives d'explication des maladies mentales par l'intermédiaire d'une substance chimique. La sanction thérapeutique qui en découle obéit toujours à la logique hippocratique et vise à rétablir le métabolisme perturbé de la substance ou à en neutraliser les effets nocifs. On peut toutefois regretter que les termes de *dopamine, sérotonine* ou *catécholamines* n'aient pas conservé le pouvoir métaphorique des mots mélancolie ou *bile noire*.

En l'absence de matérialité de l'humeur, on ne peut une fois encore manquer de souligner le pouvoir intuitif de l'image et la cohérence signifiante, pour ainsi dire auto-explicative, du mot. La force imaginante des mots *bile noire* ou *mélancolie* leur donne une réalité langagière autrement facile à manipuler par le psychothérapeute hippocratique, que ne l'est par le médecin d'aujourd'hui l'ésotérisme pédant qui désigne nos médicaments. Et si l'épaisse bile noire a perdu sa réalité substantielle, elle garde encore son pouvoir allégorique. L'absence de matérialité n'a d'ailleurs jamais rien enlevé au pouvoir explicatif et opératif d'un mot. Sinon, qu'en serait-il des refoulements, déplacements, condensations et autres manœuvres de l'inconscient dont parlent encore les disciples de Freud ?

Galien et la tradition médicale

Freud ou Galien, la médecine occidentale a toujours brandi des maîtres pour affermir son pouvoir de conviction. Galien (130-201 ap. J.-C.) a peu innové, mais beaucoup disséqué, beaucoup classé et beaucoup écrit. Il restera pour des siècles l'autorité supérieure dont s'inspireront la physiologie et la médecine. L'humorisme jamais clairement exposé chez Hippocrate prend ici une rigidité doctrinale qui laisse peu de place aux variations. Liés aux humeurs, il y a les lieux où s'exercent leurs actions. L'hypocondre où se trouvent l'estomac et la rate est un lieu où s'accumule l'atrabile par engorgement du système porte ; c'est l'*opilation.* Le rire favorise l'évacuation de cette atrabile, rire désopilant qui dilate la rate. De l'accumulation d'atrabile sur l'estomac naît l'hypocondrie, gêne locale faite de nausées, flatulences, pesanteurs et digestions lentes. Dans l'estomac, l'atrabile distille des vapeurs qui, montant à l'encéphale, provoquent la crainte et la tristesse, les idées noires – reflets de l'humeur qui les a fait naître – et le sentiment de la mort. Il est aussi des affections mentales où l'atrabile, strictement localisée à l'encéphale, provoque des hallucinations, d'autres où elle se répand dans tout le corps, y compris le cerveau. L'organe reprend donc ici ses droits sur le système. Mais l'humeur reste le moteur de l'affection qui varie seulement en fonction du lieu où elle s'épanche.

La fin des humeurs

Les humeurs ont ainsi régné pendant des siècles, offrant un support métaphorique irremplaçable à la circulation des passions. Elles se sont ensuite asséchées lorsque l'imaginaire s'est déplacé vers les lieux élevés où l'âme pouvait se dorer tranquillement au soleil de l'esprit. La crainte du péché, même lavé par l'eau du baptême, tenait maintenant l'âme à l'écart des régions humides où proliféraient d'incontrôlables appétits. Le dualisme cartésien n'a fait que consacrer ce divorce. Placées entre l'âme immatérielle et le cerveau-machine, les passions étaient désormais coupées des humeurs. Qu'il soit dualiste ou vitaliste, matérialiste ou spiritualiste, l'esprit scientifique de l'époque classique a besoin de tiges et de ressorts pour animer l'être vivant. La médecine systématique avec Hoffmann (1660-1742) récuse l'humorisme et parle de *striction* et de *spasmes*. La mélancolie est due à un *status strictus* des enveloppes du cerveau. Pour Lorry (1726-1783), la cause des troubles réside dans la plus ou moins grande fusion des fibres qui constituent l'organisme. La santé est une question de tonus des différents organes et de répartition harmonieuse de la tension des fibres *(homotonie)*. Il n'y aurait rien de neuf dans cette nouvelle mouture des idées méthodistes [15] du *laxus* et du *strictus* si les progrès de l'anatomie et de la physiologie ne venaient lui offrir un support organique sous l'espèce des fibres nerveuses. Désormais, le cerveau et ses nerfs acquièrent une primauté qui ne leur sera plus disputée, et la mélancolie peut se changer en dépression nerveuse. Que nous agissions le monde ou que nous le percevions, c'est désormais le cerveau qui est en cause. L'homme humoral cède la place à l'homme neuronal.

CHAPITRE II

Le milieu intérieur

> La fixité du milieu intérieur est la condition de la vie libre, indépendante.
>
> Claude Bernard,
> *Leçons sur les phénomènes de la vie* (1878).

Le milieu extérieur était une invention grecque, le milieu intérieur est une invention de Claude Bernard (1813-1878). Célébrons cette découverte en dépit du rabâchage louangeux à la gloire du grand homme. Pour le médecin grec et ses émules, il y avait accord entre l'homme et la nature. Le tempérament définissait les conditions de cet accord. Mais l'être vivant n'avait pas de véritable identité ni d'unité biologique : les humeurs prolongeaient au sein de l'animal les éléments naturels ambiants : il n'existait pas de différence substantielle entre l'aliment nourricier et la matière vivante. Le milieu intérieur vient assurer l'unité biologique de l'animal et lui conférer son autonomie par rapport au milieu extérieur.

Le corps vivant

L'existence d'un milieu liquidien faisant le lien entre les différentes cellules d'un organisme est indispensable au fonctionnement de l'ensemble. Les cellules puisent dans ce milieu les matériaux nécessaires à la vie et y rejettent les produits de leur sécrétion.

Le grand unificateur

La théorie cellulariste est inséparable de l'idée de milieu intérieur. L'organisme rassemble une multitude de cellules éparses ou groupées en tissus. Chaque cellule individualisée par sa membrane plasmique poursuit sa destinée sous l'empire génétique du noyau. Baignant les cellules, de l'eau, encore de l'eau et, en deçà de la membrane qui enclôt la cellule, toujours de l'eau. Claude Bernard, en comparant le poids d'une momie à celui d'un vivant de même taille, estimait à 90 % le contenu en eau de l'organisme. De façon plus exacte, disons deux tiers d'eau pour un tiers de matières sèches. Le mélange dans un creuset aurait la consistance d'une pâte à crêpes et serait impropre au modelage. Les traceurs chimiques, colorés ou radioactifs, offrent aujourd'hui une façon précise de mesurer les compartiments liquidiens de l'organisme. Un compartiment correspond au volume de diffusion d'une substance spécifique [1]. Certaines molécules comme l'isotope radioactif du sodium restent exclusivement à l'extérieur de la cellule et diffusent dans tout l'espace extracellulaire ; d'autres sont cantonnées au plasma sanguin. Au nombre de trois, les compartiments désignent respectivement l'eau contenue dans l'ensemble des cellules (compartiment intracellulaire), l'eau qui baigne les cellules (compartiment interstitiel) et l'eau qui circule sous forme de plasma sanguin et de lymphe (compartiment circulant).

L'idée même d'un traceur, qui, injecté en un point de l'organisme, se répand uniformément dans l'ensemble du compartiment, correspond bien à une des finalités du milieu intérieur : offrir un espace de diffusion et d'homogénéisation autour des cellules. Le milieu intérieur défini par Claude Bernard – le sang et les liquides qui baignent les cellules – est donc l'*unificateur* de l'organisme. Dans le liquide extracellulaire, la cellule puise les aliments dont elle tire sa substance, les combustibles et l'oxygène qui lui fournissent l'énergie et les facteurs chimiques propres à assurer son fonctionnement. Dans ce milieu, elle rejette les déchets de son activité et livre les produits de son industrie. Ce dernier point désigne la deuxième invention de Claude Bernard, la *sécrétion interne,* concept indissociable de celui de milieu intérieur.

Sécrétions internes

Claude Bernard a découvert la sécrétion interne en décrivant la fonction glycogénique du foie. La cellule hépatique puise, dans les réserves de glycogène qu'elle a constituées, le sucre qu'elle restitue au sang au fur et à mesure des besoins de l'organisme. La sécrétion interne, qui diffère de l'excrétion, nécessite un milieu liquide dans lequel la cellule déverse son produit. Le terme d'*endocrinologie,* créé par Nicolas Pende (1909) pour désigner l'étude des sécrétions internes, a fini par s'appliquer uniquement aux sécrétions des glandes dites vasculaires, devenues plus tard les glandes endocrines. La fonction de ces glandes dépourvues de canal excréteur ne peut être déduite de leur aspect ou de leur situation anatomique. On sait aujourd'hui qu'elles délivrent dans le milieu intérieur des substances appelées *hormones*. Le concept d'hormone, beaucoup plus restrictif que celui de sécrétion interne, désigne un produit de sécrétion cellulaire, sans fonction métabolique propre mais doté d'une fonction de communication. Nous reviendrons longuement sur les différentes hormones.

L'homéostasie

Le concept d'homéostasie explique la constance du milieu intérieur et sert de fondement théorique à la physiologie des régulations.

UN MILIEU CONSERVATEUR

Si la découverte du milieu intérieur n'a qu'un siècle, sa naissance remonte à l'aube de la vie. La vie, le fin du fin en matière d'entropie négative, apparaît sous une forme rudimentaire au sein de l'océan primordial. Une immensité salée et qui se salera davantage plus tard à force de lécher les pieds de la terre. Considérons pour l'instant cette eau saumâtre. Elle réunit l'ensemble des conditions physiques et chimiques qui permettent la vie. Milieu propre à la vie, elle en est aussi la prison. Qu'un changement survienne, c'en est fait de l'être vivant. Pour se préserver, celui-ci s'organise et délimite son propre milieu afin d'en assurer lui-même la constance. Ce milieu intérieur assure donc aux cellules un rappel des conditions physicochimiques de l'océan maternel qui ont permis à la vie d'apparaître. Cette autonomie de l'organisme acquise par rapport au milieu extérieur lui confère l'indépendance et la liberté d'évoluer. En effet, au contraire du milieu externe inerte et soumis à d'incontrôlables changements, le milieu intérieur est doué d'élasticité. « Les phénomènes de la vie ont une élasticité qui permet à la vie de résister dans des limites plus ou moins étendues aux causes de troubles qui se trouvent dans le milieu ambiant [2]. » Cette élasticité traduit l'existence de forces de rappel mises en jeu chaque fois que, sous l'influence de variations du milieu extérieur, une caractéristique du milieu intérieur tend à s'écarter de sa valeur normale : une élévation de température ambiante déclenche des mécanismes de refroidissement, tandis que le froid extérieur stimule, au contraire, une production accrue de chaleur. On peut multiplier les exemples de ce que W. Cannon a appelé l'*homéostasie*.

Le milieu intérieur se présente sous les espèces d'un certain nombre de grandeurs dites *variables régulées*. Sans cette régulation, les changements du milieu extérieur et le fonctionnement des cellules feraient varier ces grandeurs dont la survie de l'organisme exige la constance. Celle-ci est obtenue grâce à un système régulateur qui comprend plusieurs sous-systèmes soumis chacun à des mécanismes de contrôle et responsables de *variables* dites *contrôlées*. Une *variable régulée* reste donc fixée dans d'étroites limites grâce à l'intervention de *variables contrôlées* qui, elles, peuvent évoluer dans de larges confins. Le régulé est donc constant grâce aux variations du contrôlé.

L'ensemble des grandeurs régulées définit la constance du milieu intérieur. Les plus importantes sont le contenu en gaz du sang, l'acidité ou *pH*, la température, le taux de sucre, la pression artérielle, la pression osmotique. Cette dernière offre un exemple de constante sur laquelle nous reviendrons souvent. Plus une solution est salée, plus sa pression osmotique est élevée. Si, pour quelque raison, l'animal perd de l'eau, la concentration de sel dans le milieu intérieur, autrement dit la pression osmotique, s'élève. Variable régulée, la pression osmotique sera maintenue constante par la mise en jeu de mécanismes régulateurs : freiner les sorties d'eau ou/et augmenter les entrées. Diminuer les sorties, c'est freiner l'élimination rénale : une hormone sécrétée par le cerveau, l'hormone vasopressine, encore appelée hormone antidiurétique, se charge de la besogne. Le taux de l'hormone antidiurétique circulant dans le sang est une variable contrôlée qui augmente en réponse à l'élévation de la pression osmotique : exemple de régulation hormonale. Augmenter les entrées, c'est boire : l'élévation de la pression osmotique du sang au-delà d'un seuil déclenche immédiatement une sensation de soif et le besoin impérieux de boire, type même de régulation comportementale. Cet exemple montre la diversité des mécanismes régulateurs qui peuvent être de deux sortes : hormonaux et comportementaux. Un chameau, malgré la sécheresse du désert, n'a pas une pression osmotique beaucoup plus élevée que celle d'un patron de bistrot, il dispose seulement de mécanismes régulateurs plus puissants et adaptés au milieu extérieur qui autorisent des écarts considérables des variables contrôlées : diurèse et boisson.

Les constantes obéissent à une hiérarchie. Les plus importantes doivent être maintenues à tout prix, parfois en sacrifiant une constante subalterne. Sous l'empire de la nécessité, une variable régulée peut devenir une variable contrôlée. Ainsi la pression artérielle est-elle constante ; mais, que le taux d'oxygène sanguin, constante prioritaire, soit compromis, et la pression artérielle s'élèvera pour fournir une circulation accrue du gaz et, de variable régulée, deviendra variable contrôlée.

L'ordre homéostasique

Le lecteur en bonne santé aura sans doute compris que, tout étant pour le mieux dans le meilleur des organismes possibles, stabilité et adaptabilité sont les deux mamelles de l'ordre homéostasique : le milieu intérieur garant de la liberté et du progrès biologique ! Cannon a intitulé un de ses livres *La Sagesse du corps* [3], un titre qui n'est pas exempt d'arrière-pensées dualistes et moralistes. La sagesse du corps, exemplaire comme une économie bourgeoise bien gérée, n'est-elle pas opposée implicitement à la folie de l'esprit, source de tous les désordres ? Il est vrai qu'on a aussi conçu une homéostasie de l'esprit et qu'après tout l'inconscient n'est peut-être qu'une variable (mal) régulée...

La véritable leçon du milieu intérieur n'est pas tant l'idée de la perfection des fonctions que celle selon laquelle les êtres vivants sont de moins en moins passivement liés à leur milieu de vie. Constance du milieu intérieur ne signifie pas *fixisme* mais au contraire possibilité d'évoluer tout en résistant aux contraintes imposées par les changements du milieu extérieur ; liberté ne signifie pas *indéterminisme* mais relation causale entre les mécanismes régulateurs et les perturbations qui leur ont donné naissance.

Le milieu intérieur est un espace de communication

Le milieu intérieur sert d'espace de diffusion et de circulation aux différents messagers chimiques. On oppose classiquement parmi ceux-ci les messagers d'origine nerveuse et ceux d'origine endocrine.

UN MILIEU CULTIVÉ

Quelle est la différence entre le milieu intérieur et un potage aux lentilles ? Le premier est un milieu cultivé dans lequel circule l'information, le second une soupe inerte destinée au chaos fécal. Pour qu'il y ait vie, il faut de l'organisation et, pour qu'il y ait organisation, il faut qu'il y ait communication, c'est-à-dire échanges d'informations entre les cellules et, au sein d'une même cellule, entre les éléments qui la composent. Il existe chez les êtres organisés deux modes de communication, le nerveux et l'hormonal, que nous nous efforcerons d'abord de distinguer pour en effacer ensuite les différences.

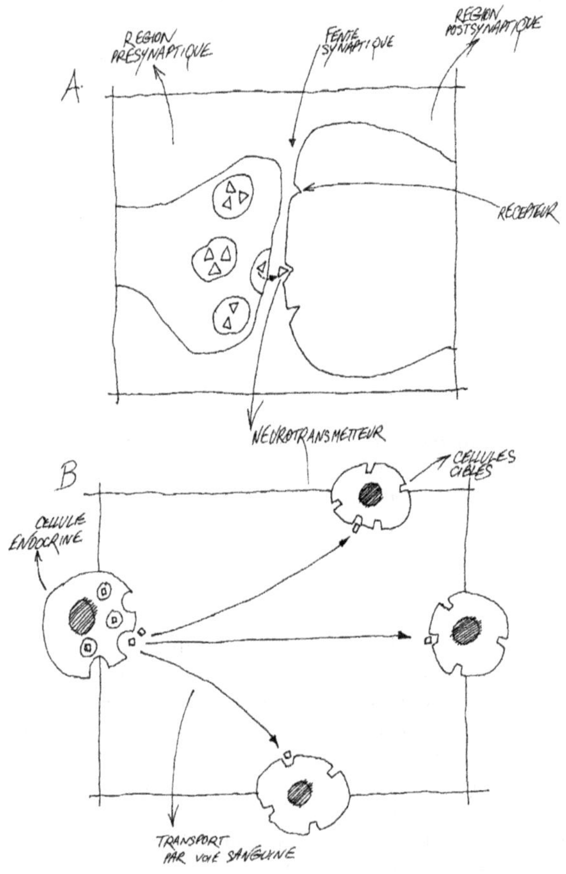

Figure 2. – En A, représentation schématique de la communication synaptique. En B, communication hormonale. La différence principale porte sur la distance parcourue par le messager (hormone ou neurotransmetteur) entre son lieu d'émission et son site récepteur : quelques dizaines de millionièmes de millimètre pour la synapse, tout trajet de la circulation sanguine pour l'hormone.

Le sprinter et le coureur de fond

Envisagé dans une perspective traditionnelle, le *système nerveux* est un enchevêtrement de câbles noués en réseaux de mailles et d'aiguillages que parcourt un signal universel de nature électrique et de brève durée (quelques millièmes de seconde) : l'influx. Pendant la première moitié du XXe siècle, les physiologistes du système nerveux ont été, peu ou prou, des électriciens. Les *systèmes endocrines* utilisent des messagers chimiques, les hormones, dont les caractéristiques sont d'agir à distance de leur lieu d'origine, après circulation dans les liquides de l'organisme, sur un ensemble plus ou moins dispersé de cellules cibles et pendant une durée prolongée (minutes ou heures). Les premiers physiologistes des systèmes hormonaux ont été peu ou prou des chimistes. Depuis, la chimie s'est intéressée aussi au système nerveux, dès qu'il est apparu que la communication entre les cellules nerveuses se faisait également grâce à des messagers chimiques : ce sont les neuromédiateurs libérés sous l'action de l'influx et capables de modifier les propriétés électriques de la cellule voisine ; l'électrique devient chimique, qui se change à son tour en électrique. La différence entre hormones et neuromédiateurs est toutefois sans ambiguïté. Dans son acception classique, la transmission nerveuse de l'information se résume à un dialogue entre éléments excitables contigus, alors que l'information hormonale est diffusée à l'ensemble des cellules cibles dispersées à distance de la cellule émettrice *(figure 2)*. *Éloignement, diffusion* et *durée* de l'action hormonale s'opposent donc au caractère *local, immédiat* et *discret* de l'action neuromédiatrice.

Figure 3. – Le bal endocrino *(François Durkheim)*.

CHAPITRE III

Les hormones

Ces messagères chimiques ou hormones (du grec *hormaô*, j'excite, j'éveille), comme nous pourrions les appeler, doivent être transportées de l'organe où elles sont produites à l'organe qu'elles affectent par la voie du torrent sanguin.

HARDY.

UNE KERMESSE HÉROÏQUE

Une femme à barbe danse avec un hermaphrodite, un nain gracieux accable de sarcasmes un obèse ; des idiots défilent sous le regard exorbité de nymphes agitées au son d'un orchestre de goitreux pendant qu'un géant placide marque la mesure de sa main en battoir *(figure 3)*. Ainsi devisaient les malades porteurs d'affections endocriniennes, avant que ne soit découverte la responsabilité d'hormones produites insuffisamment ou en excès par des glandes à sécrétion interne. Grâce à l'expérimentation animale et aux progrès de la chimie, tout ira très vite. Il faudra moins d'un siècle pour reconnaître la cause des principales maladies endocriniennes, identifier les glandes et leur produit de sécrétion ; moins d'un siècle pour isoler, analyser les hormones et connaître leurs mécanismes d'action – comment le messager chimique reconnaît sa cellule cible grâce à des récepteurs situés sur la membrane ou à l'intérieur de la cellule, et comment cette reconnaissance est suivie d'effets grâce à un deuxième messager qui agit au sein de la cellule –, moins d'un siècle enfin pour guérir la plupart des maladies endocriniennes grâce à l'action de médicaments et d'hormones extraites des glandes ou synthétisées à partir d'éléments de base. A la kermesse de Bruegel succède un tableau de groupe, où l'on peut reconnaître une quarantaine de prix Nobel et quelques centaines de chercheurs d'âges et de nationalités variés.

Naissance de l'endocrinologie

L'exemple de la thyroïde montre comment se sont constituées les méthodes de l'endocrinologie, et quelques péripéties de l'histoire des sciences illustrent les débuts de la thérapeutique hormonale. Les hormones sont sécrétées par une dizaine de glandes dispersées dans le corps et par le cerveau lui-même.

Les méthodes de l'endocrinologie

Elles sont exemplaires et témoignent dans leur simplicité d'une grande efficacité conceptuelle et pratique. La première étape consiste à enlever la glande chez l'animal et à observer que les effets de l'ablation reproduisent plus ou moins parfaitement les troubles présentés par le malade déficient. La deuxième étape cherche à corriger les effets de l'ablation par une greffe de la glande. Une étape suivante permet d'extraire de la glande le principe actif capable de compenser les effets de l'ablation. En allant plus avant, on peut obtenir un produit pur, l'hormone, dont il est alors possible de connaître la formule chimique et éventuellement d'effectuer la synthèse.

La physiologie de la thyroïde illustre les avantages et inconvénients de la méthode d'ablation-implantation. En 1859, Morritz Schiff, alors professeur à Berne, enlève la thyroïde d'un chien et observe... la mort de l'animal. Il conclut aux effets mortels de la « thyroïdectomie » ; à tort, puisque ce sont les parathyroïdes enlevées en même temps que la thyroïde, et non cette dernière, qui sont indispensables à la survie.

Koch et Reverdin, des chirurgiens, auront plus de succès chez l'homme en observant, après une ablation réussie de la thyroïde chez des malades goitreux, l'apparition d'un myxœdème, c'est-à-dire de symptômes identiques à ceux présentés par ces idiots de Bicêtre chez qui Bourneville avait décrit l'absence congénitale de thyroïde. Après avoir réfléchi pendant vingt-cinq ans et réussi la première transplantation d'une thyroïde, Schiff, alors professeur à Genève, conclut que la glande exerce ses fonctions en déversant ses produits de sécrétion dans le sang, grâce à la vascularisation du greffon.

A la fin du XIXe siècle, la méthode des ablations, des greffes a été appliquée avec plus ou moins de succès aux autres glandes, et l'idée s'est imposée que les glandes vasculaires agissent par libération dans le sang d'un produit de sécrétion. S'il en est ainsi, l'injection d'un extrait doit reproduire les fonctions physiologiques de la glande et compenser les signes d'insuffisance observés chez le malade déficitaire. Charles Brown-Séquard, successeur de Claude Bernard au Collège de France, tire trop hâtivement les conséquences de cette hypothèse. A six reprises, du 15 au 30 mai 1889, l'intrépide vieillard s'injecte sous la peau un extrait aqueux de testicules de chien et de cobaye. Le 1er juin, il rapporte à ses collègues de la Société de biologie [1] les résultats de l'auto-expérience. A la suite des injections, Brown-Séquard a observé une augmentation de sa vigueur. Il note avec une exquise pudeur que « d'autres forces, qui n'étaient pas perdues mais qui étaient diminuées, se sont notablement améliorées ». Faisons justice à la virilité retrouvée de Brown-Séquard d'avoir engendré l'hormonothérapie moderne et permis la guérison de milliers de malades. Il n'empêche que l'interprétation des résultats était fausse. Les extraits testiculaires utilisés par Brown-Séquard ne contenaient pas d'hormones mâles. Les testicules produisent mais ne stockent pas leurs hormones, et la quantité de substances actives que l'on peut en extraire est infime par rapport à la sécrétion journalière d'une glande. Les effets observés par Brown-Séquard étaient le résultat d'une autosuggestion qu'on appellerait aujourd'hui « effet placebo ». Ce n'est ni la première ni la dernière fois qu'une hypothèse juste est vérifiée par des résultats faux...

Murray, en 1881, traite avec succès une malade atteinte de myxœdème grâce à l'injection répétée d'extraits de thyroïde. A la différence du testicule, cette glande contient en effet d'importantes réserves d'hormones. Des milliers d'insuffisants thyroïdiens vont être guéris. Au soir de Noël 1914, Kendall achève la préparation de l'hormone thyroïdienne purifiée, ou thyroxine, dont il obtient 33 grammes à partir de 3 tonnes de glandes de bœufs : début d'une longue contribution des abattoirs à l'endocrinologie. Moutons, lapins et bovins offriront désormais leurs glandes à l'extraction. Chaque découverte d'une hormone nouvelle est un roman aux péripéties multiples, fausses pistes, succès partiels, espoirs déçus, héros oubliés. Pour chaque glande, l'histoire s'achève par l'obtention de produits purs dont la formule sera recherchée et la synthèse réussie. L'hormone isolée, ses effets biologiques inventoriés, il devient possible de la doser dans le sang et de connaître les quantités circulant au cours des différentes situations physiologiques et pathologiques. L'hormone peut être marquée en incorporant un marqueur radioactif qui permet d'en suivre la destinée : comment elle se répartit dans les différents secteurs du corps : comment elle est transportée vers les cellules cibles sur le dos de grosses protéines ; comment elle reconnaît son récepteur et se fixe à lui ; comment elle est inactivée, dégradée et éliminée. Chaque hormone justifie un traité, là n'est pas notre propos.

Nous ouvrons la porte de généralités ennuyeuses comme les premières salles d'un musée. Un lecteur biologiste n'y rencontrera que des choses connues, il pourra marcher vite ; un lecteur innocent devra s'armer de patience et faire cueillette de jargon et autres fariboles... pour comprendre la suite.

LES GLANDES ENDOCRINES

Dispersées dans le corps, éparses ou regroupées dans les glandes, des cellules spécialisées déversent dans le sang leurs produits de sécrétion ou hormones. On les appelle *endocrines* pour les différencier des glandes *exocrines* qui déversent à l'extérieur du corps ou dans le tube digestif leurs sucs et liquides (glandes sudoripares, salivaires, etc.). Tout le monde connaît aujourd'hui les glandes endocrines, éléments familiers du paysage anatomique : la *thyroïde* qui cache en son sein les *parathyroïdes,* la *médullo-* et la *corticosurrénale* qui font un chapeau aux reins, les *gonades* enfouies dans le ventre ou pendantes entre les cuisses selon le sexe, l'*hypophyse* appendue au cerveau comme la nacelle d'un ballon, le *pancréas*, enfin, lové dans l'intestin *(annexe 1)*. Une même glande contient en général plusieurs types cellulaires. L'hypophyse antérieure possède au moins cinq types de cellules qui sécrètent chacun une ou plusieurs hormones. Le pancréas, endocrine, qui cohabite dans le même organe avec une glande exocrine à fonction digestive, sécrète trois hormones : l'*insuline* qui diminue le taux de sucre dans le sang, le *glucagon* qui l'augmente et la *somatostatine* qui inhibe les deux précédentes. Une même hormone peut également provenir de deux sources différentes : le glucagon est sécrété par le pancréas et par la paroi intestinale. Beaucoup d'hormones produites par le tube digestif le sont aussi par le cerveau. A ce propos, on remarquera que la paroi digestive constitue une glande étendue avec un large répertoire de sécrétions endocrines : les *hormones gastro-intestinales.* D'autres organes ou tissus non directement endocrines ont aussi la possibilité de sécréter des hormones : le foie, le rein, des cellules sanguines, etc. Le système nerveux, enfin, se comporte lui aussi comme une glande multiple libérant des neurohormones et des neurotransmetteurs à action hormonale. Nous reviendrons longuement sur ce cerveau-glande, terrain privilégié de nos humeurs.

Classification des hormones

Les hormones se répartissent en trois groupes selon leur structure : les stéroïdes dérivés du cholestérol, les hormones peptidiques formées d'une chaîne plus ou moins longue d'acides aminés et un groupe plus disparate enfin, formé de molécules obtenues par transformation d'un acide aminé.

Les stéroïdes

Ils ont tous la même forme, celle de la molécule de cholestérol dont ils dérivent. Regardez sa formule *(figure 4)*, elle en vaut la peine. Sur le papier, elle évoque une sorte de

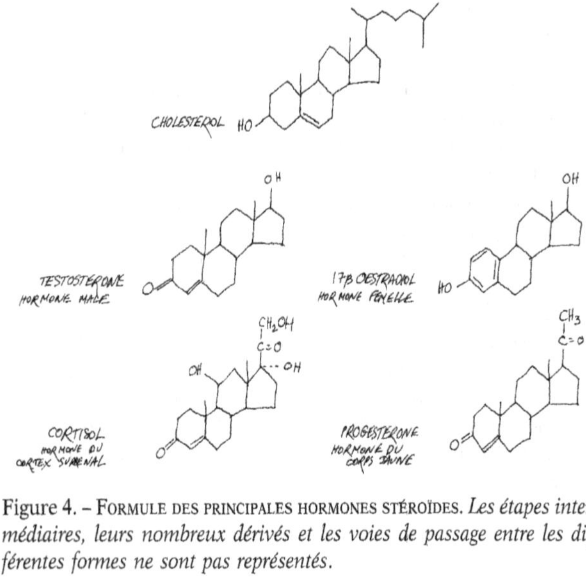

Figure 4. – Formule des principales hormones stéroïdes. *Les étapes intermédiaires, leurs nombreux dérivés et les voies de passage entre les différentes formes ne sont pas représentés.*

cerf-volant dont les angles sont des atomes de carbone auxquels sont accrochés divers ornements et appendices. Des variations minimes de cette structure ou l'adjonction d'une chaîne latérale déterminent les variations d'affinité pour les récepteurs et les propriétés biologiques de la molécule. Bien sûr, cette image de papier n'est qu'une représentation formelle plane très éloignée du réel. Telle quelle, la formule est reconnue par les chimistes : symbole du signe à trois dimensions qu'est elle-même la molécule d'hormone reconnue seulement par son propre récepteur.

Leur solubilité dans les graisses et leur versatilité caractérisent les stéroïdes. La première propriété fait qu'ils traversent facilement les membranes biologiques qui sont de nature graisseuse et pénètrent sans rencontrer de barrière dans le cerveau. Leur versatilité vient d'une structure qui fait que l'on passe facilement d'un stéroïde à un autre pourvu que l'enzyme appropriée soit présente dans la glande : les hormones femelles sont filles des hormones mâles et, à l'inverse, la testostérone, hormone mâle, peut être transformée en œstradiol, hormone femelle. Et ce n'est pas un moindre paradoxe si, pour agir sur le cerveau, la testostérone doit y être transformée en œstradiol pour acquérir ses fonctions mâles (voir p. 338).

Différents types de stéroïdes peuvent être présents dans une même glande. Le cortex surrénalien sécrète, en plus des corticostéroïdes, cortisol et aldostérone, des androgènes ou hormones mâles. L'organisme fait donc du femelle avec du mâle, du masculin avec du féminin. Tout plaiderait pour la confusion des sexes si ces séries de transformations n'étaient parfaitement ordonnées ; mais qu'une anomalie chromosomique soit présente, qu'une seule enzyme manque, qu'une hormone soit sécrétée en excès ou en défaut, et le petit garçon devient petite fille et la femme à barbe épouse l'eunuque fertile... étrangetés variées que sait expliquer l'endocrinologie moderne.

Hormones de nature peptidique

Elles constituent le deuxième groupe de signes hormonaux. On peut les comparer selon leur taille à des mots ou à des phrases. Les lettres qui les composent sont les acides aminés. L'alphabet en contient une vingtaine, les uns fabriqués dans l'organisme, d'autres, indispensables, apportés par l'alimentation. Les mots sont plus ou moins longs, du simple peptide de deux à dix acides aminés à la protéine de plusieurs centaines d'éléments. Parfois, il s'agit d'une phrase de plusieurs mots ou sous-unités. Là s'arrête la comparaison. Il ne faut pas imaginer une structure linéaire mais une véritable sculpture dans l'espace en trois dimensions, avec des boucles et des pliures par attraction réciproque de différents morceaux, et parfois des éléments étrangers, comme des sucres, qui s'accrochent à un point de la chaîne. Ces peptides sont insolubles dans les graisses et ne traversent donc pas la membrane de la cellule. Pour agir, il leur faut se fixer sur la membrane et passer le relais à un intermédiaire tourné vers l'intérieur ou modifier localement les propriétés de la membrane. La liste de ces hormones est longue, mais il est préférable de connaître le nom des principaux personnages pour comprendre la suite du roman. Certains sont très connus, comme l'insuline, d'autres ont des noms étranges venus du hasard, comme la « substance P », ou de la culture hellénique de leur découvreur, comme les cholécystokinine, bradykinine et endomorphines, etc. Le public devra se familiariser dans le futur avec ce langage caché de notre vie intérieure. Le temps n'est peut-être pas loin où l'on dira « Ma cholécystokinine monte » au lieu de « Je n'ai plus faim » ou « Mon hypothalamus baigne dans la lulibérine » au lieu d'un banal « Je vous aime ». Qu'on se rassure, ce n'est là que boutade. Une meilleure connaissance de ces mots que sont les hormones peptidiques aidera à repérer leur origine et à comprendre leur sens ; elle permettra parfois de guérir, mais elle ne se substituera pas au pouvoir mystérieux des mots qui font le langage de l'homme.

Hormones dérivées d'un acide aminé

On peut les comparer à des interjections formées d'une lettre simple ou redoublée puisqu'elles sont faites de la transformation d'un seul acide aminé *(annexe 2)* : la *sérotonine* dérive du tryptophane, l'*histamine* de l'histidine, ou encore les *catécholamines* (dopamine, noradrénaline et adrénaline), nées du bricolage d'un même acide aminé, la tyrosine. Cette dernière, redoublée et ornée d'iode, donne l'hormone thyroïdienne, dont l'isolement a marqué les débuts de l'ère endocrinologique et terminera notre promenade dans le jardin des hormones.

Fabrication et modes d'action des hormones

Les hormones ont une double charge. D'une part, en assurant la communication entre les cellules, elles intègrent les fonctions chimiques et physiologiques pour maintenir les constantes et adapter la réponse de l'organisme aux changements de l'environnement. D'autre part, elles sont indispensables au développement complet et harmonieux du nouveau-né et à la croissance de l'individu ou un de ses organes jusqu'à la forme adulte. La fabrication par la cellule endocrine d'une molécule d'hormone et les modes d'action de celle-ci sur une cellule cible sont connus dans leurs principales étapes.

L'hormone messagère

Il n'est pas indifférent qu'Hermès, fondateur de l'alchimie, soit aussi le messager des dieux. La science hermétique n'est qu'un discours chiffré, répertoire de signes et de symboles qui portent et suscitent messages et actions. Dans le monde alchimique, la vie n'est qu'une lutte pour sortir du chaos auquel l'entropie destine tout ce qui est. A

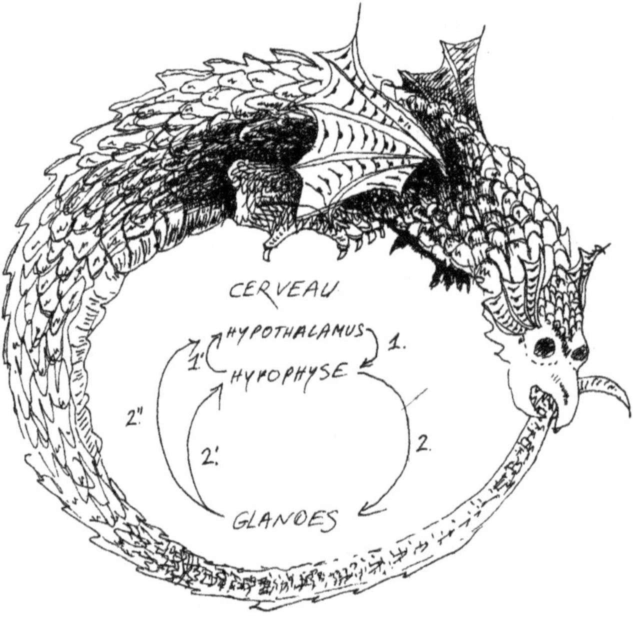

Figure 5. – SCHÉMA TRÈS SIMPLIFIÉ DES RÉTROACTIONS NEURO-ENDOCRINES. *En 1, l'hypothalamus commande la sécrétion des hormones adénohypophysaires. En 2, l'adénohypophysaire commande la sécrétion des hormones par les glandes périphériques. En 2', ces hormones rétroagissent sur l'adénohypophyse, ou 2", sur l'hypothalamus. En 1', les hormones hypophysaires rétroagissent sur l'hypothalamus (feed-back* court).

chaque degré d'organisation atteint, c'est un peu plus d'information qui circule, de messages émis et reçus. A la question : « Qu'est-ce qu'un homme ? », Peirce répond : « C'est un symbole [2]. » C'est-à-dire un ensemble de signes en action pour établir une organisation et la conserver à travers les vicissitudes de l'être. L'avatar ultime de la communication est représenté par l'ouroboros – *serpens qui caudam devoravit* (le serpent qui a dévoré sa queue) – enfermant dans son cercle impénétrable l'infaillible axiome hermétique qui proclame l'unité de la matière : *en to pan* (un le tout) [3]. Il est, à ce propos, fascinant d'observer que le principe fondamental de régulation des hormones est fondé sur la rétroaction *(feed-back)* qu'elles exercent sur leur sécrétion, de telle sorte qu'une élévation de leur taux sanguin freine leur propre libération et réciproquement (principe de Moore et Price) *(figure 5)*.

Un autre principe alchimique réside dans l'accord des opposés qui fonde leur reconnaissance mutuelle et leur union : le mâle et la femelle, le vide et le plein, le plus et le moins. Ne sourions pas d'un langage qui peut paraître peu scientifique. Engels, philosophe de bonne réputation, ne prête-t-il pas davantage au ridicule lorsqu'il applique la dialectique des contraires à la biologie et explique que le grain d'orge qui pousse se nie en donnant naissance à la tige, qui produit la fleur, qui, à son tour, se nie en produisant la graine [4] ? L'accord des contraires permet de comprendre comment un messager hormonal de nature chimique déterminée reconnaît un récepteur de nature opposée et complémentaire, et comment de leur union naît une information convertie en action, qui suscite à son tour un nouveau messager, et ainsi de suite, la vie n'étant, comme il a été dit, qu'une circulation ininterrompue d'informations. De même, la formation d'un ARN messager dans le noyau se fait par assemblage successif de bases complémentaires de celles de l'ADN du gène. Tout ce que la cellule sait faire ou fait faire lui vient du noyau sous forme de messages codés issus de la bibliothèque génomique et traduits ensuite en protéines dans les ribosomes *(figure 6)*. Certaines de ces protéines deviendront des hormones après coupures et remaniements successifs pour être libérées hors de la cellule. D'autres seront des enzymes, c'est-à-dire des creusets au sein desquels des réactions chimiques impossibles à la température du corps pourront avoir lieu.

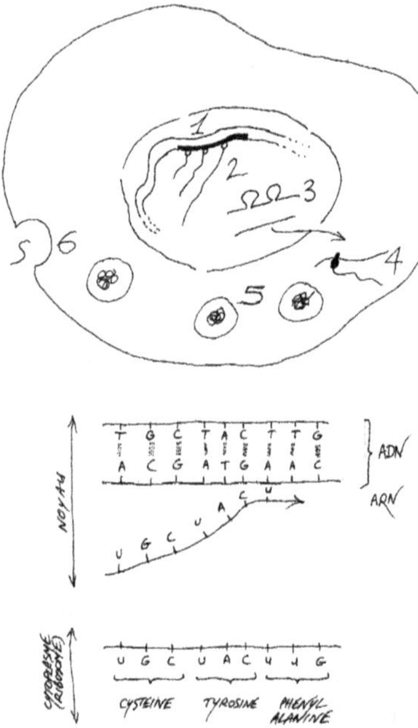

Figure 6. – La synthèse des protéines. *Le gène (1), segment de l'ADN chromosomique, est transcrit en ARN messager (ARNm), dont la longue chaîne de nucléotides s'allonge progressivement (2). Certains fragments de l'ARNm (introns) sont excisés (3). L'ARNm passe dans le cytoplasme et est traduit en chaîne polypeptidique (protéine) au niveau des ribosomes (4). Les protéines nouvellement synthétisées peuvent être empaquetées dans des granules (5), y subir une maturation et être sécrétées par exocytose (6). L'ADN est formé de deux séquences de nucléotides comportant des bases complémentaires et unies deux à deux (adénine-thymine : A-T, et guanine-cytosine : G-C) par des liaisons hydrogène. La séquence nucléotidique de l'ARNm est complémentaire de celle du brin d'ADN dont il dérive. La base complémentaire de A est alors l'uracile (U). La combinaison de trois bases consécutives (codon) correspond à un acide aminé particulier. Les diverses combinaisons possibles constituent le code génétique. L'ARNm est décodé dans les ribosomes, qui le traduisent en une chaîne d'acides aminés.*

La molécule de vasopressine offre un bon exemple de ces transformations successives. Toute l'histoire de sa naissance a pu être reconstituée *in vitro*, c'est-à-dire artificiellement en dehors de l'organisme. Comme toutes les hormones peptidiques, la vasopressine est issue d'un précurseur, une protéine plus grosse qu'elle. L'ARN messager, long filament porteur du message codé du gène de cette protéine, sort du noyau de la cellule puis est lu et traduit dans les ribosomes en acides aminés convenables qui, enchaînés selon l'ordre prescrit, forment la protéine. Ce précurseur est ensuite empaqueté dans la membrane d'un granule qui le place à l'abri des agressions du milieu cellulaire ; ce granule voyage alors vers son lieu de sortie où tout son contenu est déversé à l'extérieur (exocytose) *(figure 7)*. Mais l'histoire n'est pas complète. L'hormone n'est qu'un fragment de la longue chaîne d'acides aminés du précurseur. Celle-ci commence par une séquence de 23 acides aminés – peptide signal –, viennent ensuite les 9 acides aminés qui composent la vasopressine, suivis d'une brève marque de trois acides aminés qui précède la longue kyrielle des 93 acides aminés de la neurophysine – protéine associée à la vasopressine qu'elle aurait pour fonction de protéger de la dégradation pendant son transport ; vient enfin une série de 35 acides aminés associés à du sucre, formant une glycoprotéine de fonction inconnue. Lors de la maturation du granule, des enzymes appelées *peptidases* découpent le précurseur selon des pointillés, individualisant les différents fragments, vasopressine, neurophysine et glycoprotéine. Ces peptidases n'ont *a priori* rien de très spécifique. On les trouve partout. Ce sont des ouvrières qui savent séparer deux acides aminés d'un type donné quelle que soit la chaîne protéique où ils se trouvent. Mais il existe peut-être des peptidases spécifiques d'une hormone déterminée ; Snyder en aurait isolée une, intervenant dans la fabrication de l'enképhaline. Découverte importante, car elle laisse entrevoir la possibilité, en bloquant l'action de cette enzyme, d'empêcher la formation d'une hormone. Intervenir dans la synthèse de certaines hormones du cerveau permettra peut-être à terme d'intervenir dans la genèse de comportements qui en dépendent [5]... Mais on ne connaît pas pour l'instant de peptidases spécifiques de la fabrication de la vasopressine. Comme on vient de le voir, l'histoire de l'hormone est compliquée et à rebondissements. On s'émerveille de l'absence de dérapage dans le passage successif des relais. Cela se produit parfois. Une variété particulière de rats, appelée Brattleboro, ne sécrète pas de vasopressine [6]. Ce misérable animal est atteint héréditairement de diabète insipide – il urine plus que son poids et compense ses pertes par une consommation irrépressible d'eau. Une simple erreur d'une base dans le gène qui code pour le précurseur, et le message transcrit sur l'ARN devient faux, rendant la lecture ribosomale impossible ou aberrante, conduisant à un précurseur anormal et incapable de donner la bonne hormone.

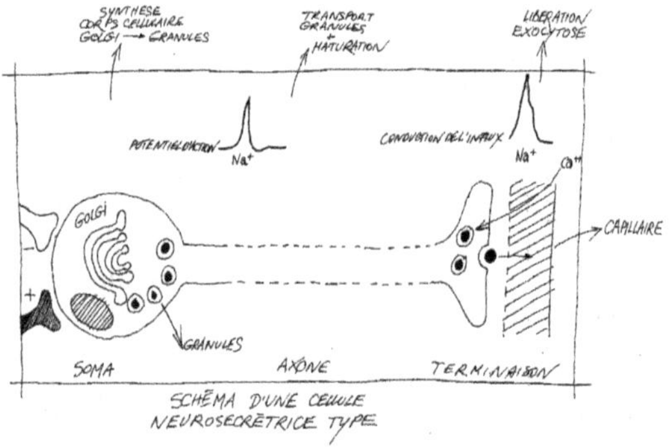

Figure 7. – Destinée d'une hormone dans la cellule neurosécrétrice. *Le précurseur est empaqueté dans des granules grâce à l'intervention de l'appareil de Golgi. Ces granules sont transportés vers les terminaisons nerveuses par le flux axonal. Au cours du transport, le précurseur subit une maturation qui conduit à l'apparition de l'hormone sous sa forme définitive. La libération de l'hormone se fait par accolement et rupture du granule à l'extérieur de la membrane cellulaire (exocytose). Il ne faut pas confondre le transport axonal du granule avec la conduction de l'influx nerveux. Ce dernier, parvenu à la terminaison sous la forme d'un potentiel d'action, provoque à ce niveau une entrée de calcium dans la cellule. Cet afflux de calcium est le principal responsable de l'exocytose.*

La cellule reçoit donc deux flux d'informations : l'un vient de l'intérieur du noyau, il donne naissance aux hormones ; l'autre vient de l'extérieur, il est transporté par les hormones.

Lancée dans le milieu intérieur, l'hormone part à la recherche de sa cible. La quantité d'hormone qui parvient au voisinage de cette dernière n'est pas seulement fonction de la quantité sécrétée mais des destructions et des pertes subies pendant le voyage. La cible ou *récepteur* est une grosse molécule située sur la membrane pour les hormones peptidiques et à l'intérieur de la cellule pour les stéroïdes. L'hormone reconnaît son récepteur et s'y lie, comme les contraires s'apparient. C'est une liaison réversible qui repose sur un équilibre dynamique entre les partenaires. L'affinité d'une hormone pour son récepteur mesure la force qui les rapproche et les unit. Le nombre d'unions entre hormones et récepteurs est donc fonction de l'affinité et du nombre des partenaires en présence. De cette union résulte un effet dont la puissance exprime l'activité intrinsèque de l'hormone. Pour être très sélective, l'affinité d'un récepteur pour son hormone peut n'être pas exclusive. Il existe d'autres substances, on les appelle *analogues,* que reconnaît le récepteur de l'hormone. Elles s'unissent à lui avec une affinité plus ou moins grande, parfois supérieure à celle de l'hormone dont elles occupent la place. Si de cette union résulte un effet comparable à celui de l'hormone, on est en présence d'un *agoniste ;* si l'analogue occupe la place sans produire d'effet, on parle d'*antagoniste.* Ces données ont leur importance, car elles permettent à l'expérimentateur ou au médecin d'intervenir dans le dialogue hormone-récepteur en introduisant dans le couple une substance étrangère qui, selon les cas, bloque ou reproduit l'action de l'hormone. On notera également que pour qu'une hormone agisse il faut qu'elle trouve son récepteur. Cette charmante jeune femme rencontrée dans la rue ou sur une scène de music-hall possède des testicules en bonne et due forme ; l'absence de récepteurs à l'hormone mâle laisse celle-ci sans effet et entraîne une féminisation secondaire.

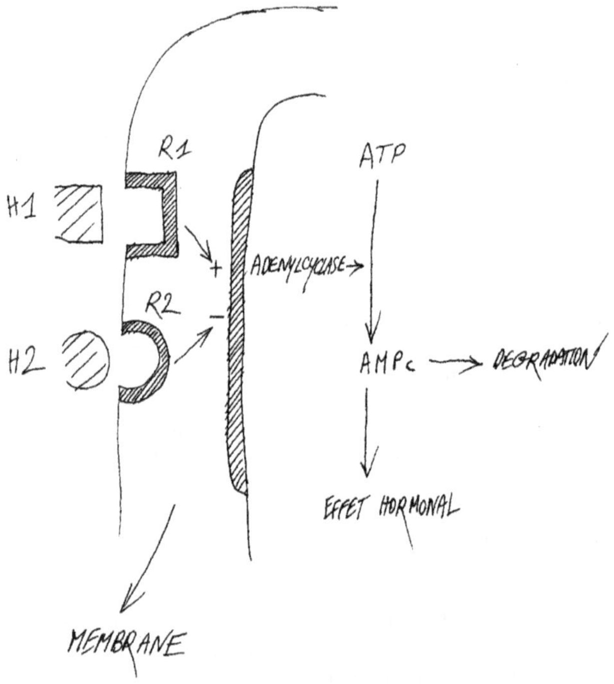

Figure 8. – MÉCANISME D'ACTION DES HORMONES PEPTIDIQUES. *L'hormone H_1 et l'hormone H_2 reconnaissent leurs récepteurs spécifiques respectifs R_1 et R_2 situés sur la membrane cellulaire. L'interaction de l'hormone avec son récepteur provoque l'activation, dans le cas de H_1-R_1, ou au contraire l'inhibition, dans le cas de H_2-R_2, d'une enzyme également située dans la membrane : l'adénylcyclase. Celle-ci a pour action de transformer l'adénosine triphosphate ou ATP en 3'-5'-adénosine monophosphate cyclique ou AMP cyclique. Cette dernière substance est considérée comme le véritable deuxième messager,* responsable des effets de l'hormone au sein de la cellule.

La liaison d'une hormone avec son récepteur provoque un changement dans la conformation de ce dernier ou dans son environnement immédiat. On dit que le récepteur est activé. C'est la première étape d'une cascade d'événements qui conduisent à l'effet de l'hormone *(figure 8)*. Lorsque le récepteur est situé sur la membrane, il faut l'intervention d'un second messager. Le cas le plus connu concerne l'action de l'adrénaline sur la cellule hépatique dans laquelle le deuxième messager est la fameuse AMP cyclique qui, d'activation d'enzyme en activation d'enzyme, conduit finalement à la transformation du sucre de réserve en sucre utilisable. L'AMP cyclique n'est pas le second messager universel. La liaison hormone-récepteur peut, selon l'hormone, solliciter d'autres facteurs membranaires, modifier la structure de la membrane voisine, ouvrir des canaux ou en fermer...

Pour les stéroïdes, le récepteur est à l'intérieur de la cellule. Le complexe formé par l'union hormone-récepteur migre ensuite dans le noyau et se fixe sur les chromosomes, d'où il induit la synthèse de protéines, c'est-à-dire d'enzymes prêtes à servir *(figure 9)*.

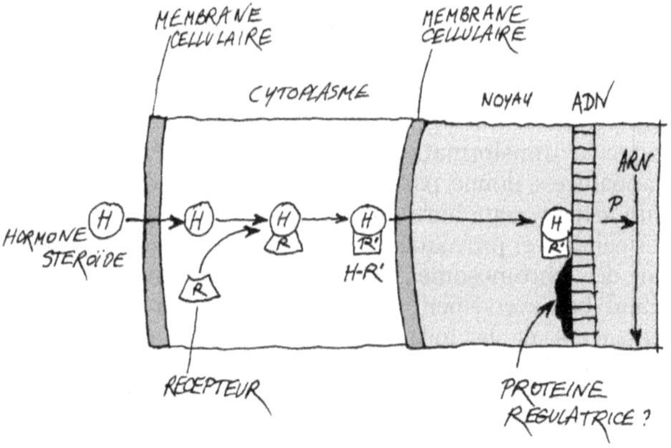

Figure 9. – MÉCANISME D'ACTION DES HORMONES STÉROÏDES. *L'hormone H traverse librement la membrane et se fixe à l'intérieur de la cellule à un récepteur cytolosique R donnant un complexe actif H-R'. Ce complexe atteint l'ADN dans le noyau de la cellule et déclenche sa transcription en ARN. Une protéine régulatrice peut empêcher le complexe H-R' d'atteindre le promoteur de la transcription P ou au contraire faciliter sa liaison.*

Le résultat final du message hormonal est donc d'assurer une fonction cellulaire déterminée au niveau d'un type particulier de cellules – celles qui possèdent le récepteur de l'hormone. Une même hormone peut d'ailleurs être porteuse de plusieurs messages, s'adressant à des récepteurs différents. La vasopressine ou hormone antidiurétique, deux noms d'une même substance pour désigner deux effets différents, agit sur le rein par des récepteurs distincts de ceux par lesquels elle provoque la contraction des vaisseaux sanguins. Chaque récepteur reconnaît une partie différente de la molécule de l'hormone et il existe des analogues différents pour l'un ou l'autre récepteur.

L'hormone fée

Une chenille changée en papillon, un têtard en grenouille, un petit garçon en fille ; on pourrait multiplier les exemples ; dans tous les cas, c'est une hormone qui a fait le coup. L'hormone n'est plus ici messagère, attachée à une fonction déterminée, elle agit sur l'organisme entier et provoque la transformation de l'individu. L'exemple le plus frappant est donné par l'ecdysone. Injectée dans le corps d'un asticot, cette hormone stéroïde pénètre dans le noyau des cellules et provoque des boursouflures *(puff)* localisées sur des chromosomes bien visibles au microscope. Ce grand bouleversement se traduit par la synthèse d'ARN messagers et la formation de nouvelles enzymes qui changent l'asticot en mouche.

Chez l'homme, plusieurs hormones ont ainsi, à côté de leur rôle messager, une fonction dite *trophique* qui permet le développement complet et harmonieux du nouveau-né, la croissance de l'individu ou d'un de ses organes. L'hormone agit et transforme la cellule en induisant la synthèse des nouvelles enzymes. L'hormone thyroïdienne injectée à un têtard le transforme en petite grenouille grâce à l'apparition d'enzymes qui travaillent les unes aux poumons, les autres au foie, d'autres enfin à résorber la queue. Chez l'homme, la testostérone est responsable non seulement de l'apparence et de la voix (caractères sexuels secondaires), mais surtout de la différenciation locale des organes sexuels : moustaches et génitoires ; la testostérone fait tout, à condition qu'elle s'y prenne à temps. En son absence, seuls les organes sexuels embryonnaires femelles, qui coexistent primitivement avec les mâles, se développent. Les hormones se mettent parfois à plusieurs pour mener à bien leur travail de sculpteurs. La fabrication d'un adulte est le résultat du travail en association de plusieurs hormones : glucocorticoïdes, hormones sexuelles, hormone de croissance, hormone thyroïdienne. Pour fabriquer ce sein qui fait rêver la main, il aura fallu l'action coordonnée selon un programme précis des gonadotrophines, de l'hormone de croissance, des œstrogènes, de la progestérone et de la prolactine. Les hormones qui nous font être nous font donc aussi paraître.

CHAPITRE IV

Le milieu cérébral

Immense l'étendue des eaux, plus vaste notre empire
Aux chambres closes du désir.

SAINT-JOHN PERSE, *Amers*, IX, I.

La barrière

Autour du cerveau, une barrière, à l'intérieur de laquelle il évolue indépendamment du milieu intérieur, lui permet de s'affranchir des contraintes de ce dernier. Cette barrière n'est franchissable qu'au niveau d'entrées et de sorties par lesquelles le cerveau se tient informé de l'état du milieu intérieur et qui lui permettent d'agir sur celui-ci.

LA BARRIÈRE HÉMATO-ENCÉPHALIQUE : MYTHE OU RÉALITÉ

Un colorant vital injecté dans le sang d'un animal se fixe uniformément sur tous les organes, à l'exception du cerveau qui garde sa teinte primitive. De cette expérience simple qui inaugure la méthode des traceurs, Ehrlich a conclu que le cerveau était protégé par une barrière de l'invasion des substances étrangères transportées par le sang : la *barrière hémato-encéphalique* [1]. Il n'y a pas besoin d'étrangler son voisin pour reconnaître l'importance de la circulation sanguine cérébrale. Il n'est pas d'organe plus vascularisé que le cerveau, circulation riche et compliquée dont l'arrêt partiel ou total, local ou diffus, provoque en quelques minutes des désordres irréparables ; pas une cellule nerveuse qui se trouve éloignée de plus d'un demi-centième de millimètre d'un capillaire sanguin. Mais ces capillaires cérébraux sont très différents de ceux qui irriguent le reste du corps. La paroi de ces derniers est faite d'une couche de cellules dites *endothéliales*, disjointes, ménageant entre elles des fenêtres par où s'écoulent les liquides et substances en solution. Le plasma sanguin, hormis la présence de grosses molécules de protéines, ne diffère pas du milieu extracellulaire ; les variations de composition de l'un reflètent les variations de l'autre. Les cellules endothéliales des capillaires cérébraux sont au contraire étroitement scellées entre elles, ne laissant aucun passage aux liquides et substances qui y sont dissoutes. Pour franchir la paroi, il faut traverser les cellules elles-mêmes, soit deux membranes plasmiques, l'une du côté de la lumière du vaisseau, l'autre du côté du cerveau *(figure 10)*. Barrière donc, mais barrière semi-perméable comme le sont les membranes plasmiques, c'est-à-dire laissant entrer et sortir l'eau et les solutés en fonction de règles physiques précises, selon des gradients ordonnés et par des modes de transport différents selon la nature des solutés. En poussant la comparaison, on peut assimiler le cerveau à une vaste cellule ceinte d'une double membrane ; au-dedans se trouve le *milieu cérébral* dans lequel baignent les cellules nerveuses, au-dehors, le *milieu intérieur* qui concerne le reste du corps.

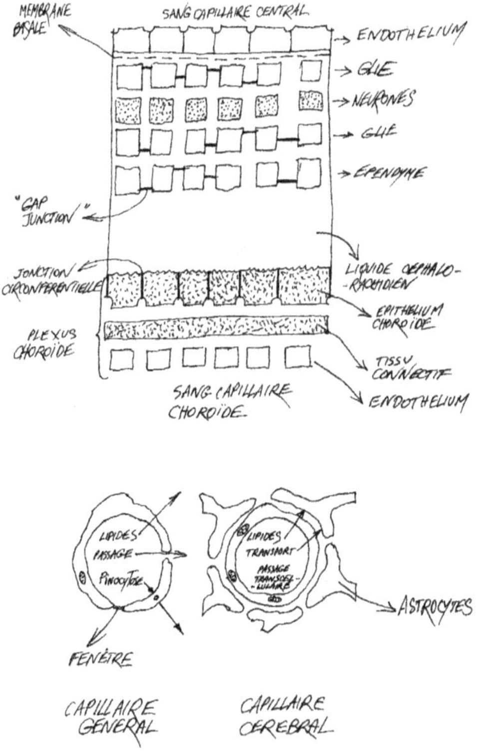

Figure 10. – La barrière hémato-encéphalique. *Les cellules de l'épithélium choroïde sécrètent le liquide céphalo-rachidien. Elles sont scellées entre elles par des jonctions circonférentielles qui empêchent toute diffusion. L'endothélium des capillaires choroïdes est lâche et laisse diffuser les substances entre les cellules. Au contraire, celui des capillaires cérébraux empêche la diffusion des molécules du sang vers le cerveau. La différence entre capillaires cérébraux et capillaires généraux est représentée en bas de figure. On remarquera l'absence de fenêtre endothéliale et de passage dans le capillaire cérébral, et, au contraire, la présence de jonctions serrées entre les cellules. La seule voie de passage est à travers la cellule.*

Le passage à travers cette barrière est assuré par des systèmes de transport qui varient selon les substances. Les électrolytes, par exemple, qui confèrent aux neurones leurs propriétés électriques, obéissent à des règles strictes. Le moindre changement de leur concentration dans le milieu cérébral modifierait dangereusement l'excitabilité des cellules nerveuses. Une expérience simple montre l'indépendance de la concentration en électrolytes du milieu cérébral vis-à-vis de celle du milieu intérieur. Lorsqu'on élève des necturus – petits amphibiens vivant dans la boue – dans un milieu enrichi en potassium, la concentration de cet ion dans le sang de l'animal peut s'élever de plus de 50 % alors que la variation dans le cerveau reste pratiquement négligeable. Les bouleversements électrolytiques du plasma ne sont donc ressentis que de façon atténuée par la cellule nerveuse. La barrière hémato-encéphalique permet une véritable homéostasie du contenu ionique du cerveau. Il existe également des transporteurs pour les sucres, et l'on sait l'importance du glucose, carburant unique du neurone, pour les précurseurs des acides nucléiques, pour la choline, précurseur de l'acétylcholine, et pour certains acides aminés précurseurs des neurotransmetteurs et des neurohormones. En l'absence de transporteur, il n'y a pas de passage. C'est le cas pour la dopamine, d'où l'échec de son utilisation comme médicament pour suppléer dans la maladie de Parkinson à son manque dans le cerveau. Le précurseur, la L. DOPA, passe par contre la barrière, d'où son efficacité thérapeutique. A ce propos, nous ne ferons qu'évoquer le problème posé par l'existence de la barrière, lors de l'utilisation de médicaments destinés au cerveau. Des substances, actives si elles sont administrées directement dans le cerveau, se révèlent bien souvent inefficaces lorsqu'on les injecte par voie sanguine. La recherche pharmaceutique s'efforce de trouver un produit actif dont la conformation chimique permette la traversée de la barrière : c'est un mime, molécule différente mais douée des mêmes affinités et effets que la molécule imitée.

Comme toute réalité gênante, la barrière hémato-encéphalique suscite le doute et flirte parfois avec le mythe. On a évoqué la possibilité d'un transport à l'intérieur de vésicules formées à partir des membranes. L'utilisation d'un marqueur, la peroxydase du radis noir, enzyme protéique dont le trajet peut être révélé et suivi au microscope, a confirmé l'existence de la barrière : dans un sens comme dans l'autre, l'enzyme ne traverse pas. Il en est de même pour les peptides et protéines. Les hormones ne peuvent ni pénétrer ni sortir du cerveau, à l'exception toutefois des stéroïdes, solubles dans la membrane. Le système de communication hormonal en milieu cérébral n'est donc pas celui du milieu intérieur. Il existe toutefois des portes de sortie pour les hormones du cerveau ; elles sont étroitement circonscrites à quelques territoires spécialisés où la barrière n'existe pas.

Grâce à son mur et à des systèmes de transport spécialisés, voici constitué le milieu autonome qui entoure la cellule nerveuse. Il importe avant tout que ce milieu reste constant et qu'il assiste, impassible, aux événements qui agitent le milieu intérieur. De même que ce dernier avait permis l'indépendance de l'organisme vis-à-vis de l'environnement, le milieu cérébral permet l'indépendance du cerveau vis-à-vis du milieu intérieur. Nous verrons d'ailleurs que cette homéostasie du milieu cérébral doit être soumise aux mêmes restrictions que celle du milieu intérieur : elle est parcellaire et variable dans le temps.

Les entrées et les sorties

On dit souvent que le cerveau est une représentation du monde – *imago mundi* – et que, réciproquement, le cerveau agit le monde – *anima mundi* – selon les programmes innés ou acquis. La stabilité de ces images et de ces programmes exige un isolement auquel contribue la barrière hémato-encéphalique.

Il n'y a que deux entrées possibles dans le cerveau, la *nerveuse* et l'*humorale*. Cette dernière est, nous l'avons vu, parfaitement contrôlée au niveau de la barrière hémato-encéphalique. L'entrée nerveuse laisse parvenir au cerveau des données recueillies et mises en forme au niveau des organes des sens et de récepteurs spécialisés où déjà s'ébauche la représentation, qu'il s'agisse du monde extérieur (extérocepteurs), de la position du sujet dans le monde (propriocepteurs) ou du milieu intérieur (intérocepteurs).

Deux sorties également : la *nerveuse*, qui permet la réalisation des programmes moteurs, et l'*humorale*, qui se fait sous forme de libération d'hormones au niveau d'une région spécialisée ou carrefour hypothalamo-hypophysaire *(figure 11)*. Ces sorties hormonales, comme les sorties motrices, peuvent se faire en réponse à des stimulations venues du corps et de l'environnement ou selon des programmes centraux. Parmi ceux-ci, certains sont réglés par des horloges logées dans le cerveau. Ce sont des montres molles à la Dali, elles s'allongent et se raccourcissent au gré des humeurs et de l'environnement.

Le milieu métaphore

Le milieu cérébral n'est pas seulement séparé du milieu intérieur, il en est aussi la représentation. Les hormones qui ne peuvent traverser la barrière sont sécrétées également à l'intérieur du cerveau pour son seul usage ; leur jeu cérébral double celui qu'elles exercent à la périphérie.

L'isolement du cerveau, son autonomie, constitue un progrès dans l'évolution des êtres organisés. La barrière se fait plus étanche, plus sélective, et le cerveau plus indépendant lorsqu'on s'élève dans la hiérarchie des espèces. La fonction de reproduction en fournit un exemple. La rate a un cycle d'ovulation de quatre jours. Ce cycle dépend d'une horloge cérébrale qui, à heure fixe, tous les quatre jours, délivre, sous la forme d'une libération massive d'hormones, un message à l'intention de l'ovaire. Ce dernier exerce en retour, grâce à ses hormones stéroïdes, un contrôle sur l'activité des centres nerveux. Ceux-ci sont soumis à l'action modulatrice des hormones ovariennes et à l'influence de facteurs extérieurs tels que la lumière, la température et le bruit. Le cycle ovulatoire est donc rigide et fragile ; enchaîné au fonctionnement de l'horloge centrale, il dépend étroitement, comme celle-ci, des conditions de l'environnement. Les choses se passent différemment chez le primate – guenon ou femme – , pour lequel le cycle ovulatoire est de 28 jours. Comme l'a montré Knobil [2], le fonctionnement de l'ovaire dépend en permanence de la décharge pulsatile selon un rythme horaire d'une hormone cérébrale, la *lulibérine,* qui le stimule par l'intermédiaire de l'hypophyse. Cette commande nerveuse étant donnée tout au long du cycle, celui-ci s'organise en dehors du cerveau par la rétroaction des hormones ovariennes sur l'hypophyse. Dialectique ovaire/hypophyse qui se consomme exclusivement dans le milieu intérieur. Le cycle ovulatoire, en s'affranchissant chez le primate de l'horloge cérébrale, se met à l'abri des facteurs externes. Par là même, il rend au cerveau une plus grande liberté d'action en le dispensant de ses obligations reproductrices.

En échappant à certaines contraintes biologiques, l'homme et son cerveau se soustraient donc aux contraintes du temps. Faut-il alors conclure que, de même que le milieu intérieur a permis à l'animal de sortir de l'eau, le milieu cérébral permettra à l'homme de sortir de l'animal ?

Hydraulique cérébrale

A l'intérieur du cerveau circulent des fluides tenus longtemps pour sa partie la plus vivante. Des cavités remplies de liquide céphalo-rachidien drainent le milieu intracérébral et offrent une voie de communication entre les différentes structures cérébrales.

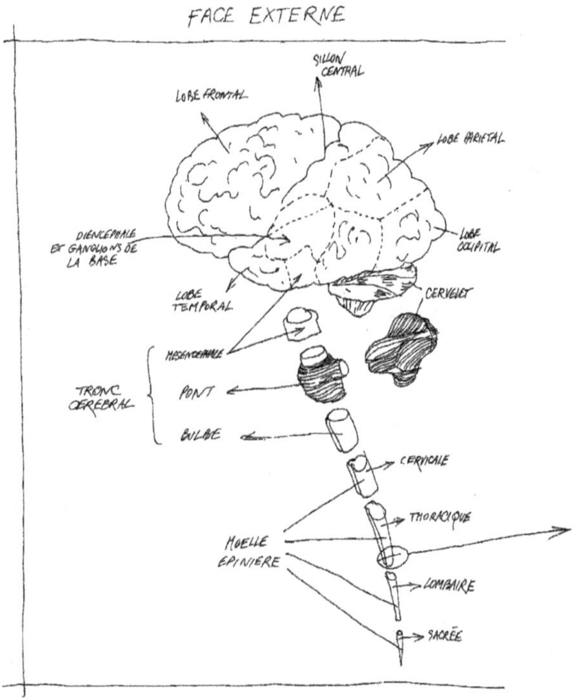

Jeux d'eau et jeux d'esprit

L'idée que les êtres vivants sont des mécanismes est tributaire des machines que l'homme invente, et l'explication découle toujours de ce qui peut être décrit. Machine à poids qui moud du temps ou machine à eau qui moud du grain, machine à air qui répand l'harmonie ou machine à feu qui renverse les murailles, les machines de l'homme respectent l'ordre du monde et utilisent les quatre éléments en lieux et places désignés par la nature. Il était inévitable que le

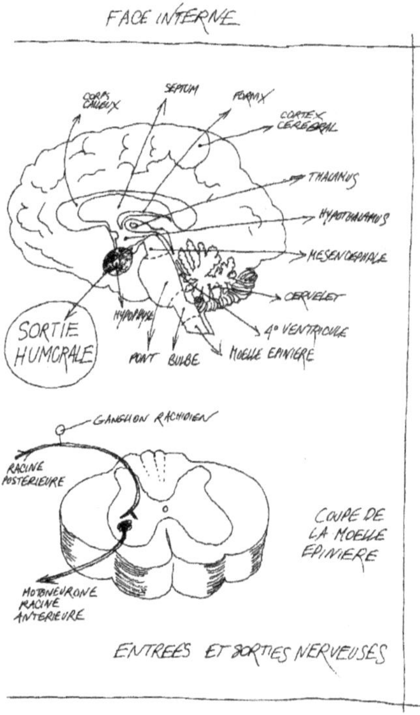

Figure 11. – REPRÉSENTATION SCHÉMATIQUE D'UN SYSTÈME NERVEUX CENTRAL HUMAIN *où l'on remarquera les deux ouvertures : la région hypothalamo-hypophysaire* qui permet une communication humorale du cerveau avec le reste du corps, et la *moelle épinière* et le *tronc cérébral,* avec, d'une part, leurs entrées par les racines postérieures de la moelle et les nerfs crâniens sensitifs du tronc cérébral, et, d'autre part, leurs sorties par les racines antérieures de la moelle et les nerfs crâniens moteurs.

scientifique, qui met le cerveau au centre de l'homme, plaçât les fonctions de l'esprit dans ce qui peut y être décrit, c'est-à-dire les cavités, seules parties accessibles à son observation et à son imagination. Les quatre ventricules du cerveau deviennent donc, tout naturellement, le lieu où s'ordonnent les opérations de l'esprit selon la succession platonicienne qui mène de la sensation à la mémoire. Les ventricules latéraux, sièges du *sensus communæ*, reçoivent les résultats de l'analyse sensorielle, les images y sont élaborées et transmises au ventricule médian, siège de *ratio* (raison), *cognatio* (pensée) et *æstimatio* (jugement), pour être ensuite transférées et conservées (mémoire) dans le quatrième et dernier ventricule.

La forme exacte des cavités est connue depuis Léonard de Vinci, qui a mis à profit son métier de sculpteur pour réaliser un moulage des ventricules d'un cerveau de bœuf. Le moulage montre la réalité et fixe la structure de ces espaces où circule un fluide, produit de sécrétion de la matière grise. Pour élaborer son modèle de cerveau-machine, Descartes s'inspira des orgues. Les ventricules s'animent et poussent un fluide par tuyaux et contrevents qui répartissent les esprits animaux dans les muscles entre agonistes et antagonistes. L'hypothèse du cerveau-machine n'est bien sûr pas démontrable. La machine vivante est ici clairement une métaphore, une « machine célibataire » (voir 2e partie) ; conçue pour le seul usage de l'esprit, elle sert de support à l'imagination créatrice. Mais, véritable immaculée conception, la machine célibataire accouche du progrès scientifique. Lorsque, avec Kant, réapparaît l'idée que l'homme se différencie radicalement de la machine par son organisation, c'est-à-dire par son aptitude à se régler en fonction d'un but, on peut croire le divorce à nouveau consommé et le matérialisme mécaniste vaincu. Jusqu'à ce que, par un retournement inattendu, l'être vivant devenant modèle permette la création de machines organisées et capables d'autorégulation. Ces « ordinateurs » servent, à leur tour, d'analogues pour le cerveau, et voici revenu le temps des machines célibataires. Dans cette élaboration de « modèles », les fluides autrefois nécessaires sont oubliés. Ces ordinateurs n'ont pas besoin d'être arrosés pour offrir leurs moissons métaphoriques. Que faire de toute cette eau ? Les moulins ont cessé de tourner, les horloges à poids se sont arrêtées, les orgues sont électroniques, les ordinateurs assurent la gestion de nos besoins. Seules les cavités du cerveau sont toujours là !

Les cavités

Dans un cerveau de 1 400 grammes, les cavités emplies de liquide représentent à peu près 100 millilitres, soit la valeur de deux verres à bordeaux *(figure 12)*. Au cœur de chaque hémisphère, les ventricules latéraux contiennent la plus grande partie de ce liquide céphalo-rachidien. Ils communiquent par un orifice étroit avec le troisième ventricule, pièce d'eau médiane en forme d'entonnoir autour de laquelle s'ordonnent les structures nerveuses où se jouent les passions : cerveau limbique et hypothalamus. Cet espace communique vers l'arrière par l'aqueduc de Sylvius avec le quatrième ventricule, bassin losangique dont le plancher recouvre les centres vitaux – respiratoires, cardiaques et vasculaires – et dont le toit forme la base du cervelet. Un canal étroit prolonge ce dernier ventricule à l'intérieur de la moelle épinière et, par des orifices situés à son extrémité inférieure, le fait communiquer avec les espaces qui entourent le cerveau et la moelle ; ces orifices permettent au liquide de se répandre sur la convexité des hémisphères, dans la profondeur des sillons, tout en baignant la base du cerveau et la moelle sur toute sa hauteur. Les fontaines qui alimentent les espaces liquidiens sont placées à l'intérieur des ventricules

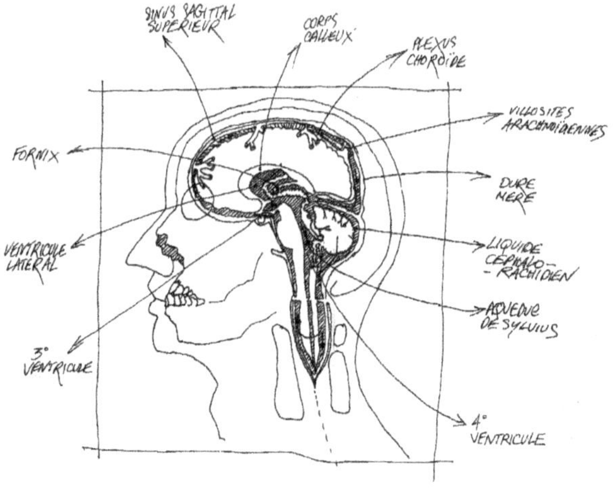

Figure 12. – Distribution du liquide céphalo-rachidien représentée en hachuré à l'intérieur du système nerveux central.

latéraux. Ces *plexus choroïdes* sont formés de vaisseaux capillaires recouverts de cellules épithéliales jointives qui tirent du plasma sanguin et sécrètent dans les cavités céphaliques un liquide dont la composition est celle du milieu extracellulaire cérébral. Avec un débit de 0,35 millilitre par minute, les plexus choroïdes font sourdre environ un demi-litre de liquide céphalo-rachidien à l'intérieur des ventricules latéraux, d'où il se répand, par l'intermédiaire des ventricules médians, vers la base et la convexité du cerveau.

Le liquide des cavités se répand dans celui qui baigne les cellules nerveuses. Aucune barrière ne s'oppose à la diffusion des substances du liquide céphalo-rachidien dans l'espace extracellulaire cérébral. En retour, les produits de sécrétion des neurones ont la possibilité de se répandre grâce au liquide céphalo-rachidien dans l'ensemble des structures cérébrales. Ce liquide peut être considéré comme un véritable système d'alimentation et de drainage du cerveau. Il offre un support à ce que Rémy Colin a appelé l'*hydrocrinie* [3], c'est-à-dire à la diffusion d'hormones par voie liquidienne au sein du milieu cérébral. Le liquide sécrété est repris par la circulation veineuse au niveau de formations granulaires, sortes de petites valves permettant l'échappement dans le sang du liquide céphalo-rachidien et des solutés. Il est important d'insister sur l'étanchéité des plexus choroïdes et des valvules de sortie qui n'interrompent donc pas la barrière hémato-encéphalique, alors qu'en revanche il existe un libre passage du liquide céphalo-rachidien vers l'espace extracellulaire cérébral.

Le liquide céphalo-rachidien est donc au milieu extracellulaire cérébral ce que le plasma sanguin est au milieu intérieur. Il introduit un élément de continuité et d'uniformisation au sein de la discontinuité et de l'hétérogénéité neuronales.

Les neurones et les autres

Il existe deux classes de cellules dans le système nerveux : les cellules nerveuses proprement dites, ou neurones, et les cellules neurogliales. Les neurones transportent des signaux de nature électrique grâce aux propriétés de leur membrane. Ils forment entre eux des réseaux câblés et communiquent par l'intermédiaire de synapses. Les cellules neurogliales, dix fois plus abondantes, ont diverses fonctions trophiques.

Les neurones

Ils sont au nombre d'environ 10^{12} dans le cerveau humain, représentés par un millier de types différents *(figure 13).*

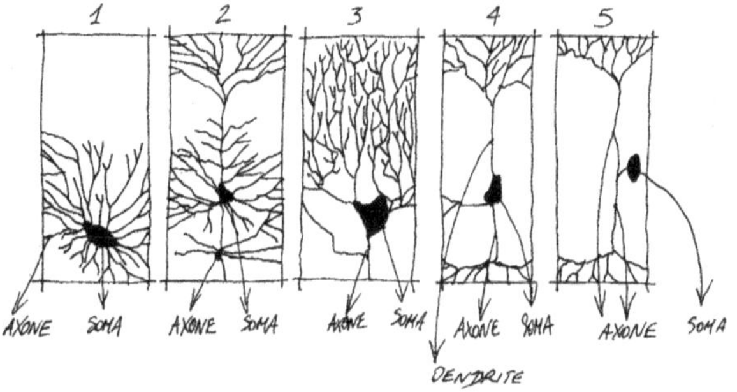

Figure 13. – Différents types de neurones. *En 1, cellule multipolaire, ici un motoneurone. En 2, cellule pyramidale rencontrée dans le cortex et dans l'hippocampe. En 3, cellule de Purkinje qui est un neurone du cervelet. En 4, cellule bipolaire, ici une cellule de la rétine, avec un dendrite qui transmet l'information vers le corps cellulaire ou soma, et un axone qui transmet l'information vers la périphérie. En 5, une cellule monopolaire en forme de T typique d'un neurone sensitif avec une branche venant de la peau ou du muscle et une autre branche allant vers la moelle épinière. (D'après Kandel et Schwartz,* Principles of Neural Science, *New York, Elsevier North Holland, 1981.)*

Une cellule nerveuse comporte quatre régions : le soma, les dendrites, l'axone et les terminaisons axonales. Le *soma,* où se trouve le noyau et l'usine de construction des grosses molécules, est le siège de la synthèse des enzymes et précurseurs (voir p. 65) qui sont ensuite exportés dans les prolongements. Du soma part un *axone* dont la longueur peut atteindre plus d'un mètre ; il est parfois gainé d'une couche d'isolant graisseux, la *myéline.* L'axone se divise en branches terminales qui font contact avec d'autres cellules au niveau de formations appelées *synapses.* Celles-ci sont constituées de la partie terminale d'une cellule *(présynaptique)* et de la surface réceptrice d'une autre cellule *(postsynaptique).* Les surfaces réceptrices sont souvent situées sur des prolongements appelés *dendrites.*

Les neurones ont la propriété de transmettre des signaux de nature électrique. Au repos, la membrane du neurone, comme celle de toute cellule vivante, est polarisée avec une séparation des charges ioniques entre l'intérieur et l'extérieur – l'intérieur étant négatif (– 60 millivolts) par rapport à l'extérieur. Selon le passage de charges à travers la membrane, la différence de potentiel peut s'accroître (hyperpolarisation) ou diminuer (dépolarisation).

Au niveau des régions réceptrices (récepteurs sensoriels ou zones postsynaptiques), le passage des charges peut être modifié localement par suite de l'ouverture ou de la fermeture de canaux ioniques ; il en résulte une variation locale du potentiel de membrane (potentiels récepteurs ou postsynaptiques). Ces potentiels se propagent sur la membrane en obéissant aux lois qui régissent la conduction de l'électricité dans un câble. Les différents potentiels propagés sur la membrane s'additionnent algébriquement pour faire varier le potentiel de repos. Lorsque celui-ci atteint un seuil proche de – 40 millivolts, il se produit un mouvement de charges brutal à caractère impulsif, appelé *potentiel d'action,* qui consiste en une polarisation inverse, brève et réversible, de la membrane. Ce potentiel d'action ou influx, d'une grande constance, se propage le long de l'axone vers les terminaisons, à une vitesse variable proche du mètre par seconde. Il constitue un signal universel qui ne diffère pas d'un neurone à l'autre. Pour chaque neurone, il résulte de l'intégration des potentiels locaux qui tendent à rapprocher (potentiels excitateurs, dépolarisants) ou à éloigner (potentiels inhibiteurs hyperpolarisants) le potentiel de membrane du seuil de déclenchement de l'influx *(figure 14)*.

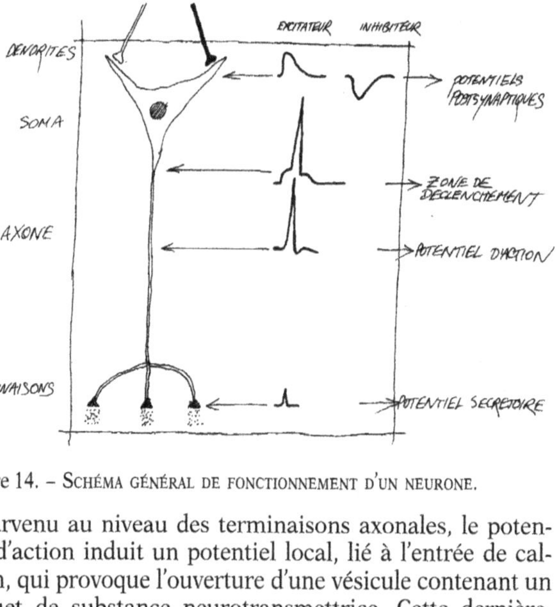

Figure 14. – SCHÉMA GÉNÉRAL DE FONCTIONNEMENT D'UN NEURONE.

Parvenu au niveau des terminaisons axonales, le potentiel d'action induit un potentiel local, lié à l'entrée de calcium, qui provoque l'ouverture d'une vésicule contenant un paquet de substance neurotransmettrice. Cette dernière, ainsi libérée, agit sur la membrane postsynaptique, provoque à son tour un potentiel local, continuant ainsi la chaîne de transmission d'informations d'une cellule à l'autre. Chaque cellule peut recevoir plusieurs centaines de potentiels locaux et établir elle-même des contacts avec plusieurs centaines d'autres cellules. Il ne s'agit là, bien sûr, que d'un modèle, très général et très simplifié.

Les cellules gliales

Les autres cellules du cerveau sont les cellules gliales, les méconnues, celles dont on oublie de parler. Neurones et cellules gliales sont comme maîtres et serviteurs. De par leur excitabilité, les premiers possèdent, comme nous l'avons vu, la propriété noble de conduire l'information sous forme d'un signal électrique et d'assurer la conversation entre neurones. Pour oubliées qu'elles soient, les cellules gliales sont pourtant dix fois plus nombreuses que les neurones. Mais elles sont inexcitables, dépourvues de synapses, et on ne leur attribuait jusqu'alors que des fonctions sans prestige : entretien, emballage, protection, nutrition, etc. Des traités consacrés au cerveau ignorent souvent les cellules gliales. Ce serait introduire l'inexcitable dans l'excitable, le mou et le gluant dans la dentelle précieuse tissée par les neurones !

Et pourtant, les cellules gliales sont inséparables des neurones. D'abord, par une origine commune chez l'embryon ; ensuite, par leur disposition anatomique. Elles occupent tout l'espace libre laissé par les neurones, s'infiltrant entre leurs corps cellulaires et enveloppant leurs prolongements. Ne laissant qu'un espace extracellulaire réduit à quelques millionièmes de millimètre, mais ininterrompu et permettant la libre circulation des solutés. Inséparables enfin, par leurs propriétés physiologiques, les cellules gliales n'exercent leurs fonctions qu'en liaison avec les neurones voisins. Alors que ces derniers sont individualisés et ne communiquent entre eux qu'au travers des espaces spécialisés, les synapses, les cellules gliales établissent entre elles des jonctions ou courts-circuits qui leur donnent une continuité et une sorte d'identité commune. La *glie* réalise des ensembles indiscrets autour d'unités neuronales discrètes.

La gaine membranaire formée par les cellules gliales autour des prolongements neuronaux contient une substance graisseuse, la myéline, qui donne sa coloration blanche à la matière cérébrale et aux nerfs. Interrompue à intervalles réguliers par les *nœuds de Ranvier,* cette gaine isolante force l'influx à sauter d'un nœud à l'autre, accélérant ainsi sa propagation. La glie conditionne donc par sa présence la vitesse de transit des signaux. La disparition de la myéline au cours de certaines affections ou son absence congénitale compromettent gravement les fonctions nerveuses, comme on peut l'observer sur une souche de souris mutantes, les Jimpys, chez lesquelles la myéline ne se développe pas normalement.

Le rôle sécréteur de la glie a été très clairement suggéré par Nageotte, une histologiste française du début du siècle, qui écrit : « La névroglie est une glande interstitielle annexée au système nerveux. » Les cellules gliales sécrètent en effet des neurotransmetteurs malgré l'absence de formation synaptique. Dennis et Miledi [4] ont montré qu'après section d'un nerf moteur les cellules gliales qui viennent occuper la place des fibres nerveuses dégénérées sont capables de libérer de l'acétylcholine spontanément ou en réponse à une stimulation électrique, comme l'auraient fait les neurones intacts. On insiste beaucoup, depuis quelques années, sur la capacité des cellules gliales à sécréter du GABA, substance qui, dans le cerveau, est le principal neurotransmetteur inhibiteur. Cette capacité de sécrétion est couplée avec celle de capter le GABA présent dans l'espace extracellulaire. C'est ce que l'on peut vérifier en impressionnant une émulsion photographique par les molécules de GABA radioactif captées par la cellule, technique dite de l'autoradiographie. On découvre ici une fonction possible de la glie : le stockage des neurotransmetteurs et leur libération dans certaines conditions en parallèle avec le jeu synaptique que mènent ces agents de liaison interneuronale.

On parle souvent de la fonction nutritive de la glie comme si celle-ci allait de soi et sans trop savoir ce qu'elle recouvre. Il est possible en effet que les cellules gliales captent et apportent aux neurones des précurseurs des neurotransmetteurs – une sorte de garde-manger. Il est plus important, toutefois, d'insister sur la propriété qu'ont gardée les cellules gliales de se diviser, au contraire des cellules neuronales. Rakic et Sidman [5], dans une série d'études consacrées au développement du cortex cérébral et du cervelet chez le singe et l'homme, ont montré que les cellules gliales et leurs prolongements formaient une sorte de trame ou filet sur lequel les neurones migraient vers leur destination finale. La possibilité de se reproduire permet aux cellules gliales de jouer un rôle dans la réparation des lésions nerveuses en occupant l'espace perdu et en guidant et favorisant la pousse d'éléments nerveux de remplacement grâce à la sécrétion de facteurs de croissance. Une protéine qui favorise la croissance des cellules nerveuses (le NGF) peut être extraite des tumeurs gliales.

Nous nous attarderons sur les propriétés électriques des cellules gliales, au risque d'être paradoxal, étant donné l'absence d'excitabilité et de synapse de ces cellules. Comme celle des neurones, leur membrane est polarisée, la face interne étant négative par rapport à la face extracellulaire, et ce potentiel de membrane négatif, plus élevé que celui des neurones voisins, constituerait une sorte de puits de négativité attirant les charges positives voisines. Ce potentiel dépend principalement de la répartition d'un ion positif, le potassium, de part et d'autre de la membrane. Lorsque la concentration de potassium s'élève à l'extérieur, cet ion positif tend à pénétrer dans la cellule et à dépolariser la face interne négative de la membrane. Les variations lentes de potentiel que l'on enregistre avec une électrode à l'intérieur de la cellule traduisent fidèlement les mouvements de l'ion potassium à travers la membrane, eux-mêmes fonction de la concentration extracellulaire de l'ion. Or celle-ci dépend de l'activité électrique des neurones voisins. Un neurone qui produit des potentiels d'action crache du potassium. Lorsque le neurone bat de façon répétitive, le potassium s'accumule en dehors de la cellule. L'excitabilité neuronale étant fonction du potassium extracellulaire, plus le neurone décharge, plus il devient excitable. En pompant le potassium accumulé à l'extérieur du neurone, la cellule gliale résorbe l'excès d'ion et prévient les risques d'emballement.

Comme on vient de le voir, l'entrée du potassium dans les cellules gliales provoque des variations lentes de potentiels qui suivent comme une ombre l'activité des neurones voisins. Une expérience de Kelly et Van Essen [6] démontre élégamment cette participation gliale à l'activité électrique du cerveau. Une électrode de verre est placée à l'intérieur d'une cellule gliale du cortex visuel d'un chat. On sait que certains neurones des aires corticales visuelles sont activés de façon spécifique par le déplacement d'une cible lumineuse dans une direction déterminée de l'espace. On observe ici que la cellule gliale présente des variations lentes de potentiel dont l'amplitude répond au déplacement de la cible lumineuse dans une direction donnée. Ces variations correspondent donc vraisemblablement à l'activation d'une colonne de neurones voisins. Si ces variations lentes n'entraînent pas la genèse d'influx, il n'est pas exclu, en revanche, qu'elles provoquent la libération de substances qui pourraient, en retour, modifier le fonctionnement des synapses voisines.

Il faut insister sur le caractère non spécifique d'une telle signalisation. Il s'agit d'un effet non circonscrit au niveau d'une synapse. La réponse gliale indique seulement le niveau de trafic dans les neurones voisins. L'existence de communication électrique entre les cellules gliales elles-mêmes augmente ce caractère de diffusion.

Deux exemples nous permettront d'illustrer ces rôles possibles de la glie. Un premier exemple relève de la pathologie. Ce serait un fonctionnement anormal de la glie qui, en favorisant l'accumulation du potassium dans les régions du cerveau, provoquerait leur embrasement électrique et serait à l'origine d'une crise d'épilepsie. Le deuxième exemple appartient à la physiologie. Dennise Théodosis, dans le Laboratoire de neuro-endocrinologie de Bordeaux, a observé un curieux phénomène au cours de la lactation chez la rate *(figure 15)*. Dès l'accouchement et, plus tard, pendant toute la période où l'animal allaite ses petits, on observe, dans une région précise de l'hypothalamus, les noyaux magnocellulaires, un bouleversement total de

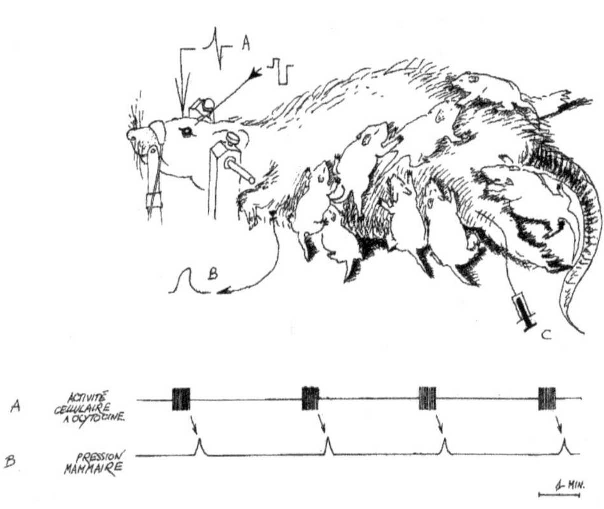

Figure 15. – L'ACTIVITÉ ÉLECTRIQUE (A) D'UNE CELLULE À OCYTOCINE EST ENREGISTRÉE DANS LE CERVEAU DE LA RATE ANESTHÉSIÉE PENDANT QUE SES PETITS TÈTENT. *L'électrode est placée par « stéréotaxie » dans les noyaux magnocellulaires de l'hypothalamus contenant les cellules à ocytocine. La cellule à ocytocine est identifiée grâce à des critères électrophysiologiques. Parallèlement à la tétée des petits, on enregistre, par un capteur de pression, les variations de pression mammaire (C). Les brusques à-coups de pression qui surviennent de façon périodique sont dus à une libération pulsatile d'ocytocine dans le sang par les cellules neurosécrétrices. Lors des décharges pulsatiles d'ocytocine, on observe que toutes les cellules qui libèrent l'hormone ont des activités électriques synchrones. Cet entraînement simultané de toutes les cellules est lié à un profond remaniement structural qui se produit lors de la lactation dans l'hypothalamus de la rate. (D'après D.A. Poulain et J.B. Wakerley, « Electrophysiology of Hypothalamic Magnocellular Neurone Secreting Oxytocin and Vasopressin »,* Neuroscience, 7, 1982, p. 773-808.)

l'architecture nerveuse qui se traduit par une disparition des cellules gliales. Les cellules nerveuses sont alors en contact direct, leur isolant glial s'étant en quelque sorte évanoui. Or ces neurones sécrètent l'hormone qui provoque l'éjection de lait, l'*ocytocine,* hormone libérée dans le sang de façon périodique et paroxystique en réponse à la tétée des petits. On pense que c'est grâce à la disparition relative de la glie que se trouve favorisée l'activation paroxystique des structures nerveuses qui fabriquent l'ocytocine, une hormone qui a également son rôle dans la genèse et l'entretien du comportement maternel. On voit ici comment des mouvements de la glie, localisés à une région du cerveau, entraînent un bouleversement de la physiologie de l'animal en déclenchant tout à la fois un comportement et une sécrétion hormonale adaptés à la nouvelle situation. Après l'arrêt de la lactation, le cerveau revient à son état antérieur [7]. C'est donc toute la manière d'être au monde d'un individu – passion maternelle – et la survie de ses petits qui sont conditionnées ici par les mouvements de quelques milliers de cellules, non neuronales, dans une région très limitée du cerveau. Il n'est pas exclu d'imaginer que d'autres modifications de comportement puissent être liées de façon globale à des changements intervenus dans l'organisation ou le fonctionnement de cellules gliales.

CHAPITRE V

Les humeurs du cerveau

Quel philtre ai-je donc bu, fait de pleurs de sirènes
Distillés d'alambics hideux comme l'enfer.

SHAKESPEARE, *Sonnets*, 119.

Chimie des passions

Certaines substances de nature le plus souvent peptidique, lorsqu'elles sont injectées en quantité minime dans des régions particulières du cerveau de l'animal, déclenchent une série d'actes moteurs qui constituent ce que l'on appelle un comportement : manger, boire, faire l'amour, etc. Nous en donnons ici quelques exemples.

TRISTAN ET LE RAT

Prenez un individu normalement constitué et, grâce à une fine canule introduite dans son cerveau, saupoudrez une étroite parcelle de son hypothalamus d'une pincée de *lulibérine :* votre cobaye, pour peu qu'il ait une partenaire bien disposée à sa portée, se livrera sur l'heure à une violente et répétitive activité amoureuse. L'histoire est inquiétante, mais soyez rassurés, l'individu en question n'est qu'un rat de laboratoire, et il est peu probable qu'Iseult ait usé de lulibérine pour rendre Tristan amoureux : la barque du roi Marc n'était pas un laboratoire de psychophysiologie.

Il n'empêche, le fait expérimental est là. Il suffit de l'injection, dans une région déterminée de l'encéphale, d'une infinitésimale quantité d'un certain peptide pour déclencher chez l'animal la séquence complète de son comportement amoureux depuis les travaux d'approche jusqu'à la consommation de l'acte.

Mais l'aventure chimique ne s'arrête pas là. Des dosages ont montré que l'explosion finale du coït s'accompagnait d'une libération massive d'endorphines. Ces peptides seraient responsables, par leur action inhibitrice sur les cellules nerveuses de l'hypothalamus, de la satiété sexuelle. Autrement dit, après le peptide du désir, voici assuré, par peptides interposés, le repos du guerrier. Poussons le jeu plus loin. L'injection d'endorphines dans l'hypothalamus provoque chez le rat un comportement de prise alimentaire. Traduisez : l'amour donne faim ! Alors, le désir, l'amour, la faim : la libération en cascade de substances chimiques à l'intérieur du cerveau ? Nous ne serons pas assez naïfs pour succomber à la tentation d'un réductionnisme si peu romantique. Certains discours mythologiques clamés sur les rivages psychanalytiques ne se privent d'ailleurs pas d'identiques simplifications. Que savons-nous, après tout, des peptides sécrétés par le cerveau du jeune Œdipe lorsqu'il fut privé du sein de sa mère ? Ce qui nous intéresse, c'est de savoir qu'une substance unique appliquée expérimentalement ou libérée naturellement dans le cerveau est capable de déclencher la séquence complète et ininterrompue des actes moteurs infiniment complexes et variés qui constituent un comportement déterminé.

Chimie et comportements

Le sexe n'offre pas le seul exemple de comportement déclenché par l'injection intracérébrale d'un peptide. « Donne-lui quand même à boire », dit mon père. On connaît cette soif inextinguible des blessés qui saignent. On sait aujourd'hui qu'elle est due à la libération d'une hormone peptidique appelée *angiotensine*. Celle-ci est fabriquée en collaboration par le foie et le rein pour lutter contre une diminution brutale du volume sanguin, lors d'une hémorragie par exemple. Cette hormone a pour effet de contracter les vaisseaux et d'adapter le contenant vasculaire au contenu sanguin diminué, évitant ainsi une chute préjudiciable de la pression artérielle. L'injection de quelques milliardièmes de gramme d'angiotensine dans des régions précises du cerveau déclenche instantanément chez l'animal un comportement de boisson. Même chez un animal gavé d'eau jusqu'à plus soif, la boisson devient la source exclusive de son désir. Comme avec la lulibérine, la séquence déclenchée est complète et se déroule de façon inéluctable depuis la quête irrépressible d'eau jusqu'à sa prise compulsive et prolongée [1].

Est-il spectacle plus attendrissant qu'une mère soignant ses petits ? A sa vue, le cœur du spectateur le plus endurci plonge dans un sentiment de communion avec la nature, la bête et le sublime réconciliés !

L'injection d'*ocytocine* – hormone hypophysaire qui fait jaillir le lait des mamelons – dans les ventricules cérébraux d'une rate vierge provoque en quelques minutes un comportement maternel auquel ne manque aucun composant : bricolage hâtif d'un nid, regroupement et recouvrement de ratons étrangers placés dans la cage, léchage et récupération des petits égarés [2].

Le hamster doré est un charmant petit hibernant qui fait parfois concurrence au rat dans le cœur des comportementalistes. Le hamster a pour habitude de marquer son territoire en frottant ses flancs pourvus de glandes odorifères aux parois de la cage. Il s'agit d'un comportement hautement significatif qui atteste à la fois l'identité de l'espèce et celle de l'individu. Une micro-injection d'hormone *vasopressine* dans une minuscule région de l'hypothalamus du hamster induit dans la minute qui suit une scène caractéristique : l'animal se livre d'abord à une toilette minutieuse du museau à l'aide de ses pattes antérieures, puis il lèche et peigne vigoureusement ses flancs, ravivant la flamme de ses glandes odorifères avant de les frotter compulsivement aux parois de la cage [3]. C'est donc une longue tranche de comportements, stéréotypée et caractéristique de la vie d'un hamster de bonne famille, qui est, là encore, déclenchée par la simple apparition d'une hormone dans un coin précis du cerveau.

Ce type d'action inductrice d'un comportement n'est propre ni aux peptides ni aux vertébrés. Kravitz et un groupe de chercheurs de Harvard ont montré [4] que l'injection de *sérotonine* – une amine et un neurotransmetteur classique chez les vertébrés – à une langouste, non plus dans son cerveau – elle n'en a pas –, mais dans sa circulation, déclenche une posture caractéristique du mâle amoureux et en situation de défense : pinces ouvertes, pattes en extension et queue retroussée. Une autre amine – l'*octopamine* – provoque la posture inverse, celle de la soumission et de l'accouplement chez la femelle, pinces fermées, pattes affalées et queue retournée.

Nous insisterons sur le caractère stéréotypé de ces comportements, qui se répètent identiques à eux-mêmes pour chaque espèce. Un tel caractère est, bien sûr, loin d'être évident chez l'homme. Mais, plutôt qu'absent, il est masqué, la séquence des actes étant étirée et déformée dans le temps, parfois différée, parfois anormalement prolongée. Il n'est ni de notre propos ni de notre compétence d'analyser les différentes phases du comportement amoureux de l'homme et de la femme. On conviendra tout de même qu'il présente quelques caractères répétitifs et qu'une fois déclenchée la séquence motrice est souvent irrésistiblement menée jusqu'à son but. La douloureuse cohorte des éjaculateurs précoces est là pour en témoigner. Est-il besoin de suggérer que l'attrait impérieux qui pousse l'amant dans les bras de sa maîtresse peut parfois – à ce que l'on dit – avoir le caractère inéluctable et irrépressible du rut animal ?

Nous pourrions raconter les mêmes choses à propos des différents comportements passionnels que nous aurons à étudier – faim, soif, colère ou joie –, leur déroulement selon une séquence invariable, leur caractère explosif, envahissant et hégémonique. La suppression de ces comportements est peut-être plus spectaculaire encore que leur présence. Nous prendrons pour exemple le triste cas de ces jeunes femmes atteintes d'anorexie mentale. Ce qui caractérise l'affection, c'est l'état de non-faim, de satiété absolue qui pousse les malades à rejeter toute nourriture et les condamne à une maigreur mortelle. Malgré une intelligence conservée, souvent aiguë, toute la personne de l'anorexique est transformée par cette absence irréductible d'un comportement indispensable à la vie, non-désir plus fort que le désir, annulation du besoin, refus de connaître sa maigreur, crainte obsédante de la nourriture – exemple type d'une folie passionnelle négative qui laisse la raison intacte mais incapable de contourner l'obstacle passionnel. Il n'est pas question de nier l'importance des facteurs socio-affectifs et notamment le rôle de la famille dans la genèse d'une telle affection. Là n'est pas notre interrogation. Sans qu'on en ait la preuve formelle, il n'est pas interdit de penser que quelque élément de nature biochimique est à l'œuvre dans le cerveau de l'anorexique, qu'il s'agisse de l'absence d'une substance propre à déclencher l'appétit ou, au contraire, de l'excès d'un facteur responsable de la satiété. On voit bien dans cet exemple, en négatif, comment tous les conditionnements sociaux et culturels qui entourent et organisent la prise alimentaire chez l'homme sont en quelque sorte annulés par une absence fondamentale du comportement. Dans tous les comportements que nous avons appelés passionnels, on pourra retrouver un noyau dur, invariant et stéréotypé, que l'exercice de la pensée, le langage et les habitudes culturelles ont masqué, déformé, étiré, déplacé, mais qui constitue la structure fondamentale de la conduite.

Même dans sa version négative, on ne pourra manquer de souligner le caractère globalisant du comportement passionnel dont rend bien compte le fait qu'il peut être déclenché par l'injection d'une seule substance chimique. Cet aspect totalisant et irréductible aux éléments moteurs qui le composent s'oppose donc au caractère fragmentaire attribué, depuis Platon, au savoir et au raisonnement conçus, selon l'expression de Hobbes, comme la résultante d'opérations parcellaires. On y trouve peut-être également les racines de l'opposition traditionnelle entre raison et passion.

L'humeur commune

Nous montrons ici que ce sont les mêmes composés chimiques qui agissent au sein du cerveau pour déclencher un comportement et dans le milieu intérieur pour mettre en œuvre les ripostes viscérales qui concourent à la même régulation homéostasique. Une substance unique fait donc le lien entre le viscéral et le cérébral ; une origine évolutive commune explique peut-être cette unicité.

LES COMPORTEMENTS RÉGULATEURS

Un trait caractéristique d'un comportement passionnel, tel que nous l'avons défini, est le rôle régulateur qu'il joue dans la survie de l'individu ou de l'espèce. Les grands systèmes homéostasiques font tous appel à deux modes d'intervention, l'un comportemental, l'autre métabolique. Pour lutter contre le froid et éviter que la température corporelle ne chute, un animal se met à l'abri, hérisse poils ou plumes (moyens comportementaux) et augmente la production de chaleur par les cellules (moyens métaboliques). Pour compenser une perte d'eau et maintenir constant le degré d'hydratation du corps, l'individu boit (comportement) et freine son élimination d'eau par le rein (métabolisme). Pour maintenir la constance de son poids, il mange (comportement) et mobilise ses réserves (métabolisme). Dans le domaine de la conservation de l'espèce, la reproduction présente également une combinaison harmonieuse entre phénomènes cellulaires (maturation des cellules sexuelles) et comportements. Dans l'entretien des petits, enfin, le comportement maternel est associé à la production de lait.

Le partage qui consisterait à mettre le cerveau (comportement) d'un côté, les hormones et glandes (métabolisme) de l'autre, n'est pas acceptable. Lorsqu'on pénètre le détail des mécanismes chimiques, on s'aperçoit que ce sont souvent les mêmes substances qui interviennent dans les mécanismes de la réponse comportementale et dans ceux de la réponse métabolique. La substance agit tantôt dans le sang sous la forme d'une hormone, tantôt dans le cerveau sous les espèces d'une neurohumeur. Dans la reproduction, la lulibérine, que nous avons vue déclencher dans le cerveau le comportement sexuel, est aussi l'hormone hypothalamique qui, par l'intermédiaire de l'hypophyse, règle la maturation des cellules sexuelles et leur éclosion. On trouve également de la lulibérine dans l'ovaire où elle agit comme une hormone locale. L'angiotensine, qui provoque par voie sanguine la contraction des vaisseaux, est présente également dans le cerveau, où non seulement elle déclenche le comportement de boisson, mais intervient dans la régulation nerveuse de la pression artérielle et commande la libération de l'hormone antidiurétique. L'ubiquité de cette substance est étonnante puisqu'on la retrouve hormone dans le sang, neurotransmetteur dans les ganglions du système nerveux sympathique, neurotransmetteur encore ou neurohormone enfin aux différents étages du système nerveux central. Même double destinée pour les hormones digestives, insuline, gastrine, que l'on retrouve dans le cerveau participant aux mécanismes du comportement alimentaire.

Ce que nous voyons finalement, c'est l'organisation, au sein du milieu cérébral, d'ensembles fonctionnels qui prennent à leur compte la régulation des grandes fonctions nécessaires à la survie de l'individu et de l'espèce. De la même façon que la formation d'un milieu intérieur chez les êtres pluricellulaires appelle la création d'organes supports de fonctions déterminées, l'apparition d'un milieu cérébral conditionne la formation au sein du cerveau d'unités régulatrices complexes dont le fonctionnement d'ensemble est assuré par les mêmes entités chimiques que celles utilisées au niveau des organes périphériques. De même que les fonctions homéostasiques du milieu intérieur ne sont pas cantonnées à un organe spécialisé, foie ou rein, les unités homéostasiques du cerveau débordent d'une localisation étroite dans des centres – comme on dirait un centre de la faim, de la reproduction ou de la respiration – pour s'étendre à des territoires dispersés recouvrant parfois tout l'encéphale. De part et d'autre de la barrière hémato-encéphalique, ce sont donc les mêmes agents de liaison qui mènent le double jeu des régulations.

La levure, l'escargot et quelques bêtes

Dans un pot de levain de boulanger *(Saccharomyces cerevisœ)*, des millions de cellules font l'amour [5]. Être unicellulaire, ni animal ni végétal, pas encore champignon, une levure est le plus primitif des eucaryotes. Ces levures peuvent avoir une reproduction sexuée, c'est-à-dire qu'une nouvelle levure diploïde naît de l'accouplement-fusion de deux cellules haploïdes. Un facteur a été isolé dans les membranes des levures ; il provoque, par reconnaissance d'un récepteur spécifique, l'attraction réciproque des deux partenaires. Or ce peptide a une séquence d'acides aminés très voisine de celle de la lulibérine dont il reconnaît le récepteur ; il est capable également de stimuler la fonction reproductrice des mammifères. Du verre de levain au balcon de Juliette, le même peptide est à l'œuvre.

Comme le verbe *aimer* sur une page blanche. Au commencement, il y a un gène qui code pour la fabrication d'une première molécule chargée d'assurer la communication pour le compte d'une fonction déterminée (alimentation, défense, reproduction, etc.). Les espèces se différencient, se compliquent ; du gène ancestral descendent de nouveaux gènes qui codent pour des molécules nouvelles agissant au sein d'une fonction de plus en plus complexe. Issues d'un même rayon de la bibliothèque génomique, toutes les molécules participant à la fonction auront donc un air de famille, un radical commun qui permet de les reconnaître. A côté d'*aimer,* il y aura *aimable, amour, amical, inamical, amant, amateur,* famille de mots unis autour d'une racine commune mais chargés d'un message différent. Une amante ne répondra pas avec le même empressement à son amant ou à un simple amateur. Pareillement, les peptides codés par une famille de gènes auront un rôle différent au sein d'une même fonction. Tous les bricolages que la nature peut faire sur un gène, substituant un nucléotide par-ci, le dédoublant par-là, le supprimant ailleurs, sont laissés à l'imagination du lecteur et à la science des biologistes moléculaires.

L'exemple de l'*aplysie* illustre ces mécanismes. Il est temps qu'apparaisse enfin cet escargot de mer, bête presque mythique pour le neurobiologiste tant elle a contribué, avec son collègue marin le calmar, au progrès de cette discipline. Dans son cycle de vie annuel, il vient une époque où l'aplysie, hermaphrodite non onaniste, pond des œufs qu'elle dépose par millions sur un support approprié. Les œufs s'échappent du tube génital situé près de la tête grâce à des mouvements de va-et-vient de cette dernière et sont disposés en tas irréguliers à la façon dont une pâte dentifrice s'étale sur une brosse à dents. Ce comportement très précis est associé à un arrêt de l'alimentation, de la locomotion et à une accélération de la pompe respiratoire. Il n'est qu'un comportement parmi d'autres, tous aussi stéréotypés, qui occupent la biographie d'une aplysie. Ce qui nous rend l'aplysie précieuse, ce sont les 20 000 neurones – bien peu de chose en comparaison des millions d'un cerveau humain – tous repérables, dénombrables, colorables, qui programment et dirigent l'exécution de ces comportements. Ainsi, un paquet de 800 cellules nerveuses – les *bag cells* – orchestre le comportement de ponte. Lorsqu'on enregistre l'activité électrique de ces neurones, on observe leur embrasement dans la demi-heure qui précède la ponte. Ces bouffées de potentiels d'action entraînent la libération des neurohormones qui mettent en jeu à leur tour d'autres neurones chargés de la réalisation du programme. Libérées également dans le milieu circulant, les substances agissent directement sur les glandes sexuelles. Ces substances sont donc à la fois hormones et neurotransmetteurs selon une confusion des rôles qui nous est maintenant familière. Il est possible d'enlever chirurgicalement les *bag cells* et d'en extraire une préparation qui, injectée dans la circulation d'une aplysie adulte, déclenche le comportement de ponte. De cet extrait, on tire un peptide actif, l'ELH, formé d'une séquence de 36 acides aminés. Des chercheurs de l'université Columbia [6] ont cloné l'ADN qui code pour l'hormone ELH. A l'aide de cette sonde, ils ont pu identifier une famille de neuf gènes qui semblent tous impliqués dans le contrôle du comportement de ponte. Pour trois d'entre eux, la séquence complète des nucléotides est maintenant connue. Ces gènes sont présents dans toutes les cellules de l'aplysie mais ne s'expriment individuellement que dans des territoires déterminés de l'organisme. Le gène qui code pour l'ELH n'est actif que dans les *bag cells*. Il contient les instructions pour la synthèse d'une protéine de forte taille, un précurseur, dont le découpage ultérieur produit, outre l'ELH, d'autres peptides libérés simultanément par la cellule et dont les actions s'associent et coopèrent à celles de l'ELH. Les deux autres gènes s'expriment au niveau d'une glande annexée à l'appareil génital, la glande atriale. Ils codent pour deux protéines dont le clivage respectif conduit à deux peptides A et B qui, injectés chez l'animal, sont capables d'activer les *bag cells*. 800 neurones, une glande et déjà toute la complexité de l'organisation neuro-endocrinienne des animaux supérieurs : précurseurs donnant naissance à une kyrielle de peptides à la fois hormones et neurotransmetteurs aux actions synergiques ou enchaînées, et famille de gènes s'exprimant en des lieux différents où ils codent pour des peptides divers mais participant à la même fonction. Pour un seul ELH déjà, que de peptides associés ! Et nous ne sommes qu'aux branches basses de l'arbre généalogique. En quel coin de notre corps ou de notre cerveau se cache le peptide ELH ? L'aplysie qui sommeille dans notre passé se réveille-t-elle au moment de l'accouplement ? A quelle fonction l'ELH, s'il existe encore dans notre organisme, participe-t-il ? Son gène oublié et dégénéré a-t-il cessé de s'exprimer ?

Les substances chargées de la communication sont présentes dans l'être vivant avant même que ne soient différenciés les appareils. Hormones et neurotransmetteurs devancent l'apparition des systèmes endocrines et nerveux. On pourrait presque dire que les médiateurs précèdent l'apparition de la vie. A cet égard, les dérivés de l'adénine, et notamment l'ATP, apparaissent comme les premiers candidats neurotransmetteurs. On peut synthétiser l'adénine au laboratoire en simulant les conditions et la composition de l'atmosphère primitive (eau, ammoniac et méthane) qui régnaient sur la Terre avant l'apparition de la vie. Les hormones stéroïdes – œstrogènes et cortisol – sont fabriquées par les levures que possèdent les récepteurs correspondants. A ce niveau de l'évolution, on observe déjà que ces hormones règlent le développement des cellules, leur reproduction et leurs rapports avec l'hôte qui les abrite. Des hormones ou neuromédiateurs – à ce stade, la distinction n'a pas de sens – sont présents chez les protozoaires. On trouve chez *Tetrahymena* des endorphines, de l'insuline, de la somatostatine. Ces substances sécrétées par l'être unicellulaire peuvent agir à distance sur d'autres individus – action de type phéromone – ou par la cellule elle-même en se liant à des autorécepteurs – action de type autocrine –, toutes actions que nous retrouverons à l'œuvre chez les animaux évolués et chez l'homme. Un système nerveux et un tube digestif, deux voies de continuité avec le monde extérieur et deux lieux où sont sécrétées les substances chargées de la communication. Chez l'hydre, petit cœlentéré d'eau douce, il existe une ébauche avancée de système nerveux, c'est-à-dire de cellules sensibles aux stimuli extérieurs, capable de transporter des informations à travers un réseau de prolongements et de sécréter des neurohumeurs. Parmi celles-ci figurent déjà la dopamine, l'acétylcholine, la sérotonine et toutes sortes de peptides que l'immunologie découvre. Le système nerveux est d'abord neuro-endocrine au sens large du terme, les substances sécrétées pouvant agir au voisinage immédiat (synapse) ou à distance de leur lieu d'élaboration. Lorsqu'une nouvelle substance intervient dans l'arbre évolutif, elle apparaît d'abord dans le système nerveux. Le gène ancestral s'exprime dans les neurones avant que ses descendants ne se manifestent dans des cellules digestives. La formation de centres nerveux – rassemblement de neurones et de synapses – précède, chez les vers, celle de glandes endocrines *(annexe 3)*. L'existence de glandes endocrines nettement indépendantes du système nerveux est un avatar relativement récent de l'évolution, propre aux vertébrés et aux invertébrés supérieurs [7]. Nous avons déjà dit que l'autonomie des systèmes hormonaux nous paraissait une condition évolutive déterminante pour le développement ultérieur des centres nerveux (voir chapitre III).

Sans entrer dans les querelles entre théorie polygénique – origines multiples – et théorie d'une racine commune à toutes les cellules nerveuses, l'évolution nous permet de comprendre l'extraordinaire diversité et l'ubiquité des neurohumeurs dans les systèmes nerveux, digestif et endocrine. Cette diversité peut s'exprimer au sein d'une même cellule au cours du développement de l'individu. Ainsi, les cellules pancréatiques seraient dopaminergiques pendant une période transitoire avant de sécréter de l'insuline. Diversité également par la présence de plusieurs substances au sein d'une même cellule. Les chercheurs qui identifient les cellules nerveuses à l'aide d'anticorps dirigés contre telle ou telle substance sont aujourd'hui intrigués, voire inquiets, par la présence, dans le même neurone, de plusieurs neurotransmetteurs (colocalisation) : un peptide et une amine, deux ou plusieurs peptides, de l'acétylcholine et de la sérotonine, de l'acétylcholine et un ou des peptide(s), de l'acétylcholine et des amines ou des purines [8], etc. Il est bien violé le principe de Dale : « A chaque neurone, son neurotransmetteur. » Au lieu de cela, un neurone pour dix neurohumeurs – neurotransmetteurs ou neuromodulateurs. Un cerveau de Babel ! Dans cette confusion des langues, qui peut encore parler de codage de l'information ? Remarquons que la présence d'une substance réputée neuromédiatrice dans une cellule ne signifie pas qu'elle serve obligatoirement à une fonction de communication. Que fait, par exemple, l'acétylcholine dans les cellules de la cornée ? Tous les peptides découverts dans une cellule sont-ils fonctionnels ?

Une autre réflexion tirée de l'évolution porte sur la variabilité des fonctions selon les organes et la différenciation des espèces. Les peptides naissent de la fragmentation d'un précurseur (voir p. 65). Le découpage de la grosse protéine peut se faire différemment selon les lieux. L'exemple de la propio-mélano-cortine (POMC) – précurseur de l'hormone hypophysaire corticotrope – nous permet d'illustrer les différents types de communication possibles dans un organisme à partir d'un même précurseur *(figure 16)*. La POMC est scindée dans le cerveau en neuropeptides qui jouent un rôle de neurotransmetteur. Dans les cellules de l'hypothalamus, elle donne naissance à des neurohormones libérées dans le système porte-hypophysaire. Dans l'hypophyse, elle est à l'origine de l'hormone corticotrope libérée dans la circulation générale. Dans le tube digestif enfin, et dans l'appareil reproducteur, les dérivés de la POMC libérés sur place ont une fonction paracrine, c'est-à-dire d'hormone locale.

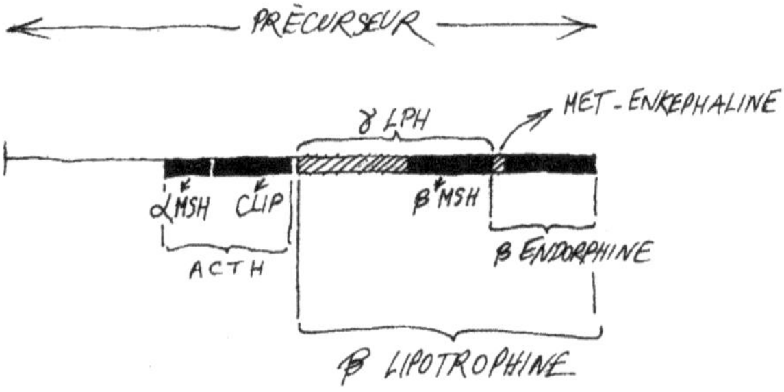

Figure 16. – SCHÉMA DU PRÉCURSEUR COMMUN DE L'ACTH ET LA B-LIPOTROPHINE. *A l'intérieur de ces deux composés, on retrouve des séquences d'amino-acides formant des peptides déjà connus tels que l'a-MSH ou hormone mélanostimulante, la met-enképhaline, la b-endorphine. Les dérivés qui apparaissent sont donc différents selon les régions du précurseur où se font les coupures.*

Cette diversité des fonctions d'une même substance peut aussi tenir à l'évolution de ses récepteurs. Les récepteurs de la prolactine situés sur le rein expliquent que cette hormone intervienne chez le poisson dans la régulation de l'eau ; cette fonction a disparu chez les mammifères, dont les récepteurs à la prolactine sont situés sur le cerveau et sur la glande mammaire.

Dès lors qu'une telle confusion existe dans l'évolution, peut-on s'étonner qu'elle persiste au sein de l'individu et que les frontières classiques entre hormones et neurotransmetteurs ne résistent plus à l'examen des données ?

Le cerveau-glande

Glandulæ vero non ta sanguini qua nervi famulantur.

VESALIUS, *De humani corporis fabrica,* LVII (1543).

Le cerveau est une glande endocrine qui libère dans le sang un certain nombre d'hormones et est soumis aux rétroactions de ces dernières. De plus, en son sein même, le cerveau utilise, à côté de modes de communication typiquement neuronaux, des échanges d'informations de nature hormonale.

LE CERVEAU EST UNE GLANDE

Nous avons précédemment défini le cerveau comme une citadelle close à l'abri de la barrière hémato-encéphalique. Un tel isolement n'a de sens qu'en fonction des voies de communication qui le rompent : entrées par où parviennent les messages nerveux et hormonaux, sorties par où sont ordonnées les actions qui s'exercent alentour. A côté de la sortie nerveuse par les motoneurones échelonnés tout au long du tronc cérébral et de la moelle épinière, il existe une sortie hormonale au niveau d'un entonnoir étroit formé par le plancher du cerveau : l'*hypothalamus.* En ce lieu, le cerveau devient une véritable glande endocrine qui déverse ses produits de sécrétion dans le sang de la circulation générale ou d'un réseau local qui irrigue l'hypophyse *(figure 17)*. Les hormones du cerveau obéissent aux deux principes fondamentaux qui définissent une hormone : action à distance (principe de Hardy) et autorégulation par rétroaction (principe de Moore et Price) (voir p. 61).

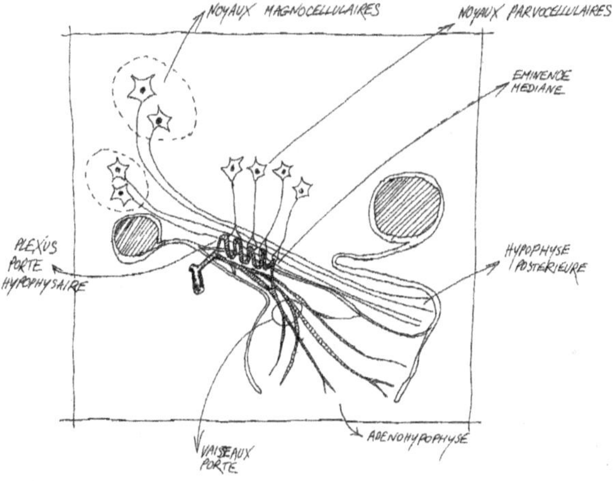

Figure 17. – ORGANISATION GÉNÉRALE DU SYSTÈME HYPOTHALAMO-HYPOPHYSAIRE. L'*hypophyse postérieure* est une extension nerveuse du plancher du troisième ventricule ; les terminaisons axonales du système neurosécréteur magnocellulaire (noyau supra-optique et paraventriculaire) s'y rassemblent au contact de capillaire appartenant à la grande circulation. L'*hypophyse antérieure* ou *adénohypophyse* est une glande d'origine ectodermale venue s'accoler secondairement à l'hypophyse nerveuse ; elle n'est pas reliée au cerveau par voie nerveuse mais uniquement par voie vasculaire grâce à un système porte. Celui-ci fait succéder à un premier réseau capillaire, au niveau de l'éminence médiane où sont déversées les hormones hypothalamiques élaborées par les systèmes neurosécréteurs parvocellulaires, un deuxième réseau capillaire hypophysaire où se font les échanges entre facteurs hypothalamiques apportés à l'hypophyse et hormones hypophysaires déversées dans la grande circulation.

LES ACTIONS À DISTANCE

Nous envisagerons successivement le système magnocellulaire hypothalamique, qui déverse ses hormones ocytocine et vasopressine dans la circulation générale, et le système parvocellulaire hypothalamique, dont les hormones libérées dans la circulation porte-hypophysaire exercent leur action par l'intermédiaire de l'adénohypophyse.

La cellule neurosécrétrice *magnocellulaire,* dont les terminaisons se rassemblent dans l'hypophyse postérieure, offre l'exemple type d'une cellule peptidergique. Ce modèle a permis notamment l'étude des mécanismes de synthèse, de transport et de libération d'un neuropeptide (hormone ou neurotransmetteur). Le peptide est d'abord synthétisé sous la forme d'un gros précurseur (voir p. 65). Le précurseur mûrit au cours de son transport vers la terminaison axonale, tandis que les facteurs électriques excitateurs et inhibiteurs, intégrés par la membrane neuronale, sont traduits sous forme de potentiels d'action qui se propagent jusqu'à la terminaison. A ce niveau, le potentiel d'action provoque l'ouverture de portes membranaires pour l'entrée du calcium. Celui-ci déclenche la rupture des granules à l'extérieur de la terminaison (exocytose) et la libération des peptides qu'ils contiennent. La libération de ces hormones (ocytocine et vasopressine) donne lieu à de véritables réflexes dans lesquels les stimuli déclenchent une libération d'hormone au lieu d'une réponse motrice, comme c'est le cas dans les réflexes sensitivomoteurs. L'étude de ces réflexes neurohormonaux a permis de mettre en évidence l'organisation complexe des systèmes neurosécréteurs et les propriétés particulières des neurones qui les constituent. Signalons seulement que le neurone à vasopression semble doté d'une activité rythmique interne et que les cellules à ocytocine modifient leur organisation au cours de la lactation. On assiste, dans ce dernier cas, à un véritable bouleversement de l'architecture des centres nerveux magnocellulaires, lié de façon parfaitement réversible à l'état physiologique dans lequel est momentanément plongé l'animal (voir p. 91). Une intéressante propriété de ces neurones est également d'être stimulés par le produit de leur propre sécrétion (rétroaction positive ou auto-amplification).

Le *système parvocellulaire* libère un nombre élevé d'hormones au niveau d'une région spécialisée du plancher de l'hypothalamus. Les terminaisons des cellules neurosécrétrices y sont au contact de vaisseaux sanguins qui irriguent l'hypophyse antérieure *(figure 18)*. Il s'agit soit d'hormones peptidiques qui stimulent (les libérines) ou inhibent (les inhibines) les sécrétions de l'hypophyse antérieure, soit de neurotransmetteurs classiques (GABA, dopamine) qui, libérés dans le sang, acquièrent ici un statut hormonal. Ces hormones exercent leur action sur les différents types de cellules adénohypophysaires *(annexe 4)*. La régulation est toujours multifactorielle, chaque hormone hypophysaire étant sous la dépendance de plusieurs agents, d'origine cérébrale ou autre, et un même agent intervenant dans la régulation de plusieurs hormones. Cette diversité permet un spectre étendu de réponses neuro-endocrines qui s'intègrent dans l'ensemble des régulations adaptatives. Ainsi en est-il de l'hormone corticotrope (ACTH) et de l'hormone lactotrope (prolactine), libérées dans toutes sortes de circonstances impliquant une réponse du corps à une situation nouvelle. Ces réponses hormonales sont modulées par l'interaction des multiples facteurs sollicités par le changement du milieu.

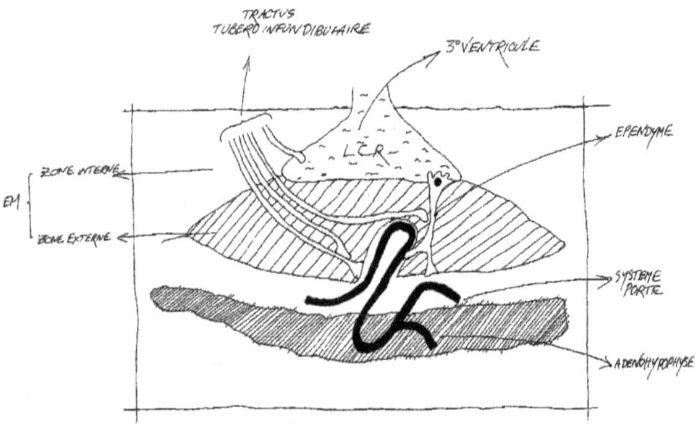

Figure 18. – Structure de l'éminence médiane (EM). *La représentation schématique de cet organe neurohémal permet de comprendre son rôle et son fonctionnement. L'éminence médiane est la portion de l'hypothalamus située dans le plancher du troisième ventricule et séparée de l'adénohypophyse par le système porte-hypophysaire. Il n'y a pas de barrière hémato-méningée entre les capillaires portes-hypophysaires et les cellules de l'éminence médiane. La zone interne est constituée de cellules épendymaires, la zone externe (palissadique) comprend les terminaisons nerveuses et les capillaires portes. Le tractus tubéro-infundibulaire constitue le système afférent principal ; il fait contact avec les capillaires et forme des synapses axo-anoxiques, des contacts synaptoïdes avec les cellules épendymaires et les terminaisons dans le troisième ventricule. Les cellules épendymaires constituent également une voie qui fait communiquer le ventricule et les capillaires portes.*

Il est par ailleurs tout à fait remarquable que la cellule adénohypophysaire rassemble les caractéristiques d'une cellule endocrine *stricto sensu* et d'une cellule nerveuse. Elle se révèle excitable, et le couplage stimulus-sécrétion y met en jeu des mouvements ioniques comparables à ceux que l'on observe sur une terminaison nerveuse *(figure 19)*.

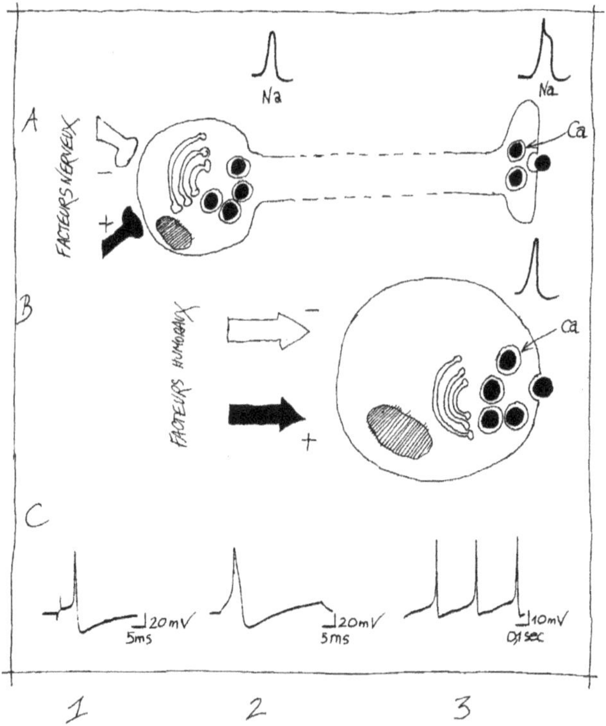

Figure 19. – Comparaison entre un neurone (A) et une cellule endocrine (B). *Dans les deux cas, les stimuli de la libération du messager sont intégrés sous forme de potentiels d'action qui permettent l'entrée de calcium (Ca) dans la terminaison axonale ou dans la cellule. L'augmentation du calcium interne provoque la libération du messager (hormone ou neurotransmetteur) par exocytose. En C, exemples de potentiels d'action : en 1, neurone de moelle épinière ; en 2, neurone de ganglion de racine dorsale ; en 3, cellule hypophysaire à prolactine. Notez que l'échelle de temps est différente pour 3 et que le potentiel d'action de la cellule endocrine, composé presque exclusivement d'un influx de calcium, est beaucoup plus lent que 1 et 2.*

Les rétroactions hormonales *(figure 20)*

Les *hormones stéroïdes* traversent la barrière hémato-encéphalique et agissent directement sur le fonctionne-

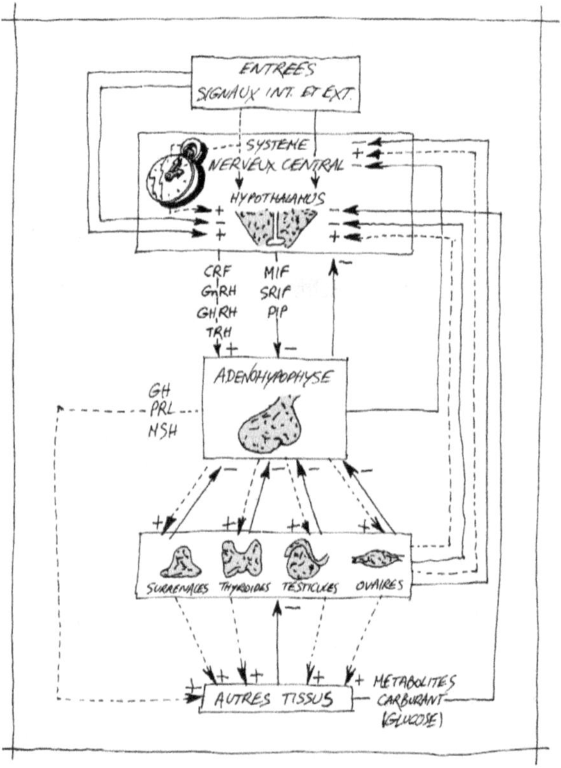

Figure 20. – Vue d'ensemble des rétroactions (feedback) constituant la base conceptuelle des systèmes neuro-endocrines. *Il peut s'agir d'actions ou de rétroactions tantôt positives (+) ou tantôt négatives (–). Certaines hormones comme l'œstradiol peuvent, selon leur taux sanguin et leur durée d'action, avoir un effet tantôt positif, tantôt négatif.*

ment des neurones. Il s'agit généralement d'une action s'exerçant lentement par l'intermédiaire de récepteurs situés à l'intérieur de la cellule. Ceux-ci sont capables de modifier le fonctionnement du génome et par là d'influencer l'usine à protéines. Il s'ensuit des modifications durables des comportements et des réponses adaptatives aux stimuli, ou encore des rétroactions sur les sécrétions hormonales du cerveau. Les exemples en sont aussi nombreux que les livres et articles qui leur sont consacrés. Citons inévitablement l'action complexe des hormones gonadiques (œstradiol, testostérone et progestérone) sur le comportement sexuel (voir chapitre XI) ; une influence qui est fonction du temps, de la réactivité des centres nerveux et de l'action simultanée d'autres hormones.

Les hormones sécrétées par le cortex surrénal (les hormones de la famille de la cortisone) interviennent en première ligne dans la défense de l'organisme face aux agressions ou lors de compromis adaptatifs qui seront étudiés dans le chapitre XII. La libération de ces hormones est sous la dépendance de l'hormone hypophysaire corticotrope ACTH, elle-même placée sous la tutelle d'une hormone sécrétée par l'hypothalamus (CRH). Le cerveau est donc au centre de la réponse surrénalienne et, comme tel, il est soumis à la rétroaction des hormones surrénaliennes. Si l'on injecte à un sujet de la dexaméthasone, hormone surrénalienne synthétique, disponible en clinique humaine, on observe quelque temps après une chute de l'ACTH qui témoigne du freinage exercé par l'hormone surrénalienne sur ses propres centres nerveux de commande. Il est intéressant d'observer que cette rétroaction négative ne se produit plus chez les malades atteints de dépression nerveuse sévère.

Les stéroïdes ont également sur la cellule nerveuse des actions rapides qui s'exercent directement sur la membrane et sur l'excitabilité électrique des neurones *(figure 21)*. Leur rôle dans la communication interneuronale ou neurohormonale est encore très mal connu.

Les *hormones de nature peptidique* agissent aussi au niveau du système nerveux central. Le fait que ces hormones ne traversent pas la barrière hémato-encéphalique pose le problème de leur origine. Nous l'avons vu précédemment – l'évolution nous en fournit l'illustration, sinon l'explication –, la plupart des hormones systémiques sont également synthétisées et libérées au sein du cerveau, qu'il s'agisse d'hormones digestives (gastrine, cholécystokinine ou CCK, *vasoactive intestinal peptide* ou VIP, substance P), d'hormones tissulaires (angiotensine, bradykinine) ou d'hormones hypophysaires. Le problème se pose avec acuité de connaître les fonctions des hormones peptidiques endocérébrales et leurs modes d'action. Dire que ces hormones peuvent agir comme des neurotransmetteurs ou des modulateurs n'indique pas pourquoi on retrouve les mêmes substances dans le cerveau et dans la circulation périphérique. Le cas de l'angiotensine illustre clairement le problème. Nous avons déjà signalé les effets multiples de cette hormone. L'angiotensine, libérée dans le sang chaque fois que le volume sanguin diminue, agit aussi au niveau du cerveau où nous l'avons vue provoquer le besoin de boire, une élévation de la pression sanguine et une libération de vasopressine, trois effets qui concourent au même résultat : restaurer le volume sanguin. L'angiotensine de la circulation ne traversant pas la barrière hémato-encéphalique, il faut donc admettre qu'il existe dans le cerveau une angiotensine endogène que retrouvent effectivement les dosages et l'immunocytologie [9]. L'hormone périphérique et la neurohumeur cérébrale participent donc à la même homéostasie, et tout se passe comme si une régulation nerveuse centrale utilisant les mêmes agents chimiques venait en quelque sorte doubler, avec la finesse adaptative que lui confère la complexité centrale, la régulation hormonale systémique. La même proposition peut être faite pour la vasopressine. Celle-ci existe au sein du cerveau, où des voies contenant de la vasopressine ont été clairement démontrées par l'immunocytologie. Les mêmes stimuli osmotiques et circulatoires qui libèrent la vasopressine dans le sang provoquent sa libération dans le cerveau. On peut donc avancer l'hypothèse que la vasopressine centrale participe aux mêmes régulations homéostasiques que la vasopressine systémique.

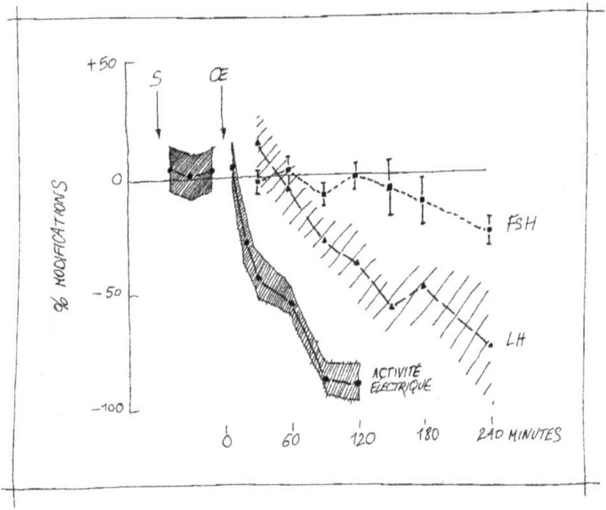

Figure 21. – Rétroaction négative de l'œstradiol. *Une injection systémique d'œstradiol (Œ) provoque un effet rapide d'inhibition sur la libération des hormones gonadotropes LH et FSH. Cette rétroaction négative est interprétée comme une action directe de l'œstradiol sur les neurones hypothalamiques, dont on peut voir un exemple sur la figure : la chute de l'activité électrique de la cellule est due à une action membranaire de l'œstradiol. Elle se traduit par une diminution de la sécrétion de lulibérine suivie secondairement d'une chute de la sécrétion de LH et FSH. (D'après Dufy et coll., « Effects of Œstrogen on the Electrical Activity of Identified and Unidentified Hypothalamic Units »,* Neuroendocrinology, *22, 1976, p. 38-47.)*

La communication hormonale

Rappelons d'emblée que la distinction entre neurotransmetteurs et hormone (voir p. 49) ne répond plus entièrement à la réalité des faits.

Sur le plan spatial, des messagers d'origine neuronale

agissent à distance de leur cellule d'origine. La substance libérée à l'extrémité neuronale diffuse en dehors de l'espace synaptique et s'adresse à des neurones voisins dépourvus de liaisons synaptiques avec le neurone émetteur. Ce cas est observé dans les ganglions sympathiques, où un peptide voisin de la lulibérine présente une action de ce type. Le messager peut également être libéré au niveau d'arborisations terminales multiples et très dispersées qui ne présentent pas de différenciation synaptique. Au niveau du cortex, certains neurones arrosent de leurs messagers une large surface, sans établir de véritable connexion avec les neurones qui s'y trouvent. Les informations transmises par de tels messagers concernent de vastes parties du cerveau dont elles règlent le fonctionnement d'ensemble [10]. Elles pourraient être responsables d'une sorte d'homéostasie locale, contrôlant le micro-environnement au niveau d'ensembles neuronaux déterminés. On peut imaginer que ces régulations sont liées aux émotions, aux humeurs et à tout ce qui constitue les fonctions « instinctives ». Ce cerveau flou, responsable de la part affective et passionnée de l'individu, serait en quelque sorte superposé au cerveau câblé responsable des fonctions sensori-motrices cognitives et rationnelles.

Sur le plan opérationnel, une action neurotransmettrice stricte consiste en l'ouverture passive de canaux ioniques, que provoque un signal électrique dont l'intégration finale permet au neurone d'émettre à son tour un influx. Certains messagers d'origine nerveuse peuvent avoir une action de type hormonal par intervention d'un deuxième messager qui répand l'information dans l'ensemble de la cellule réceptrice et modifie ses propriétés énergétiques ou son excitabilité.

De plus, un même messager peut parvenir à la membrane réceptrice à des concentrations différentes selon qu'il est apporté par voie synaptique (forte concentration) ou par voie hormonale (faible concentration) ; son action sera alors différente *(figure 19).* Quant à la cellule, elle possède par ailleurs des récepteurs de sensibilité différente pour la même substance [11] !

Conclusion

Ces quelques données montrent qu'il existe, à côté du cerveau neuronal, exemple d'ordinateur d'une complexité sans modèle, un véritable cerveau hormonal qui modifie sans cesse et dans toutes ses structures le fonctionnement du premier. C'est sur cette dualité, on l'aura compris, que se fonde notre approche de l'individu passionné. À prôner un cerveau sans esprit, on finit par obtenir un esprit sans corps ou un ordinateur merveilleux à la recherche d'un programmateur. Mais avant d'aborder ce cerveau autonome réconcilié avec les humeurs de son corps, nous devrons régler leur compte à un certain nombre de machines... célibataires.

Deuxième partie

LES MACHINES CÉLIBATAIRES

Figure 22. – MARCEL DUCHAMP, « LE GRAND VERRE » OU « LA MARIÉE MISE À NU PAR SES CÉLIBATAIRES, MÊME » (1915-1923), *musée de Philadelphie, collection Louise et Walter Arensberg.*

« *Le Grand Verre* »

Qu'est-ce qu'une machine célibataire ? Créature dadaïste née du cerveau farceur de Marcel Duchamp, elle n'a pas plus sa place dans un ouvrage scientifique qu'une machine à coudre sur une table de dissection [1]. *C'est une machine fabriquée à partir d'éléments du réel, mais qui n'est pas destinée à fonctionner comme telle. Elle est productrice de mythes* [2]. *Célibataire, parce que solitaire et onaniste, elle travaille pour la seule jubilation de celui qui l'a construite ou de ceux qui l'ont empruntée.* Le Grand Verre *du musée de Philadelphie (voir reproduction,* figure 22) *est le prototype de la machine célibataire :* la Mariée mise à nu par ses célibataires, même. *On ne peut traiter en quelques lignes du* Grand Verre *qui est l'œuvre capitale – au sens de peine capitale – de l'art au* XX*e* *siècle. Disons que c'est une peinture à texte dont le texte a été effacé et qui ne peut fonctionner qu'avec du texte. Exemples : les quatre-vingt-quatorze documents, reproductions, manuscrits ayant servi à la composition du verre et réunis dans* la Boîte verte [3], *ou encore l'abondante littérature* *consacrée à l'œuvre* [4]*. Celle-ci, selon Octavio Paz, « raille le mécanisme grotesque dans lequel le désir se confond avec la combustion d'un moteur, l'amour avec l'essence et le sperme avec la poudre fulminante. [...]* Le Grand Verre *est une peinture infernale et bouffonne de l'amour moderne ou plus précisément de ce que l'homme moderne a fait de l'amour. Faire d'un corps humain une machine, même si c'est une machine créatrice de symboles comme les ensembles électroniques, est pire qu'une dégradation. L'érotisme vit aux frontières du sacré et du maudit. Le corps est érotique mais il est sacré. Les deux catégories sont inséparables : si le corps n'est que sexe et élan animal, l'érotisme devient une monotone fonction de reproduction* [5] *».*

La neurobiologie nous offre un certain nombre de modèles, établis à partir d'études du réel, pour expliquer les mécanismes du désir, du plaisir, de la faim, de la soif ou du sexe. Nous proposons au lecteur de les regarder comme des machines célibataires ; c'est-à-dire non comme les plans d'automates destinés à fonctionner, mais comme des ateliers producteurs d'imaginaire. Ce n'est pas déchoir le chercheur de sa qualité de « savant » que de comparer ses inventions à la herse de Kafka [6] *ou aux ludions de Raymond Roussel* [7]*. Mais c'est accorder au scientifique licence de gratuité et autorisation d'humour sans pour autant, croyons-nous, lui ôter le sérieux qui a fait sa réputation. L'utilité de la recherche, qui songe à la mettre en doute ? Nous demandons simplement le droit à l'ironie !*

CHAPITRE VI

La mouche voyeuse et la boîte à neurones

Au poil, dit la mouche, je vole !

FRANCIS BLANCHE, *Propos*, 5.

Dans ce chapitre, nous donnons des exemples de modèles vivants, simples ou simplifiés, qui illustrent les merveilles du câblage nerveux et soulignent les avantages et les dangers du « réductionnisme ».

L'œil de la mouche

Qu'une mouche ne perde pas la tête à voler dans tous les sens et à marcher au plafond, voilà qui est étonnant ; mais qu'une mouche mâle puisse aligner son vol, au millimètre près, sur le trajet capricieux d'une mouche femelle, voilà qui étonnera plus encore. L'organisation des cellules nerveuses dans le système visuel de la mouche permet de comprendre de telles performances. Les solutions sont différentes de celles adoptées par les vertébrés ; il existe pourtant de grandes simi-

litudes qui laissent entrevoir des lois générales d'organisation et de fonctionnement des systèmes visuels.

VOIR DANS UN MONDE QUI BOUGE

Que sait faire une mouche ? Voler en tous sens, marcher au plafond – mieux que ne peut le faire le plus exercé des poètes. Mais comment, pour une mouche, conserver une image stable du monde en dépit des acrobaties sans fin qui constituent l'ordinaire de sa vie ? *(figure 23).*

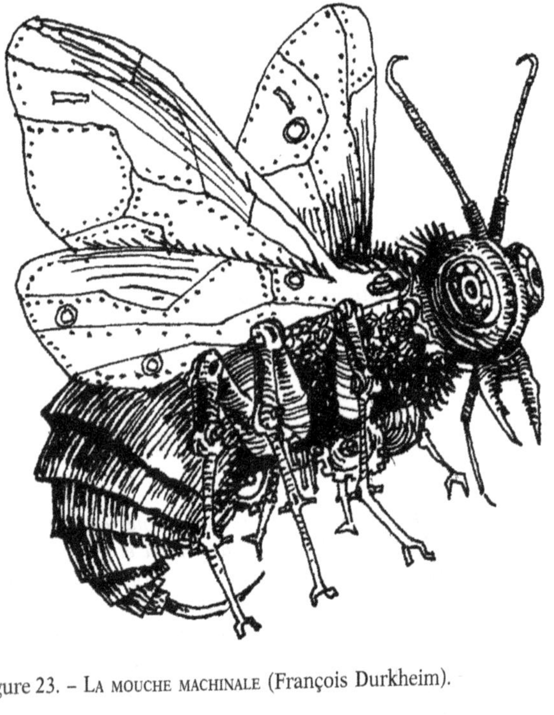

Figure 23. – LA MOUCHE MACHINALE (François Durkheim).

La mouche bouge, mais, pour son œil, c'est le monde qui se déplace. Les rotations apparentes de l'environnement sont transformées par le système nerveux en mouvements de torsion selon les différents axes du corps : la tête roule, tangue, s'élève, s'abaisse, avance, recule, bascule – coordinations visiomotrices qui minimisent les rotations de la mouche par rapport à l'environnement et servent à stabiliser sa course [1]. Dans le cerveau, quelques dizaines seulement de neurones géants intègrent les informations sur l'espace en mouvement recueillies par les cellules de la rétine. Chaque neurone est spécialisé dans la lecture d'un mouvement dirigé selon une coordonnée spatiale, verticale, horizontale ou antéropostérieure : exemple de neurone réalisant une abstraction – idée de mouvement – à partir d'une image brute du monde formée sur la rétine. Ce neurone, dénommé et numéroté selon la direction de l'espace qu'il traite (H_1, H_2, V_1, etc.), est retrouvé identique et à la même place dans le cerveau de toutes les mouches : fixité remarquable du système lorsqu'on la compare à l'imbroglio où se trouvent enchevêtrés les neurones sensibles au mouvement dans le cortex visuel d'un vertébré [2].

Nous retiendrons, dans le système visuel de la mouche, la possibilité d'en dresser un plan de câblage presque complet, comme on le ferait pour une quelconque machine électronique. Il est vrai que nous ignorons pour l'essentiel la nature exacte et le fonctionnement des composants : 350 000 neurones, une bagatelle à côté du milliard de neurones qui composent le cerveau visuel de l'homme.

L'œil composé

La mouche a une vision panoramique qui couvre, pour chacun des deux yeux, la surface d'une demi-sphère. L'œil est composé d'une juxtaposition de 3 000 facettes ou *ommatidies*. Cette organisation en mosaïque se retrouve de proche en proche dans chacun des trois ganglions optiques (rétinotopie) dont le rôle est d'analyser progressivement les divers messages visuels : formes, couleurs, mouvements et polarisation de la lumière.

Chaque ommatidie est un véritable *petit œil*, avec sa *cornéule*, lentille convexe de 30 microns, et sa *rétinule* qui contient huit cellules photoréceptrices. Celles-ci portent latéralement une tige réfringente ou *rhabdomère* qui contient le pigment visuel et fonctionne comme un guide d'ondes lumineuses. Leur embouchure, 1 à 2 microns, à peine supérieure à la longueur d'onde lumineuse, est située avec précision dans le plan focal interne de chaque cornéule. On verra sur la *figure 24* que les cellules photoréceptrices occupent une position très particulière dans chaque ommatidie. Six larges cellules, numérotées de 1 à 6, entourent deux cellules centrales (7 et 8), dont les rhabdomères sont exactement superposés – la lumière qui atteint le rhabdomère 8 étant celle qui n'a pas été absorbée par le rhabdomère 7. Finalement, il existe, pour chaque ommatidie, sept embouchures de rhabdomères, explorant chacun un faible espace visuel dans une direction donnée.

Au-delà de la partie réceptrice rétinienne, l'œil de la mouche présente trois relais ganglionnaires, tout comme chez l'homme. Au niveau du premier ganglion ou *lamina*, les 3 000 ommatidies font place à 3 000 cartouches ou *neuro-ommatidies* qui collectent d'une manière très particulière les prolongements nerveux en provenance de la rétine. Une description sommaire permet de se faire une idée de l' « ingéniosité de la nature ».

Par construction, il existe une identité remarquable entre l'angle des axes de deux ommatidies voisines et l'angle de divergence de deux rhabdomères voisins. Des cellules appartenant à des ommatidies voisines regardent donc dans une même direction. Pour une direction donnée, on trouvera six cellules périphériques (1-6), appartenant à six ommatidies différentes, et un ensemble de cellules centrales (7-8), correspondant à une seule embouchure. La connectivité est telle que les six cellules périphériques venues de six ommatidies voisines envoient leur prolongement vers une même cartouche de la lamina où ils font synapses *(figure 24)*.

La sommation électrique des six signaux afférents qui se produit dans une même cartouche a pour effet une amélioration par un facteur du signal lumineux, donc de la sensibilité absolue du système [3]. Un sort spécial est réservé aux deux cellules centrales 7-8 : au lieu d'envoyer leur axone vers la cartouche correspondant à leur direction, elles

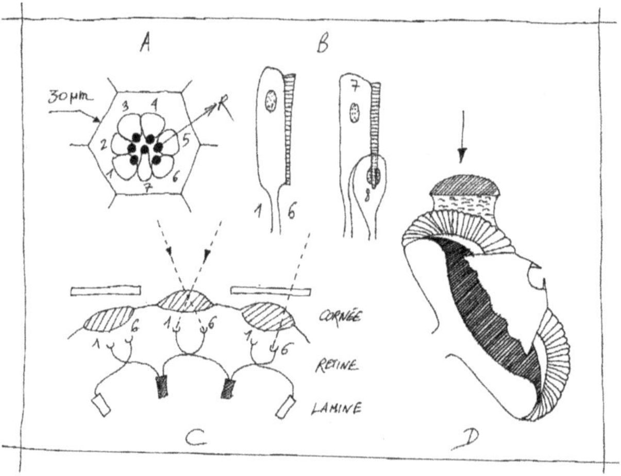

Figure 24 – L'ŒIL DE LA MOUCHE. *En A, module élémentaire composé de 6 cellules réceptrices périphériques* R_1-R_6*6 et de deux cellules centrales* R_7 *et* R_8 *qui se chevauchent. En B, section longitudinale des cellules réceptrices. En E, coupe longitudinale rencontrant trois ommatidies ; les cellules 1 et 6 de deux ommatidies voisines qui « regardent » dans la même direction de l'espace envoient leur axone vers la même neuro-ommatidie où ils font synapses avec un deuxième neurone. En D, méthode pour visualiser les rhabdomères* in vivo *sur un grand nombre d'ommatidies, la fluoroscopie de fond consiste à neutraliser optiquement la cornée avec une goutte d'eau et à observer le sommet des récepteurs avec un microscope à fluorescence. (D'après Franceschini, « Chromatic Organization and Sexual Dimorphism », in Borselliero et Cervetto, éd.,* Photoreceptors, *New York, Plenum, 1984.)*

l'envoient directement vers une colonne correspondante du deuxième relais ganglionnaire ou *médulla*.

Franceschini [4] a proposé l'hypothèse selon laquelle l'œil de la mouche serait composé de deux subsystèmes visuels coaxiaux. Un premier système, ayant pour entrées les six cellules périphériques 1-6, dont les axones convergent vers une même neuro-ommatidie, aurait une grande sensibilité absolue et serait responsable de la vision aux faibles luminances. Un second système, ayant pour entrées les deux cellules centrales 7 et 8, serait caractérisé par une meilleure transmission du contraste et cela au détriment de sa sensibilité absolue ; il pourrait être spécialisé dans la vision des couleurs.

Ces deux systèmes diffèrent sur le plan de leur sensibilité spectrale. Les cellules 1-6 du système scotopique ont une sensibilité commune, présentant deux pics, l'un dans le bleu, l'autre proche de l'ultraviolet. En contraste avec l'homogénéité sur toute la rétine de la population 1-6, la population des cellules centrales 7-8 est très hétérogène. Grâce à la méthode de *fluoroscopie de fond* mise au point par Franceschini, on montre, sur l'animal vivant et intact, que la plupart des rhabdomères sont fluorescents. Alors que tous les rhabdomères 1-6 présentent la même émission – rouge sous excitation bleu –, les rhabdomères 7 apparaissent verts, rouges ou noirs (absence de fluorescence) selon l'ommatidie. Un microscope équipé d'un goniomètre de précision permet de dresser une carte des ommatidies selon le type de fluorescence de leur rhabdomère 7. Cette carte est différente selon le sexe de la mouche.

Le vol du désir

Le désir est-il dans l'œil de la mouche ? Nous décrivons ici les amours machinales d'une mouche domestique *(Musca domestica)*.

La mouche mâle poursuit la mouche femelle. Mais il n'est pas de passion dans les mouches énamourées ; seule la tige froide du regard à facettes les unit. Une caméra enregistre *(figure 25)* la poursuite amoureuse que le mâle livre à la

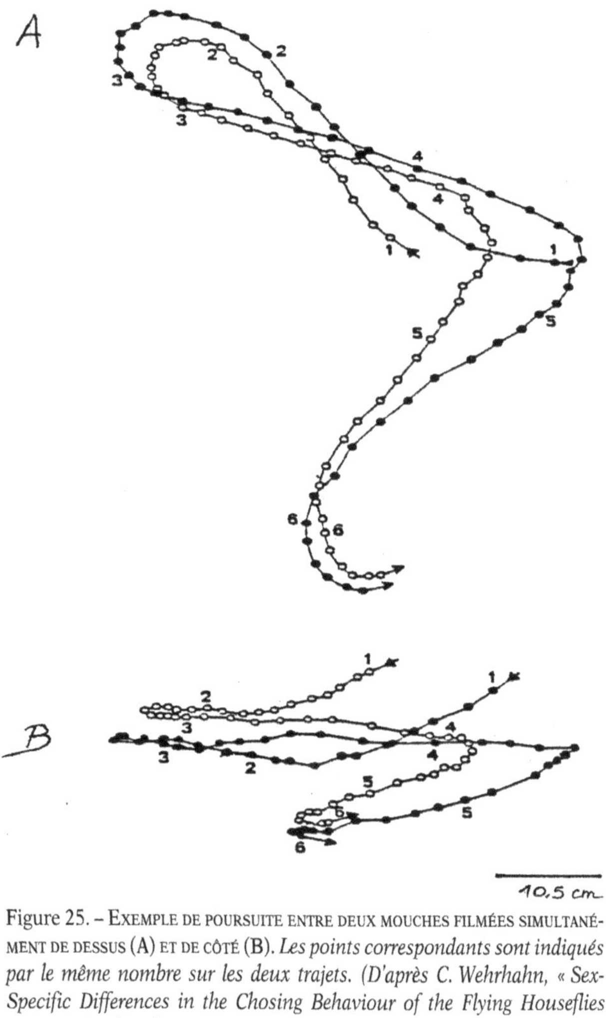

Figure 25. – EXEMPLE DE POURSUITE ENTRE DEUX MOUCHES FILMÉES SIMULTANÉMENT DE DESSUS (A) ET DE CÔTÉ (B). *Les points correspondants sont indiqués par le même nombre sur les deux trajets. (D'après C. Wehrhahn, « Sex-Specific Differences in the Chosing Behaviour of the Flying Houseflies Musca »,* Biol. Cybern., *32, 1979, p. 239-241.)*

femelle : les deux trajets parcourus à la même vitesse (1 à 4 mètres par seconde) sont presque parallèles, comme si le mâle était lié à la femelle par quelque fil invisible.

Observons en fluoroscopie de fond la rétine du mâle *(figure 26)*. Les rhabdomères 7 d'une zone dorsofrontale émettent une fluorescence rouge qui les rend indiscernables des rhabdomères 1-6 avoisinants. L'étude ultra-structurale des cellules 7 à fluorescence rouge de la zone dorsofrontale révèle qu'elles se terminent au niveau des neuro-ommatidies du premier ganglion avec les cellules 1-6 et non dans le second ganglion, comme c'est le cas, nous l'avons vu, pour les autres cellules 7 de la rétine. Ainsi, les neuro-ommatidies de la partie dorsofrontale de l'œil du mâle reçoivent-elles non pas seulement six, mais sept axones, tous issus de cellules ayant la même sensibilité spectrale. Le principe de la superposition nerveuse (voir p. 129) permet de comprendre l'utilité biologique du phénomène. En intégrant sept signaux au lieu de six en une région particulière de sa rétine, l'œil du mâle dispose d'un moyen d'améliorer sa discrimination du contraste : une sorte de *fovéa* à destination sexuelle. La minuscule tache noire en mouvement que constitue la femelle est vue par en dessous, à travers la lucarne dorsale de la rétine du mâle qui aligne sa course sur celle de la femelle [5]. D'autres particularités anatomiques, comme l'existence de branches collatérales quittant l'axone 7 avant qu'il ne pénètre dans la cartouche, assurent une amélioration du contraste par inhibition latérale [6]. Tout, y compris la perte de la vision colorée, semble destiné à faire de la zone dorsofrontale de la rétine du mâle le détecteur obstiné d'une minuscule tache noire, mobile : la femelle !

Cet exemple montre la structure, les mécanismes et la fonction intimement liés au niveau d'une seule cellule, et souligne l'utilité de leur étude simultanée. Comme le remarque N. Franceschini [7], « la connexion inhabituelle des cellules 7 à fluorescence rouge dans une neuro-ommatidie du premier ganglion optique nous aurait paru tout à fait incompréhensible si nous n'avions eu ni le contexte comportemental, ni l'information relative à la sensibilité spectrale des cellules ».

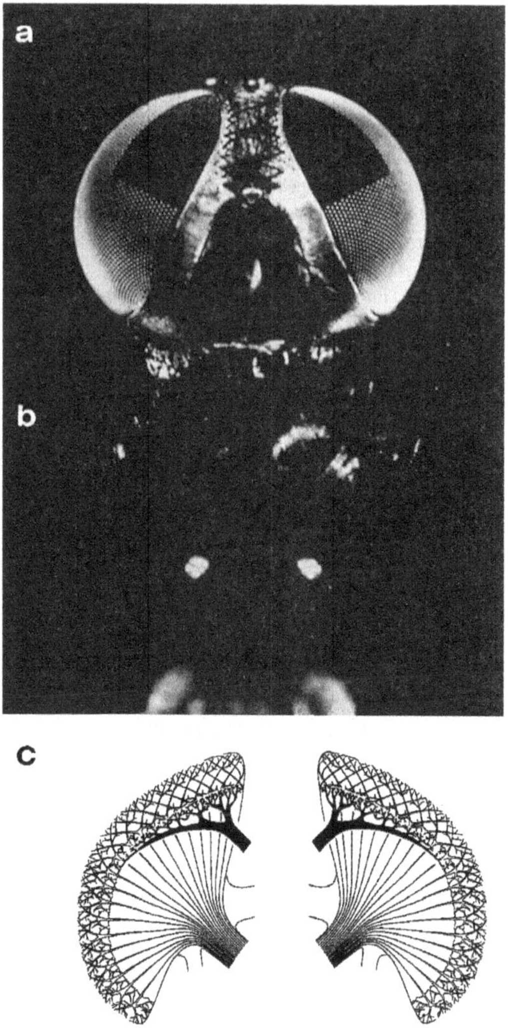
a
b
c

Figure 26. – EN A, TÊTE D'UNE MOUCHE MÂLE PHOTOGRAPHIÉE AVEC UN MICROSCOPE RÉALISÉ PAR N. FRANCESCHINI. *La région ombrée délimite la partie de l'œil dans laquelle se trouvent les récepteurs R_7 spécifiques du sexe mâle.* EN B, DEUX PSEUDO-PUPILLES PROFONDES. *(Voir N. Franceschini, in A.W. Snyder et R. Menzel, éd.,* Photoreceptors Optics, *Berlin, Springer, 1975).* En C, troisième ganglion optique de chaque œil *montrant le neurone géant n° 1 (MLG 1) dont l'arbre dendritique en noir est superposé aux ramifications des autres neurones ; ce neurone n'est rencontré que chez le mâle. (D'après K. Hausen et N. Strausfeld, « Sexually Dimorphic Interneuronal Arrangements in the Fly Visual System »,* Proc. Roy. Soc. London, *série B, 208, 1980, p. 57-71.) Ces images sont destinées à montrer la complexité d'un système simple... (mêmes références que pour la figure 24).*

Les cellules 7 de la zone dorsofrontale de la rétine du mâle ont été programmées génétiquement pour être semblables à leurs voisines de l'ommatidie : exemple de rigueur génétique dans l'établissement d'un dimorphisme sexuel. En comparant le cerveau mâle au cerveau femelle, on trouve d'autres disparités, comme la présence – une exclusivité du mâle – d'un neurone géant, le MLG1, dans le troisième ganglion optique, branché sur des informations en provenance de la fovéa sexuelle de la rétine.

Copies conformes

Le cerveau de la mouche mâle et celui de la mouche femelle sont différents, comme sont différents leurs corps et leurs comportements. Ces différences sont programmées génétiquement. La mouche drosophile offre un matériel de laboratoire incomparable pour l'étude du déterminisme génétique des comportements et de leurs rapports avec les structures nerveuses.

LA RENGAINE GÉNÉTIQUE

La mouche n'est pas volage. La femelle ne se donne qu'une fois, et le mâle, pour la séduire, décline la suite des actes amoureux comme les couplets d'une chanson enregistrée : d'abord la poursuite, puis le contact, une tape avec les pattes, suivie d'une mélodie venue du battement des ailes. Alors, le mâle lèche le sexe de la femelle, enroule son abdomen sous elle et la pénètre pendant une vingtaine de minutes. La femelle, passive, étale son ovipositeur pour faciliter la pénétration – ce même ovipositeur qu'elle lancerait à la tête d'un mâle qui tenterait de la pénétrer à nouveau. Telle est la séquence inaltérable d'un scénario immuable où les actes se succèdent en réponse à des signaux déclencheurs toujours identiques [8]. Le cerveau, à la façon d'un phonographe, déroule les programmes moteurs gravés dans les réseaux de neurones par la matrice des chromosomes [9].

De dix jours en dix jours, les générations de drosophiles offrent à l'observation le trésor de leurs mutations : un gène altéré, une aile qui pousse à la place d'une antenne, un comportement qui disparaît, etc. – puzzle qui permet de relier une structure, une fonction ou un acte à un gène déterminé. Des recombinaisons mitotiques provoquées chez la larve aboutissent à des mosaïques dans lesquelles un fragment de l'individu adulte possède un caractère génétique différent du reste de l'animal [10]. Il existe des *mosaïques sexuelles*, animaux composites dont certaines cellules sont génétiquement femelles et d'autres mâles. Le génotype sexuel de la cellule est identifiable par des marqueurs enzymatiques [11]. Des parties du cerveau doivent être génétiquement mâles pour que surviennent les différentes séquences du comportement mâle : partie dorsale pour les premières étapes, ganglion thoracique pour le chant d'amour. Certaines mosaïques courtisent les femelles vierges avec les parties mâles de leur cerveau et sont elles-mêmes courtisées par les mâles pour les cellules femelles de leur abdomen [12].

A juger de ces résultats, on serait en droit de conclure que les comportements sexuels du mâle et de la femelle reposent sur la différence de leur cerveau, elle-même déterminée par les gènes : situation bien différente, on le verra, de celle observée chez les vertébrés [13]. Un tel absolutisme dans le pouvoir des gènes doit cependant être soumis à quelques restrictions.

Faire chauffer la mouche

Une mutation sur le gène *transformer 2* crée des mouches qui possèdent le génotype femelle XX et qui, élevées à la température extérieure de 16 °C, ont l'apparence et le comportement d'une femelle, mais qui, élevées à 29 °C, ont l'apparence et le comportement d'un mâle. Bien plus, de telles mouches, élevées à 16 °C et devenues, adultes, des femelles fertiles, placées à 29 °C, se comportent comme des mâles et tentent de courtiser les femelles avec leur abdomen femelle, ce qui n'est pas une mince affaire [14].

Une combinaison d'allèles du gène *sex lethal* crée des mouches à génotype femelle XX qui ont l'apparence de mâles. La transformation est totale, l'appareil sexuel est celui d'un mâle avec production de sperme [15]. Mais le comportement est celui d'une femelle, allant jusqu'à utiliser son appareil mâle à la façon d'un ovipositeur. Quelques individus poussent cependant l'ambivalence jusqu'à courtiser des femelles.

Il est possible que les structures mâles et femelles coexistent au sein du cerveau de l'un et l'autre sexe. Selon ce modèle, chaque cerveau de drosophile contiendrait les circuits responsables des comportements mâles et femelles, les circuits pour le sexe inapproprié étant perpétuellement bloqués [16] : une solution qui, nous le verrons (p. 337), n'est pas loin de celle adoptée par les vertébrés.

UNE MÉMOIRE DE MOUCHE

Il n'est pas sûr que les amours de mouches soient la « rencontre de deux égoïsmes » – déclinaison parallèle et indépendante chez les deux partenaires d'automatismes complémentaires. La poursuite, la cour et la copulation expriment une circulation permanente d'informations entre les amants. L'échange n'est pas limité à un signal déclencheur par séquences mais associe quantité d'indices auditifs, olfactifs et visuels émis par chaque partenaire. Des mutants aveugles, sourds ou sans odorat font apprécier l'importance relative de ces différents signaux [17].

La femelle n'accepte le mâle qu'une seule fois. La copulation achevée, le mâle reste déprimé pendant quelques heures. Vierge, la femelle sécrète un puissant aphrodisiaque qui attire le mâle ; mais le liquide séminal de celui-ci se transforme dans l'abdomen de la femelle en anti-aphrodisiaque propre à le décourager de tenter un nouvel assaut [18].

La seule exposition du mâle à l'extrait anti-aphrodisiaque ne suffit pas toutefois à provoquer chez lui une dépression de l'activité sexuelle. Il faut, pour que celle-ci se produise, que la présentation de l'extrait soit associée à la vision d'une autre mouche [19]. La dépression sexuelle post-copulatoire du mâle semble relever d'un apprentissage qui implique la présence du partenaire. On constate que des mutants amnésiques – lignée de mouches incapables d'apprendre – ne présentent pas cette dépression. Pour avoir oublié qu'il vient de faire l'amour, le mutant amnésique ne cesse plus de le faire. La dépression apparaît ici comme un véritable processus cognitif [20].

Cette dernière remarque nous ramène à notre propos initial : qu'en est-il du caractère stéréotypé et machinal des modèles invertébrés si la mémoire et les associations complexes de signaux se révèlent capables de moduler un jeu qui semblait inéluctablement fixé ?

Avantages et inconvénients des invertébrés

Un caractère commun aux comportements des invertébrés est la clarté de leur dessin, même si les lignes révèlent peu à peu une complexité que l'on croyait réservée aux animaux supérieurs. On peut rêver de connaître un jour la machine dans son intégrité : à chaque circuit nerveux, construit sur les plans fournis par les gènes, correspondrait un comportement déclenché par un signal spécifique. Mais on s'aperçoit vite que la mise en jeu de tel ou tel circuit dépend de multiples variables intérieures ou extérieures à l'animal.

Un criquet mâle connaît six chansons d'amour et de guerre : un chant qui annonce sa présence, un chant d'appel pour la femelle, un chant de séduction, un chant de rappel pour la femelle qui s'éloigne, un chant pour écarter les rivaux et un chant après l'amour. Chaque chanson est comme enregistrée sur un disque et reprise, toujours identique à elle-même, en réponse à une situation précise : présence d'un rival, éloignement plus ou moins grand de la femelle, mais aussi état hormonal du partenaire.

La mouche et le criquet mâles semblent partager les mêmes certitudes à l'égard de leur femelle et de la conduite à tenir en sa présence. L'incertitude et le choix fondé sur la connaissance paraissent au contraire l'apanage des animaux supérieurs. Il n'en est rien, et certains comportements d'invertébrés peuvent être décrits sous la forme de ce que Tolman a appelé des « processus cognitifs ». En bref, le signe est relié à un signifié par une conduite. *Ceci* (le signe), si on y répond de telle façon, conduit à *cela* (le signifié). Ce dernier fournit une confirmation de ce qui était attendu ; vérification qui permettra ultérieurement à l'animal de choisir. L'exemple de la dépression postcopulatoire de la mouche mâle relève, nous l'avons vu, d'un tel apprentissage.

Il n'en demeure pas moins que les invertébrés – peut-être en raison de l'importance du neuronal par rapport à l'hormonal – autorisent une analyse plus poussée des mécanismes que chez les vertébrés ; *d'où ressort l'importance du câblé, qui se révèle dans toute sa magnificence lorsqu'on cherche à relier un comportement au fonctionnement d'un groupe de cellules nerveuses repérées individuellement.* L'exemple de la cellule géante du ganglion optique de la mouche nous a montré comment l'idée abstraite du mouvement – capable de faire perdre la tête à ce pauvre Zénon [21] – était traitée par un simple neurone. La simplicité, qui rend possible le repérage des cellules, permet d'étudier les mécanismes fondamentaux de fonctionnement d'un système nerveux : mémoire à court terme (minutes) ou à long terme (jours), habituation, sensibilisation [22]... Les contributions relatives de l'acquis par expérience et de l'inné par hérédité peuvent être appréciées grâce à la fréquence des générations et la connaissance approfondie du stock génétique, comme on l'a vu à propos de la drosophile.

Mais les avantages mêmes des invertébrés limitent leur utilisation. Leur simplicité, la stéréotypie de leurs conduites ne permettent pas d'aborder les stratégies complexes observées chez les vertébrés supérieurs. Quand cela serait-il, les solutions retenues par l'évolution pour certains invertébrés ne sont pas forcément extrapolables à l'homme. Alors que chez les céphalopodes, par exemple, l'œil est formé à partir de la peau et va à la rencontre de la lumière, chez les insectes et autres invertébrés, l'œil est une expansion du cerveau et se tient à l'écart de la lumière [23]. Dans son opportunisme, l'évolution a choisi des solutions variées, et l'homme ne peut être considéré comme un insecte perfectionné [24], même si tous deux ont en commun certains mécanismes fondamentaux.

Ce qui caractérise les invertébrés, c'est la précision de leurs mécanismes, leur merveilleuse et fatale adaptation au milieu, au point de laisser l'espèce s'éteindre lorsque le milieu change ; ce qui fait la grandeur de l'homme, c'est son incertitude, sa versatilité, son adaptation sur mesure au point d'envahir la planète et de n'être pas près de disparaître.

On nous pardonnera de citer en conclusion la fable qu'improvisa pendant sa sieste un chasseur de papillons : « Dieu, qui avait fait des études d'ingénieur, fabriqua les invertébrés. Il s'émerveillait chaque jour de leur étonnante mécanique. Mais leur monotone répétition finit par l'ennuyer, et Dieu créa l'homme. Mais Dieu, qui avait fait des études d'ingénieur, fut choqué de ses humeurs changeantes et incertaines, et il le jeta dehors. »

Les cultures de neurones

Une autre façon d'obtenir des modèles simplifiés de système nerveux a consisté à faire vivre des cellules nerveuses en dehors de l'animal – méthodes dites in vitro. *Il peut s'agir de cellules transformées ayant acquis la possibilité de se multiplier indéfiniment en dehors de l'organisme (neuroblastomes) ou de cellules non transformées prélevées sur le vivant et cultivées artificiellement dans des milieux nutritifs appropriés.*

Grâce aux méthodes *in vitro*, on obtient des préparations simplifiées, soit qu'elles ne contiennent qu'un seul type de cellules, soit qu'elles réalisent des ensembles réduits à une seule région du système nerveux ou à une couche unique de cellules.

Les neuroblastomes sont des cellules d'origine tumorale qui ont, de ce fait, acquis la propriété de se diviser et de se reproduire indéfiniment dans des flacons remplis de milieux nutritifs. Ces cellules permettent d'étudier les propriétés élémentaires de la cellule nerveuse. Certaines souches, en effet, se caractérisent par des propriétés singulières – sécrétion d'un neurotransmetteur, présence de récepteurs, d'enzymes ou de canaux ioniques – qui en font un outil privilégié pour l'étude. Réalisant des populations homogènes de cellules toutes identiques, les neuroblastomes se prêtent particulièrement aux études de biologie moléculaire et de biochimie – même si elles restent des monstres sur le plan biologique, capables d'acquérir des propriétés que n'ont pas les cellules normales ou de perdre certains de leurs caractères essentiels.

Les cellules nerveuses normales n'ont évidemment pas la propriété de se reproduire *in vitro* comme les cellules tumorales, la caractéristique d'un neurone étant de ne pouvoir se diviser. Placés dans des conditions *in vitro*, les neurones conservent ou acquièrent, selon les méthodes, bon nombre de propriétés des neurones *in vivo*. En fonction des problèmes posés, on utilisera différentes techniques.

Une de ces méthodes consiste à préparer des tranches de systèmes nerveux ou *explants*, et à maintenir en survie pendant plusieurs heures des morceaux entiers de cerveau prélevés sur l'animal et transférés dans un milieu liquide convenablement perfusé et oxygéné. Cette technique respecte la structure et les connexions de la région étudiée, elle permet un abord plus facile des neurones à l'aide de microélectrodes afin d'enregistrer les propriétés électriques et les contacts qui s'établissent entre différents neurones. Il est également possible de mesurer les substances libérées par les neurones dans le milieu en réponse à diverses stimulations chimiques.

A l'opposé de cette technique conservant l'architecture du cerveau, il existe des *cultures primaires* de cellules dissociées. Celles-ci sont généralement réalisées à partir de systèmes nerveux prélevés sur des embryons. Les cellules, séparées par trituration mécanique ou digestion enzymatique, sont ensuite ensemencées sur le fond d'un récipient, recouvertes d'un milieu et placées dans des étuves à température et atmosphère contrôlées. Au bout de quelques jours, les cellules qui ont adhéré au fond de la boîte s'accroissent en taille et commencent « à pousser » comme le ferait une plante. Chaque neurone qui a survécu envoie des prolongements en direction d'autres neurones et établit avec eux des contacts synaptiques. On peut voir se réaliser en quelques jours une organisation en réseau sur une seule couche cellulaire, facilitant son observation directe au microscope *(figures 27 et 28)*.

Outre qu'elles permettent l'étude des propriétés de base de certains types de neurones, ces méthodes ont permis l'étude de facteurs de différenciation qui donnent à chaque type neuronal ses caractéristiques morphologiques et ses propriétés fonctionnelles [25].

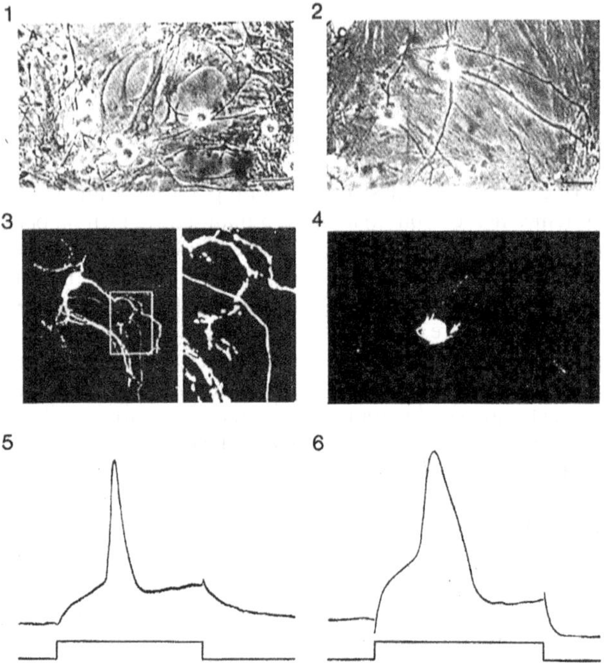

Figure 27. – NEURONES DE MOELLE ÉPINIÈRE ET DE GANGLIONS DE RACINES DORSALES D'EMBRYONS DE SOURIS DE 14 JOURS, MAINTENUS EN CULTURE PENDANT 28 JOURS. *En 1 et 2, les cellules sont observées en contraste de phase. On peut observer les prolongements qui ont poussé à partir des corps cellulaires et se sont développés sur le fond de la boîte en faisant entre eux des connexions synaptiques. En 3 et 4, une cellule de moelle épinière (3) et une cellule de ganglion de racine dorsale (4) ont été enregistrées à l'aide d'une micro-électrode de verre introduite dans le neurone ; à la fin des enregistrements, l'injection d'un colorant fluorescent permet de « marquer » l'ensemble du corps cellulaire et de ses prolongements. En 5 et 6, exemples de potentiel d'action recueillis respectivement dans les neurones marqués en 3 et 4. (Documents d'après P. Legendre, U. 176, INSERM.)*

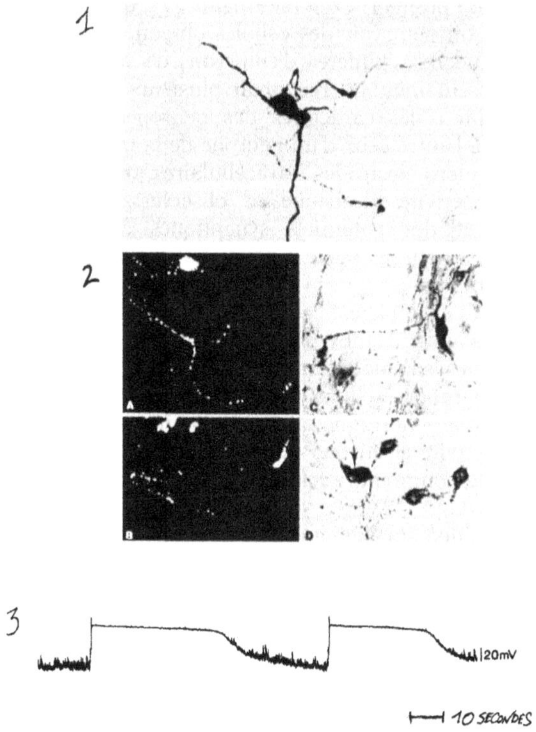

Figure 28. – NEURONES HYPOTHALAMIQUES EN CULTURE PRIMAIRE. *En 1, neurone injecté avec un produit de contraste (péroxydase du raifort). En 2, la culture a été traitée avec un immun-sérum dirigé contre la vasopressine. L'immunoprécipité rendu visible par la fluorescéine en A et B et par la péroxydase en C et D permet d'observer le corps cellulaire avec ses prolongements. Le neurone indiqué par la flèche a été enregistré par micro-électrode avant d'être révélé par l'immun-sérum ; il montre une activité électrique dite « en plateau » caractéristique des cellules à vasopressine. (D'après P. Legendre et al., « Regenerative Responses of Long Duration Recorded Intracellularly From Dispersed Cell Cultures of Fetal Mouse Hypothalamus »,* J. Neurophysiol., *48, 1982, p. 1121-1141, 1982 ; Théodosis* et al., Science, *221, 1983, p. 1052-1054.)*

Dans le premier exemple *(figure 27)* que nous donnons ici, on peut voir des cellules obtenues par dissociation de moelles épinières d'embryons de souris. Au bout de trois semaines, on reconnaît plusieurs types de neurones, l'un a les caractères des neurones du ganglion rachidien, l'autre ceux d'un neurone de la moelle épinière. Par des micro-électrodes intracellulaires, on peut recueillir leur activité électrique et observer des potentiels d'action et des potentiels synaptiques témoignant du caractère fonctionnel de ces neurones et des jonctions établies entre eux.

Un autre exemple est celui de neurones obtenus à partir d'hypothalamus d'embryons de souris *(figure 28)*. Au bout de quelques semaines de culture, on observe au microscope de grandes cellules nerveuses qui contiennent de la vasopressine – hormone fabriquée *in vivo* par l'hypothalamus. L'activité électrique de ces cellules, très particulière, permet de comprendre les phénomènes électriques observés *in vivo*.

Il n'est bien sûr pas question d'extrapoler, sans précaution, des propriétés d'une couche de neurones poussés sur un fond de plastique aux complexités d'une moelle épinière ou d'un hypothalamus, fussent-ils d'une souris. Mais il ne convient pas non plus de sacraliser l'*in vivo*, dont bon nombre de propriétés sont conservées *in vitro*, même si, en matière de comportement, il est absurde de parler des amours d'une boîte de Pétri.

Un développement intéressant de la culture de neurones n'est-il pas de faire pousser, au sein d'un système nerveux *in vivo*, des neurones préalablement cultivés *in vitro* ? En témoignent les succès spectaculaires de « greffes de cerveau ». Une race de souris qui présentait dans son cerveau une absence congénitale de neurones fabriquant la lulibérine a reçu dans son hypothalamus des greffes de neurones cultivés *in vitro* : la prise de la greffe se traduit par l'apparition, chez ces animaux, de la fonction ovulatoire jusque-là absente [26].

Conclusion simpliste

Il existe deux types de réductionnisme. Le premier, pratique – celui du chercheur –, repose sur l'utilisation de préparations simples ou artificiellement simplifiées pour essayer de comprendre le fonctionnement d'organismes plus compliqués, en dégageant, par exemple, l'existence de lois exportables du modèle à l'original. Le second, triomphant et sectaire, réduit le tout à la somme de ses parties. Le premier reconnaît que tout savoir est bon à prendre, pourvu qu'il puisse être soumis aux épreuves de vérification. Le second prétend que chaque parcelle de vérité contient toute la vérité. On comprend que la vanité de ce dernier fasse beaucoup de tort à la modestie du premier.

CHAPITRE VII

Les trois cerveaux

De trois choses l'une... c'est comme j'ai l'honneur de vous le dire à vous qui prétendez toujours que Dieu et Dieu font trois.

PRÉVERT ET POZNER, *Hebdromadaires.*

Un morceau de mouche ou quelques neurones confits dans du sérum ne sauraient fournir la matière à une compréhension globale du cerveau, surtout s'agissant des vertébrés supérieurs et de l'homme en particulier. Il nous faut maintenant considérer l'unité organique du système nerveux, support de ce que l'on appelle son activité intégratrice. L'observation de lésions parcellaires du système nerveux central a montré que certaines régions avaient un rôle spécialisé. Divers « plans d'ensemble » ont été proposés pour rendre compte de la façon dont les structures sont « arrangées » dans l'espace et organisées afin d'assurer un fonctionnement harmonieux du tout. Cette architecture fonctionnelle obéit, selon les théories, à une structure globale unitaire, binaire ou trinitaire. Cette dernière propose l'existence de trois cerveaux en un.

Le cerveau lésé

Nous rapporterons l'histoire de Phineas P. Gage telle que la raconte Colin Blakemore [1]. L'accident qui fut à l'origine du drame se produisit le 15 septembre 1848, à 4 heures et demie de l'après-midi, près de la petite ville de Cavendish, dans le Vermont.

Une équipe d'ouvriers, avec à leur tête Phineas P. Gage, sympathique et dynamique contremaître âgé de vingt-cinq ans, travaillait à la construction d'une nouvelle ligne de chemin de fer entre Burlington et Rutland. Il s'agissait de faire sauter un rocher qui gênait l'avancée de la ligne ; Phineas avait décidé d'effectuer lui-même la délicate opération consistant à bourrer de poudre un trou foré au préalable dans le roc. Il finissait de tasser la charge au fond du trou à l'aide d'un bâton métallique, quand, soudain, le frottement de ce dernier contre la pierre provoqua une étincelle qui mit le feu aux poudres. Le bâton de fer fut projeté par l'explosion comme un boulet de canon et traversa le front de Phineas, y laissant un vaste trou, avant d'atterrir quarante mètres plus loin.

Difficile à croire, mais ce ne fut pas la fin de Phineas P. Gage, ou tout au moins pas la fin du corps qui portait ce nom. Phineas avait été projeté sur le sol par la violence du choc, et ses membres, pendant quelque temps, s'agitèrent convulsivement. Mais, cinq minutes plus tard, à peine sorti de la torpeur, il parlait à nouveau et se tenait sur ses jambes. Ses camarades le transportèrent dans un tombereau jusqu'à un hôtel de la ville. Phineas put descendre sans aide de la charrette et grimper l'escalier de la chambre, où il attendit l'arrivée des médecins. Ceux-ci eurent peine à croire ce qui était arrivé à Phineas avant d'examiner de leurs propres yeux la plaie béante au milieu du front.

A 10 heures du soir, bien que la blessure saignât encore, Phineas avait retrouvé suffisamment ses esprits pour dire à ses ouvriers qu'il retournerait travailler dans quelques jours.

Il ne faisait pourtant aucun doute qu'une barre à mine large de plusieurs centimètres avait transpercé la partie antérieure de son cerveau sans apparemment que ses sens, son langage et sa mémoire fussent aucunement perturbés.

Les jours suivants furent difficiles. La plaie s'infecta ; Phineas devint anémique et délira. Mais, grâce à de copieuses administrations de calomel, de rhubarbe et d'huile de castor, il se remit peu à peu. Trois semaines plus tard, il réclamait ses pantalons et avait hâte de quitter son lit. Vers le milieu de novembre, il flânait dans la ville et faisait des projets d'avenir. Ici se situe le tournant de l'histoire : Phineas avait un nouvel avenir, car il était devenu un homme différent. Le vaillant contremaître, apprécié de ses chefs et aimé par ses subordonnés, n'existait plus. Le Phineas Gage sympathique et courageux était mort ; à sa place, tel un jeune phénix, un enfant doué d'une force de taureau et d'un caractère dépravé venait de naître.

Quelques années plus tard, John Harlow, un des médecins qui avait examiné Phineas lors de l'accident, écrivait : « Il est en bonne santé, et je suis tenté de dire qu'il a récupéré [...] L'équilibre ou la balance, pour ainsi dire, entre ses facultés intellectuelles et ses propensions animales semble s'être rompu. Il est capricieux, irrespectueux et se complaît dans la grossièreté, ce qui n'était pas ses habitudes, sans égards pour ses compagnons, impatient quand on le contrarie, obstiné, mais changeant d'avis et de projets à tout bout de champ [...] A ce point de vue, son esprit avait radicalement changé, au point que ses connaissances et amis disaient que " ce n'était plus Gage ". »

Le nouveau Phineas, rejeté par ses employeurs, se mit à parcourir l'Amérique, s'exhibant comme attraction de foire, avec le bâton de métal responsable de sa métamorphose. Il mourut à San Francisco, mais son crâne et la barre à mine sont conservés au musée de l'École de médecine de Harvard.

L'histoire de Phineas P. Gage eut un tel retentissement parce qu'elle se produisit dans le milieu du XIXe siècle où étaient de nouveau à la mode les théories de Gall [2] selon lesquelles les différentes facultés de l'esprit étaient localisées en différentes régions du cerveau. Cette observation clinique exceptionnelle montrait, de plus, que le cerveau n'était pas seulement le maître de nos mouvements et de nos sensations, mais aussi celui de nos sentiments et de nos passions, en un mot, de notre personnalité.

Une dernière aventure est arrivée au malheureux Phinéas. En 1994, A. R. Damasio a reconstitué grâce à un ordinateur son cerveau blessé et déterminé l'étendue des lésions. Le chercheur a pu ensuite dresser une analyse rétrospective précise des troubles anatomo-cliniques présentés par le fondateur involontaire de la neurologie américaine moderne.

Après la description, par Broca (1865), d'une étroite région de l'hémisphère cérébral gauche, responsable du langage, et après les expériences de stimulation électrique et d'ablation de zones limitées du cortex cérébral réalisées chez le chien par Fritsch et Hitzig (1871) et chez le singe par Ferrier (1873), les recherches ont principalement porté sur la localisation cérébrale des fonctions sensorimotrices. Il fallut attendre les travaux de Papez (1937) pour accepter l'hypothèse que certaines régions du cerveau, formant ce qui sera désigné plus tard sous le nom de « système limbique » (MacLean, 1949), avaient en charge les aspects émotionnels et affectifs de la vie.

Vers cette époque (1939), Phineas P. Gage eut des émules singes grâce aux talents chirurgicaux de H. Klüver et P.C. Bucy[3]. Des singes dont les lobes temporaux du cerveau avaient été enlevés présentaient des modifications spectaculaires dans leur comportement affectif et social. Ces animaux, auparavant sauvages, étaient devenus doux, apprivoisés et ne s'effrayaient plus de la présence humaine. Ils étaient soumis et supportaient sans broncher les agressions de leurs congénères. Enfin, ils présentaient des comportements sexuels et alimentaires caricaturaux, excessifs et inappropriés, cherchant à manger tout ce qui se présentait, mangeable ou non, et manifestant à l'égard d'objets les plus invraisemblables une inclination sexuelle incongrue. Ce syndrome fut appelé « cécité psychique », entendu par là que les singes étaient incapables de percevoir la signification des stimuli visuels qui s'offraient à eux.

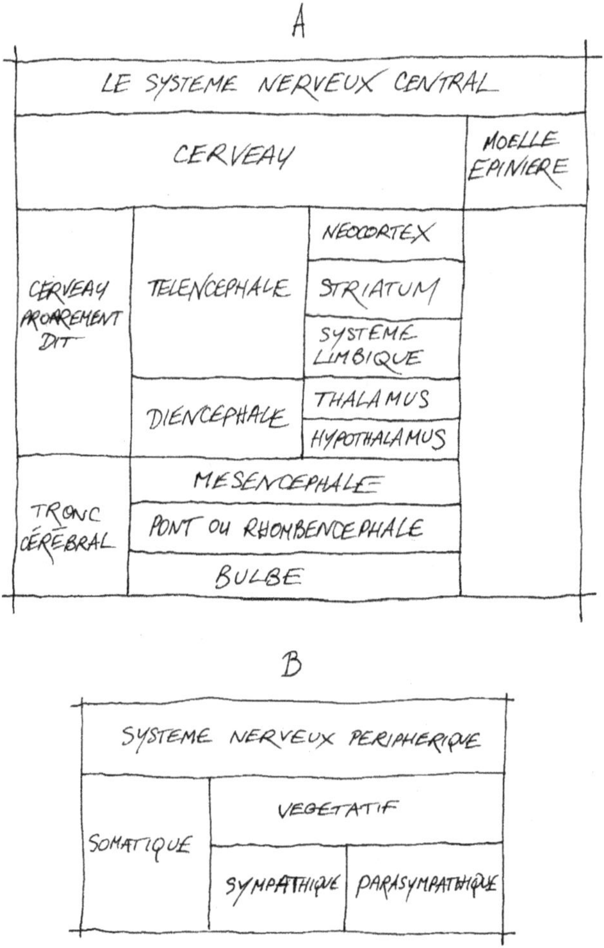

Figure 29. – PRINCIPALES SUBDIVISIONS DU SYSTÈME NERVEUX DES MAMMIFÈRES.

Le malheureux Phineas et les singes de Klüver et Bucy nous montrent qu'il est des régions du cerveau qui gèrent nos sentiments et nos rapports affectifs avec le monde, comme il en est d'autres où s'élaborent perceptions et mouvements. Si le système nerveux sensitivomoteur se prête aisément au démontage en voies et centres, il n'est cependant aucune raison de ne pas concevoir également des machines sentimentales, mécaniques nerveuses productrices de nos désirs et de nos peines.

Les rouages de ces machines se présentent sous l'apparence de noyaux rassemblant des neurones, et de voies les faisant communiquer entre eux, d'une part, et avec les entrées et les sorties, d'autre part. Nous ne dirons pas l'anatomie compliquée du système nerveux, l'enchevêtrement des faisceaux parcourus par les axones, l'arrangement subtil des relais où s'ordonnent les synapses, les lames et les strates, les colonnes et les commissures. La *figure 29* donne seulement un diagramme des principales subdivisions.

Il nous est loisible de concevoir des influx nerveux parcourant des circuits fléchés, allant et venant d'une région à une autre, traitant ici des souvenirs *(hippocampe)*, pesant ailleurs le pour et le contre, ou faisant là des projets d'avenir *(cortex frontal)*, pour produire en fin de course la décision de faire la grasse matinée. Avec de nouvelles moutures de Leibniz, assaisonnées de complexité et dans l'adoration secrète de l'algorithme perdu, nous pourrions même imaginer de fabriquer de l'« esprit » sous le regard complice de la caméra à positrons [4]. Notre propos est plus modeste : présenter brièvement une architecture fonctionnelle du système nerveux, les plans qui semblent régir sa construction, l'organisation générale de ses différentes parties et la répartition des tâches qui assurent dans tous ses aspects la présence de l'individu au monde. Selon l'éclairage, mais sans que cela soit contradictoire, nous envisagerons successivement une approche unitaire du système nerveux et une division en deux ou trois parties.

Un

Le système réticulaire est catholique, c'est-à-dire un et universel. Comme le pilier central d'une voûte flamboyante, il s'élève, large colonne au sein du tronc cérébral, vers le cerveau, où il irradie en ramures qui semblent soutenir les voûtes du cortex *(figure 30)*. Dans le tronc cérébral, la *formation réticulée* forme un feutrage de neurones qui occupe l'espace laissé vacant par les noyaux et les faisceaux.

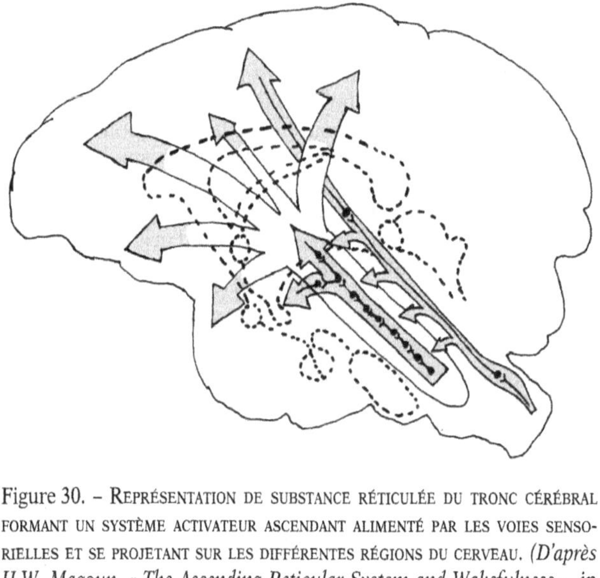

Figure 30. – REPRÉSENTATION DE SUBSTANCE RÉTICULÉE DU TRONC CÉRÉBRAL FORMANT UN SYSTÈME ACTIVATEUR ASCENDANT ALIMENTÉ PAR LES VOIES SENSORIELLES ET SE PROJETANT SUR LES DIFFÉRENTES RÉGIONS DU CERVEAU. *(D'après H.W. Magoun, « The Ascending Reticular System and Wakefulness »,* in *J.F. Delafresnage, éd.,* Brain Mechanisms and Consciousness, *Springfield, Miss., Charles C. Thomas, 1954.)*

En stimulant la formation réticulée à l'aide d'électrodes placées dans le tronc cérébral d'un chat anesthésié, Magoun et Moruzzi (1949) observent chez l'animal une réaction d'éveil généralisé, se traduisant notamment par une accélération des rythmes de l'électro-encéphalogramme. La destruction de la région s'accompagne au contraire d'un ralentissement permanent de l'électro-encéphalogramme et d'une impossibilité de réveiller l'animal. L'interruption des seules voies ascendantes transportant les influx sensoriels au cerveau n'est pas suivie de tels effets.

Dans la conception de Magoun et Moruzzi, la formation réticulée est à la fois *intégratrice* et *activatrice.* Le sujet est éveillé parce que son cerveau est activé. Les images et le son, les sensations à la surface et à l'intérieur du corps provoquent et maintiennent cette activation. Celle-ci n'est pas directement produite par les afférences sensorielles mais indirectement par l'intermédiaire de la formation réticulée. Les voies sensorielles qui montent au cortex délèguent à la réticulée, par des branches collatérales, un échantillon de tous les influx qui les parcourent, et la formation réticulée, par ses projections ascendantes, répercute sur l'ensemble des structures cérébrales la somme des excitations qu'elle reçoit. Les informations sensorielles, en pénétrant dans la réticulée, perdent donc leur spécificité d'origine (visuelle, tactile, auditive, etc.) et ne servent qu'à entretenir un *tonus réticulaire* qui, à son tour, maintient en éveil l'ensemble du cerveau. Pour accomplir cette fonction, le neurone réticulaire est à la fois un pôle de convergence, rassemblant des afférences d'origines diverses, et un site de divergence qui, par de longs axones, se projette sur un éventail de régions cérébrales.

La comparaison de l'édifice cérébral avec une église gothique rend compte à la fois de son architecture, appuyée sur les travées rayonnantes de la réticulée, et de son histoire. Selon les conceptions développées au XIXe siècle par J.H. Jackson [5], la construction du cerveau, aussi bien chez l'individu en développement qu'au cours de l'évolution des espèces, se fait par addition de couches ou étages successifs de plus en plus complexes, de telle sorte que chaque nouvelle strate recouvre, en l'incorporant, la structure sous-jacente. De même que la vieille et modeste église romane peut, lors de certains effondrements, resurgir de la grandiose cathédrale gothique qui l'avait absorbée et dissimulée, de même, à l'occasion de lésions du cerveau, voit-on parfois réapparaître certains réflexes élémentaires habituellement inhibés par les activités nerveuses supérieures. Ainsi, lors d'une paralysie des membres par lésion du cerveau, on provoque des réflexes de flexion en réponse au grattage de la peau qui sont normalement absents lorsque le cerveau est intact.

La formation réticulée n'a plus aujourd'hui le statut universel qui lui fut attribué quelques décennies plus tôt. Loin d'être une structure uniforme et indifférenciée, elle apparaît, au contraire, constituée de sous-systèmes anatomiquement définis et fortement hiérarchisés. Mais le concept d'activation n'a rien perdu de sa valeur (voir chapitre VIII). Il doit cependant être dissocié de la banale fonction d'éveil, pour être rattaché aux passions animales, expressions multiples de la singularité de l'individu.

Deux

Les structures et les fonctions vont souvent par deux dans le système nerveux. Cette répartition binaire est valable pour les nerfs périphériques et pour le système nerveux central ; elle se retrouve aussi dans le dualisme fonctionnel qui repose sur l'affrontement de « centres » excitateurs et inhibiteurs.

Système nerveux central et système sensorimoteur

Le cerveau, le tronc cérébral et la moelle épinière sont reliés au reste du corps par un *système nerveux périphérique* qui comporte deux composants majeurs : le *système végétatif* ou *autonome* et le *système sensorimoteur squelettique.*

Le *système végétatif* est chargé du fonctionnement des organes, cœur, foie, poumons, tube digestif et glandes. Il se divise en deux sous-ensembles, *orthosympathique* et *parasympathique.* Le système orthosympathique tient sous sa dépendance les réponses de l'organisme qui mobilisent de l'énergie et permettent de faire face à des situations d'urgence. Le système parasympathique contribue, au contraire, aux fonctions de maintenance et d'économie. En bref, le système nerveux végétatif est un intendant à deux faces : *l'orthosympathique dépense, pendant que le parasympathique épargne.* Chaque organe reçoit, en général, une double innervation ortho- et parasympathique dont les actions opposées aboutissent à un équilibre qui est adapté aux conditions du milieu.

A côté de l'innervation motrice des organes, il existe une sensibilité interne – *intéroception* – qui recueille, à destination du cerveau, des informations sur *tout* ce qui se passe à l'intérieur du corps. Des récepteurs spécialisés enregistrent les variations de la pression artérielle, du volume sanguin, de la pression osmotique, de la composition chimique du sang ; en bref, tout ce qui constitue les constantes de l'homéostasie (voir p. 46). Généralement, nous ne sentons pas nos viscères, oubliés au profit du monde extérieur. Dans certaines circonstances cependant – émotions, maladies par exemple –, le monde intérieur devient bruyant et révèle l'existence d'une sensibilité viscérale.

Le *système sensorimoteur somatique* rassemble dans les nerfs les prolongements des *motoneurones* et des *neurones sensitifs.* Les premiers, logés dans les cornes antérieures de la moelle épinière, envoient leurs axones à tous les muscles squelettiques ; les seconds, logés dans les ganglions rachidiens, relient la peau et les muscles aux cornes postérieures de la moelle *(figure 11).* Les motoneurones provoquent la contraction des muscles. En retour, les neurones sensitifs fournissent au cerveau une représentation du monde extérieur *(extéroception)* et du sujet dans le monde *(proprioception).*

L'OFFICE ET LE SALON

Le précepte de ne pas « mélanger les torchons et les serviettes » pourrait avoir servi de guide à la répartition des tâches dans le système nerveux central : à l'hypothalamus seraient réservés l'entretien et la subsistance, et aux étages supérieurs les fonctions nobles de la vie de relation.

L'*hypothalamus* est une petite région en forme d'entonnoir, située à la base du cerveau, dont l'étroitesse n'a d'égal que l'encombrement des fonctions qui s'y entassent et des physiologistes qui s'y bousculent. Telles sont les conditions requises, toujours selon les règles d'économie domestique, pour un office. Pourvu d'une entrée de service, il reçoit des afférences en provenance des différents viscères. Il est directement sensible aux modifications du milieu intérieur – pression, volume, température, composition chimique – grâce à la présence de récepteurs spécifiques. L'hypothalamus a également la possibilité d'agir sur l'organisme, grâce au système endocrine et au système nerveux végétatif ortho- et parasympathique dont il contrôle le fonctionnement *(figure 31)*. Dans l'hypothalamus sont rassemblées toutes les régulations viscérales qui participent à l'homéostasie du corps ; en bref, *l'hypothalamus est le cerveau du milieu intérieur.*

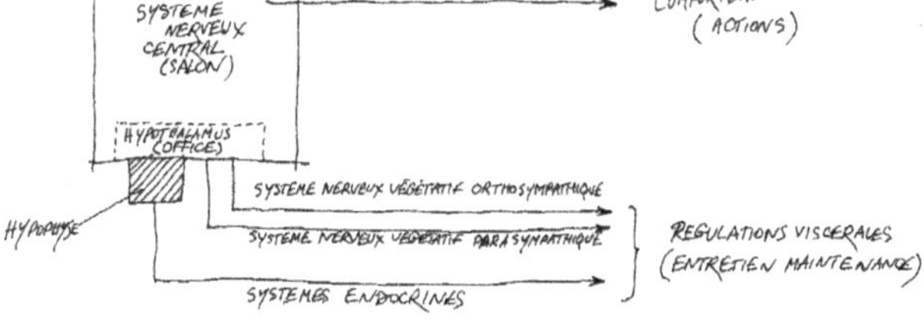

Figure 31. – L'OFFICE ET LE SALON. *Le cerveau commande, d'une part, les réponses comportementales (actions) dans le milieu extérieur et, d'autre part, les régulations homéostasiques du milieu intérieur (entretien et maintenance). (D'après G.J. Mogenson,* The Neurobiology of Behavior : an Introduction, *Hillsdale, LEA, 1977.)*

A l'autre cerveau est dévolue la responsabilité d'agir sur l'extérieur : cerveau des actions dont dépendent aussi bien le simple frémissement d'un orteil que l'articulation d'un discours qui bouleverse le monde. Ces fonctions motrices ne peuvent se concevoir sans des informations qui renseignent le cerveau sur l'état du milieu extérieur et sur le déroulement des actions. A chaque étage du système nerveux central, il se produit des interactions entre les messages moteurs qui descendent vers les motoneurones et les messages sensoriels qui montent au cortex *(figure 32)*.

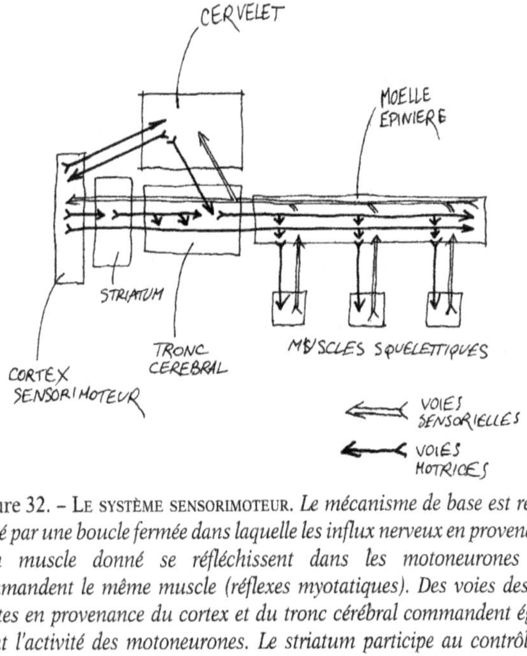

Figure 32. – LE SYSTÈME SENSORIMOTEUR. *Le mécanisme de base est représenté par une boucle fermée dans laquelle les influx nerveux en provenance d'un muscle donné se réfléchissent dans les motoneurones qui commandent le même muscle (réflexes myotatiques). Des voies descendantes en provenance du cortex et du tronc cérébral commandent également l'activité des motoneurones. Le striatum participe au contrôle de l'activité de ces voies motrices. Le cervelet, qui reçoit à la fois des informations sensorielles et motrices, coordonne le fonctionnement de l'ensemble. Voir également les commentaires dans le texte. (D'après E. Henneman, « Organization of the Motor Systems : a Review »,* in *V.B. Mountcastle, éd.,* Medical Physiology, *Saint Louis, C.V. Mosby Co., 1974.)*

La séparation entre un cerveau viscéral et un cerveau des « actions » recouvre une autre partition proposée par Konorski (1967), qui oppose le *cerveau cognitif* et le *cerveau émotif* ou *motivationnel.* « D'un côté, le système cognitif utilise les divisions spécifiques du cerveau avec des localisations plus ou moins strictes des voies conduisant des récepteurs aux centres et des centres aux récepteurs selon des ensembles ordonnés et hiérarchisés, tels les noyaux spécifiques du thalamus et les aires corticales associatives et de projection ; de l'autre, le système émotif utilise des divisions non spécifiques dont les dispositions topographiques sont plus lâches et sont représentées par la réticulée, le thalamus non spécifique, l'hypothalamus et le rhinencéphale [6]... » Nous avons déjà esquissé (p. 138) une définition de ce que l'on entend par *cognitif.* On confond parfois ce terme avec celui d'*activité mentale supérieure,* produit de la complexité croissante du cerveau, qui culmine chez l'homme dans l'apparition du langage. Rappelons que l'activité cognitive repose sur des relations de type propositionnel (*x* est *y*) qui supposent une connaissance du but à atteindre et une vérification des résultats. Le cerveau émotif ou motivationnel utiliserait au contraire des relations de contiguïté permettant l'établissement de liaisons de type stimulus-réponse. Mais un même comportement peut être expliqué différemment selon que l'on considère l'un ou l'autre type d'activité. Dans la théorie associative défendue par Hull [7], la satisfaction du besoin alimentaire par exemple – vient renforcer le couplage entre le stimulus et la réponse comportementale. Dans la théorie cognitive, la présence de nourriture devient un objet de connaissance venant confirmer l'attente qui a engagé l'animal dans son comportement.

La partition en deux cerveaux, telle qu'elle est proposée par Konorski, ne doit pas être confondue avec notre essai d'opposer un cerveau câblé et un cerveau flou, qui ne repose sur aucune territorialisation du cerveau, mais recouvre l'ensemble des structures cérébrales et des activités qui s'y rapportent (voir p. 117 et *infra*).

Distinguer un cerveau cognitif capable de jugement d'un

cerveau passionnel soumis aveuglément aux impératifs du corps nous paraît enfermer l'individu dans un insoluble dilemme. A privilégier le premier, on risque, selon l'expression de Riley [8], de laisser « l'homme enseveli dans sa pensée » et incapable d'agir ; mais, à ne considérer que le second, on fait de l'animal une machine égoïste, tout entière attachée à la satisfaction de ses besoins.

Nous essaierons de montrer dans la 3e partie que les activités mentales supérieures ne sont jamais absentes des comportements dits élémentaires tels que manger, boire ou faire l'amour, et que, loin d'appartenir à des cerveaux séparés, le passionnel et le cognitif sont toujours coextensifs.

Dualisme fonctionnel

En analysant les mécanismes nerveux des passions, nous verrons qu'il est presque toujours question de deux centres, l'un inhibiteur, l'autre excitateur, pour diriger une même fonction. Cette conception dualiste se situe à la fois dans la tradition de Claude Bernard et dans celle de Sherrington. De la première, nous retiendrons que les centres sont mis en jeu chaque fois qu'une grandeur du milieu intérieur s'écarte de sa valeur normale ; de la seconde, que ces centres sont liés selon le principe de l'innervation réciproque. Un exemple de cette dernière est donné par le contrôle nerveux de la respiration : une expiration résulte de l'action d'un centre excitateur qui lui-même inhibe un centre inspirateur, de la même façon qu'un mouvement de flexion est toujours le résultat de la contraction d'un fléchisseur et du relâchement simultané d'un extenseur ; le contrôle nerveux du comportement alimentaire illustre parfaitement ce mécanisme avec un centre de la faim inhibé par un centre de la satiété *(figure 33)*.

Nous retrouvons, logée dans l'hypothalamus, toute une théorie de centres qui vont par deux : outre le centre de la faim et celui de la satiété, on décrit un centre du plaisir opposé à celui de l'aversion, un centre de l'approche couplé à celui de la fuite, une région parasympathique opposée à l'orthosympathique, etc. Ce manichéisme anatomique et fonctionnel déborde l'hypothalamus et s'étend à d'autres structures, notamment au système limbique et à l'amygdale

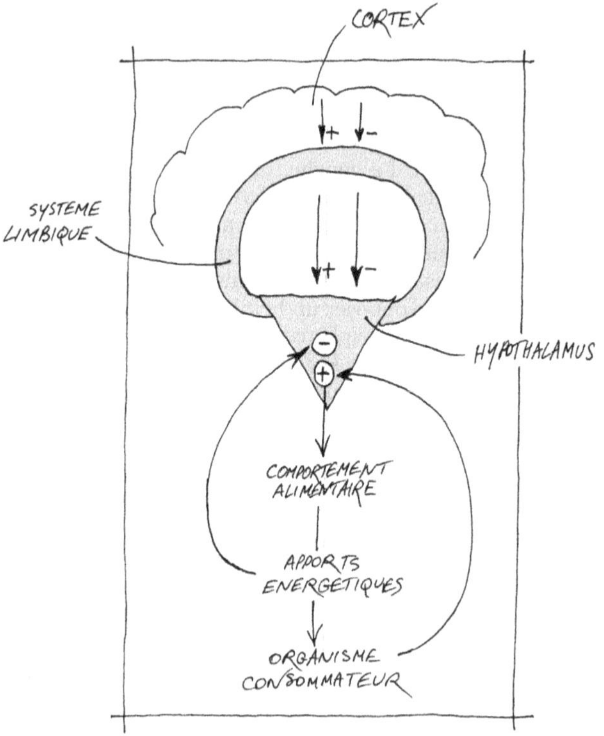

Figure 33. – LE DUALISME FONCTIONNEL PAR L'EXEMPLE DU COMPORTEMENT ALIMENTAIRE *(voir également p. 348)*.

où s'affrontent, pour chacune des passions, des aires facilitatrices et inhibitrices. Nous verrons, à propos de ces passions, qu'aussi complexe que soit la dialectique des centres ceux-ci sont bien incapables de rendre compte de l'extraordinaire flexibilité des comportements.

DROIT ET GAUCHE

Il ne sera pas nécessaire, dans le cadre de cette revue des bipartitions du cerveau, de nous attarder sur la distinction entre un cerveau droit et un cerveau gauche, tant elle a frappé l'imagination et bénéficié récemment d'une large publicité.

Rappelons seulement qu'à la suite des travaux de Sperry [9] on attribue des propriétés différentes aux deux hémisphères cérébraux. Le gauche, dit hémisphère dominant, est responsable de la parole, de l'écriture, du calcul et pense de façon logique et sérielle ; le droit a une appréhension du monde plus spatiale, globale et intuitive, il reconnaît les formes et les visages, il aime la musique et la poésie. Il serait trop facile d'opposer un hémisphère droit passionné et mystique à un hémisphère gauche froid, raisonneur et discoureur. Imagine-t-on le cerveau droit mourant de faim pendant que le cerveau gauche compte les parts du gâteau ? Comme toute autre mise en pièces du cerveau, celle-ci a ses limites, ne serait-ce que parce que les fonctions des deux hémisphères sont toujours révélées chez des animaux ou des malades dont les deux cerveaux ont été chirurgicalement séparés *(split-brain)*. Chez l'individu normal, il existe plusieurs millions de fibres qui, à travers le corps calleux, font communiquer les deux cerveaux, si bien que rien de ce qui se passe dans l'un ne peut échapper à l'autre.

Trois

MacLean est l'inventeur d'un cerveau en trois parties *(figure 34)*. « Au cours de l'évolution, le cerveau des primates se développe selon trois patrons principaux qui peuvent être qualifiés de reptilien, paléomammalien et néomammalien. Il en résulte une remarquable association entre trois cérébrotypes qui diffèrent radicalement par leur chimie et leur structure et qui sont, au sens évolutionnaire, des éons indépendants. Il existe, pour ainsi dire, une hiérarchie de trois cerveaux dans un ; ce que j'ai appelé un cerveau tri-un. On peut en déduire que chaque cérébrotype a sa propre forme d'intelligence, sa propre mémoire spécialisée et ses propres fonctions motrices et autres. Bien que les trois cerveaux soient étroitement interconnectés et dépendent fonctionnellement l'un de l'autre, il est prouvé que chacun est capable d'opérer indépendamment des deux autres [10]. »

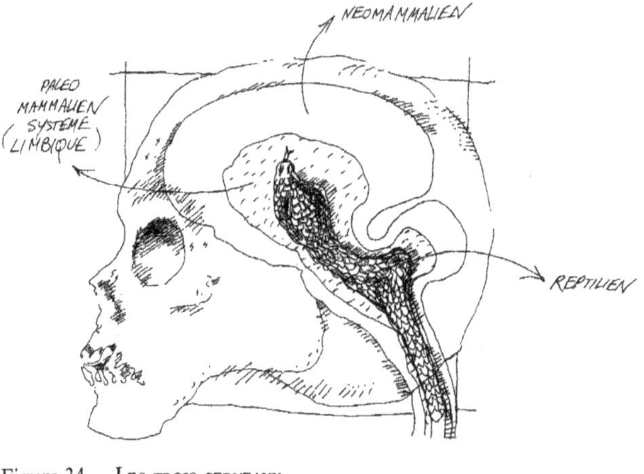

Figure 34. – LES TROIS CERVEAUX.

Le *cerveau reptilien* comprend la formation réticulée et le striatum. Il est le siège des comportements de survie de l'individu et de l'espèce. Les comportements qu'il génère sont automatiques et invariables ; ils n'offrent aucune possibilité d'adaptation lors des changements survenus dans l'environnement. Le deuxième cerveau, *paléomammalien,* correspond à ce que MacLean a appelé le système limbique. Il est le siège des motivations et des émotions ; il est capable de répondre à une information présente en faisant appel au souvenir d'informations passées. Le troisième cerveau, *néo-mammalien,* est représenté par le néo-cortex. Il est, grâce notamment à sa partie frontale, le cerveau de l'anticipation, capable de choisir la réponse à une stimulation en fonction de ce qu'elle sera et au su de ce qu'elle a pu être. C'est évidemment le cerveau le plus évolué, celui de l'« intelligence », et le propre des vertébrés supérieurs ; il confère à l'individu un degré supplémentaire d'adaptabilité, donc une liberté plus grande.

Le serpent et l'archétype

Le cerveau reptilien est composé principalement des corps striés ou *striatum,* dont nous connaissons surtout le rôle dans la motricité. Son atteinte provoque en effet chez l'homme des troubles moteurs comme ceux observés au cours de la chorée ou de la maladie de Parkinson [11]. Le striatum se prolonge vers le bas dans le tronc cérébral, notamment dans la substance noire, tandis que, vers le haut, il entretient des relations avec les autres cerveaux, le néo-cortex et le système limbique qui l'enveloppe comme un véritable moule. L'intervention de ses différentes composantes dans le contrôle de la motricité ne peut être résumée en quelques lignes. Il est le support de ce que l'on a appelé la *motricité extrapyramidale* qui se fait à travers des circuits neuronaux en boucles, par opposition à la *motricité pyramidale* qui s'exprime par des voies descendantes, reliant, plus ou moins directement, le cortex aux motoneurones de la moelle épinière.

Selon MacLean [12], le complexe striatal interviendrait dans les comportements caractéristiques de l'espèce, aussi bien dans les postures que dans les actions : choix du territoire, chasse, fabrication du nid, défense des petits, etc. Le striatum permettrait également les comportements d'imitation et la reconnaissance de signaux engageant la survie de l'espèce. Ainsi serait-ce par l'intermédiaire du striatum que la présentation, même partielle, d'un stimulus spécifique sous la forme, par exemple, d'un leurre grossier, à peine ressemblant, déclencherait une réponse stéréotypée :

attaque face à une proie, fuite devant un prédateur. Ce cerveau reptilien serait donc le conservatoire des actes et des passions ancestrales-archétypes de l'espèce. Il ferait qu'un petit homme qui touche sans crainte une prise de courant, banale et porteuse de mort, s'enfuira épouvanté devant un serpent incongru et inoffensif qu'il rencontre pour la première fois.

Le cerveau sentimental

Le terme de *système limbique* a son origine dans la description, par Paul Broca (1878), du *grand lobe limbique* qui rassemble des structures situées sur la face interne des hémisphères et dessine une sorte de limbe autour des noyaux centraux du cerveau. On le désigne parfois sous le nom de *rhinencéphale* pour signifier que ces régions du cerveau dérivent, au cours de l'évolution, de structures primitivement liées à la fonction olfactive. Le fait que le rhinencéphale soit largement développé chez des animaux comme le dauphin ou l'homme, dont la fonction olfactive est nulle ou peu développée, montre bien qu'il intervient dans d'autres activités que celles liées au reniflage.

D'une anatomie compliquée *(figure 35)*, nous ne retiendrons que son aspect en anneau de clé ouvert, vers le haut, sur les formations néo-corticales, et, vers le bas, sur le tronc cérébral. Pour prendre seulement quelques repères, nous désignerons, à la base, l'hypothalamus ; vers l'avant, le septum et l'amygdale ; et, en arrière, l'habenula et les noyaux interpédonculaires. Le cingulum, l'hippocampe et leurs cortex avoisinants, le fornix et la strie médullaire relient entre elles ces régions selon des cercles concentriques.

Comme les limbes de la mythologie chrétienne, le système limbique est l'intermédiaire entre le ciel néo-cortical et l'enfer reptilien. Les représentations du monde extérieur et du milieu intérieur s'y superposent. Toutes les modalités sensorielles qui décrivent l'environnement du sujet s'inscrivent dans les réseaux neuronaux du cortex limbique, de l'hippocampe et de l'amygdale. Parallèlement, les fonctions végétatives, nerveuses et humorales qui participent à l'homéostasie sont représentées dans le système limbique.

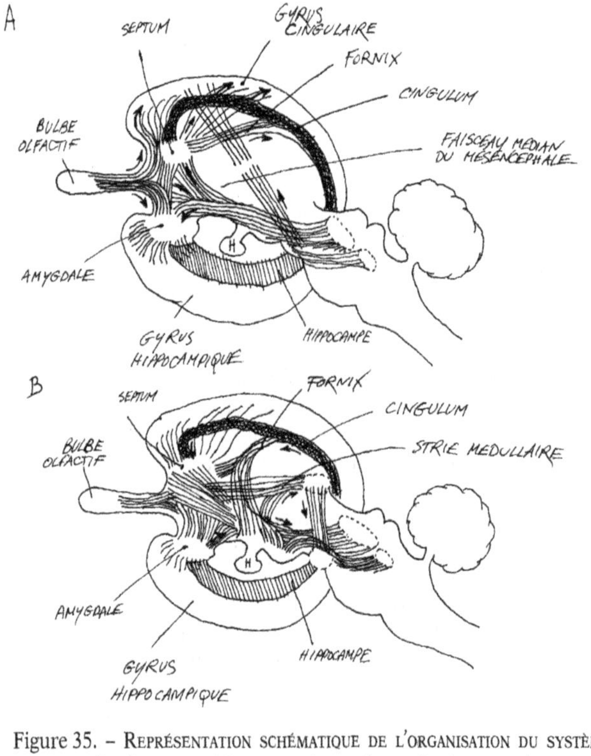

Figure 35. – Représentation schématique de l'organisation du système limbique. *La figure supérieure représente les projections sur le système limbique en provenance du bulbe olfactif et du tronc cérébral. La figure inférieure montre les voies de sortie du système. La région qui entoure le septum est, selon MacLean, surtout liée à la survie de l'espèce, alors que la région autour de l'amygdale est concernée par la survie de l'individu. (D'après P.D. MacLean, « The Limbic System With Respect to Self-Preservation and the Preservation of the Species »,* J. Nerv. Ment. Dis., *127, 1958, p. 1-11.)*

Rien n'illustre mieux les fonctions du système limbique que la description des crises d'épilepsie intéressant ces structures. Une crise d'épilepsie consiste en l'embrasement paroxystique, spontané ou provoqué, de l'activité électrique des cellules nerveuses dans un territoire circonscrit ou dans l'ensemble du cerveau. A la différence des crises intéressant le néo-cortex, l'épilepsie limbique est souvent caractérisée par des sensations de nature affective : impression de déjà-vu, sentiment de conviction sans assertion du réel, étrangeté, dépersonnalisation, etc. A ces sentiments flottants s'associent souvent des composantes viscérales, nausées, palpitations, et des sensations déformées de goût, d'odeur ou de vision. La crise comporte également fréquemment une activité motrice faite de gestes ou actes automatiques bien coordonnés mais sans rapport avec l'environnement. Ainsi peuvent être réunis au cours d'une crise les trois composantes de ce que nous définirons plus loin (p. 189) comme l'état central fluctuant : extra-corporelle ou sensorimotrice, corporelle ou viscérale, et temporelle.

L'enregistrement de l'activité électrique des différentes régions du cerveau au cours d'une crise limbique montre que l'embrasement reste généralement circonscrit à l'intérieur du système, comme si le flot des décharges paroxystiques, entraîné dans une ronde, ne pouvait s'échapper des circuits limbiques, le néo-cortex restant exclu de la tourmente qui agite le cerveau paléomammalien. Cette observation a conduit MacLean à parler d'une *schizophysiologie* du système limbique et du néo-cortex qui peut éventuellement créer des conflits entre ce que *sait* notre cerveau néomammalien et ce que *sent* notre cerveau paléomammalien.

La pomme et le néo-cortex

C'est le néo-cortex qui fait l'homme, avec l'extraordinaire développement des aires spécialisées dans la réception des messages venus du monde extérieur et dans la commande des mouvements. Ce sont, d'une part, les aires réceptrices primaires et secondaires reliées aux organes des sens et aux récepteurs des différentes sensibilités du corps, et, d'autre part, les aires motrices principales ou supplémentaires avec leur clavier correspondant au déplacement des différents segments du corps.

Ce cortex moderne est le résultat du processus d'*encéphalisation* qui prend une importance de plus en plus considérable au cours de l'évolution, tendant à se substituer aux structures sous-jacentes plus anciennes et à les dominer. Ainsi un singe sans cortex occipital est-il aveugle ; une musaraigne, ancêtre direct des primates, privée du cortex visuel est, par contre, capable de reconnaître des formes, de localiser visuellement des objets dans l'espace et de faire la différence entre des bandes verticales et horizontales [13].

L'électrophysiologie permet d'enregistrer les signaux électriques d'un seul neurone en relation avec un type donné d'information périphérique ou de mouvement. On peut ainsi observer des neurones situés dans les aires motrices principales dont l'activité électrique est liée à l'exécution d'un mouvement, et des neurones, logés dans les aires dites somesthésiques, activés par une modalité sensitive déterminée en provenance d'une région précise du corps. Dans les aires visuelles, on enregistre des neurones dont l'activité est sensible tantôt aux contours d'une forme, tantôt à son contraste ou à sa couleur, tantôt enfin à un mouvement d'une cible dans une direction de l'espace. Tout se passe comme si chaque donnée abstraite trouvait sa matérialisation en un neurone déterminé qui posséderait une sorte de subjectivité comparable à une monade de Leibniz [14]. Le néo-cortex pourrait aussi être assimilé à un ensemble décomposable en pièces élémentaires représentant des unités d'abstraction. Il est clair, toutefois, qu'un neurone isolé perd toute spécificité, à l'exception de certaines caractéristiques morphologiques ou biochimiques, et que ses propriétés fonctionnelles viennent des connexions qui le relient aux autres neurones et par là même à l'ensemble de l'organisme.

Le néo-cortex ne peut d'ailleurs pas être réduit à la juxtaposition de régions motrices et réceptrices. A côté des aires primaires et secondaires, il existe des aires dites *associatives,* dont la dénomination suggère qu'elles ne peuvent fonctionner seules, mais associées aux précédentes.

Le *cortex préfrontal* est la plus récente des formations néo-corticales, celle qui atteint son développement maximal chez l'homme. Phineas P. Gage est l'exemple d'un homme sans cortex frontal. Ce dernier n'est indispensable à aucune des activités motrices ou perceptrices mais participe à toutes. Des connexions le relient non seulement aux autres aires néo-corticales, mais encore aux structures sous-corticales et notamment au striatum. Les lésions de ce cortex s'accompagnent de troubles à la fois cognitifs et affectifs. Le cortex préfrontal interviendrait principalement dans l'organisation temporelle des comportements avec une fonction à la fois rétrospective et anticipatrice qui permettrait la préparation du mouvement selon un certain nombre de contingences fournies par l'expérience passée. Parallèlement, le cortex préfrontal supprimerait les influences – extérieures ou internes – intempestives pouvant interférer avec le déroulement normal du comportement [15].

D'autres aires associatives sont rencontrées au voisinage des aires réceptrices. Ainsi, dans le lobe pariétal, à proximité des aires somesthésiques, il existe des neurones qui joueraient un rôle dans la prise de décision, probablement en fonction de l'intégration des données perceptives fournies par les aires réceptrices [16]. De même, dans le lobe temporal, des régions contribueraient à donner aux signaux visuels leur signification affective [17].

Une pomme nous permettra d'illustrer ces différentes interventions du néo-cortex. Une pomme est posée sur la table. Mon cortex occipital la voit ; mon cortex temporal associatif dit : « Elle a l'air bonne. » Mon cortex pariétal associatif conclut : « Je vais la manger. » Mon cortex préfrontal dit alors : « Je vais la porter à ma bouche et la croquer », ce que fait mon cortex moteur, sous le contrôle vigilant de mon cortex somesthésique. Et tout mon cerveau se régale !

Cette mise en pièces du cerveau nous a permis de faire

connaissance avec l'anatomie du système nerveux des mammifères supérieurs. Nous retrouverons ces différentes localisations à l'œuvre lors de l'étude des passions animales. En présentant plusieurs combinaisons anatomiques à visée physiologique, nous avons souhaité souligner le caractère un peu trop théorique de ces constructions. Malgré leur intérêt pour la compréhension des désordres pathologiques qui affectent l'homme dans sa relation au monde, nous conviendrons de leur insuffisance à rendre compte de l'être dans sa totalité. Elles nous présentent un homme divisé, dont le cerveau droit s'émeut à la pensée du cerveau gauche ou dont l'hypothalamus affamé guette ses ennemis, sous la surveillance hautaine d'un néo-cortex occupé aux fonctions de l'esprit. N'est-il pas trop simple de penser que les cerveaux reptiliens partent en guerre pendant que les cerveaux néo-mammaliens prononcent des discours de paix ? Pourquoi, à ce compte, ne pas inscrire le bien et le mal dans le cerveau morcelé de l'homme ? Les schémas mesquins des faiseurs de machines n'ouvrent-ils pas la porte à toutes les chirurgies de l'esprit ? En développant dans la dernière partie le concept d'état central, notre seule prétention sera d'essayer d'éviter ces écueils.

Troisième partie

LES PASSIONS ANIMALES

La nature animale, que les chimistes appellent le règne animal, se procure par instinct les trois moyens qui lui sont nécessaires pour se perpétuer. Ce sont trois véritables besoins. Elle doit se nourrir et, pour que ce ne soit pas une besogne, elle a la sensation qu'on appelle appétit ; et elle a du plaisir à la satisfaire. En second lieu, elle doit conserver sa propre espèce par la génération et certainement elle ne s'acquitterait pas de ce devoir, quoi qu'en dise saint Augustin, si elle n'avait plaisir à l'exercer. Elle a, en troisième lieu, un penchant invincible à détruire son ennemi ; et rien n'est mieux raisonné, car, en devoir de se conserver, elle doit haïr tout ce qui opère ou désire sa destruction [...] Ces trois sensations, faim, appétence au coït, haine qui tend à détruire l'ennemi, sont dans les brutes des satisfactions habituelles, dispensons-nous de les appeler plaisirs ; ils ne peuvent l'être que par rapport à eux ; ils n'y raisonnent pas dessus. Le seul homme est susceptible du vrai plaisir car, doué de la faculté de raisonner, il le prévoit, il le cherche, il le compose et il y raisonne dessus après en avoir joui [...] L'homme est à la même condition des brutes lorsqu'il se livre à ces trois penchants sans que sa raison s'en mêle. Quand notre esprit y met du sien, ces trois satisfactions deviennent plaisir, plaisir, plaisir, sensation inexplicable qui nous fait savourer ce que l'on appelle bonheur, que nous ne pouvons non plus expliquer quoique nous le sentions.

CASANOVA, *Histoire de ma vie.*

CHAPITRE VIII

Le désir

> L'homme et son désir. Une machinerie insensée !
>
> CENDRARS, *Emmène-moi au bout du monde.*

Le mot *désir* est aussi joli que vague. Sa définition est une soupe conceptuelle, une garbure sémantique qui offre à chaque coup de louche un nouveau et savoureux morceau. Alors, indéfinissable, le désir ? Le biologiste, en tant que scientifique, ne peut tolérer une absence de définition : il connaît et mesure. Si l'on admet que le désir s'exprime par l'empressement plus ou moins grand à obtenir un objet, on peut effectivement mesurer cet empressement et obtenir une dimension du désir ; le nombre de hérissons morts écrasés au printemps sur une route nationale est une mesure de leur désir de rejoindre la femelle. La vitesse avec laquelle un rat parcourt un couloir pour atteindre une boulette de nourriture est aussi une estimation de la relation qui unit le comportement de l'animal à un motif. Les savants qui étudient les comportements parlent donc de *motivation.* Le terme est peut-être valable pour le rat de laboratoire, animal motivé par excellence, qui passe sa vie professionnelle à appuyer sur des leviers, parcourir des labyrinthes, manger des boulettes et recevoir des décharges électriques, mais est impropre à désigner les conduites de l'animal ou de l'homme dans son milieu naturel, où le motif n'est pas toujours apparent, malgré l'évidence de l'action *(figure 36)*. Pour les mêmes raisons qui nous ont fait préférer le mot *passion* à ceux de *comportement élémentaire* et d'*émotion*, nous parlerons du *désir* au lieu de *motivation* pour désigner l'état sous-jacent aux passions. Tandis que la motivation suppose l'acte, le désir désigne un état interne, une *tendance* vécue par le sujet sans le conduire nécessairement à l'action.

Vous avez dit désir ?

Le désir se situe entre la jouissance et le besoin, le profit et la perte. La satisfaction d'un besoin conduit au renforcement, base des théories de l'apprentissage. Le désir tient également la place centrale dans la psychologie freudienne fondée sur le besoin et l'expérience de satisfaction. Mais, plus que le besoin, c'est peut-être le manque, anticipation ou simulation du besoin, qui est à l'œuvre dans le désir et le place dans la durée.

Le désir est d'abord un désir de récompense. Celle-ci peut consister dans l'obtention d'un profit qui est le fruit d'un travail. Chez l'animal de laboratoire, le travail sera d'appuyer sur des leviers ou de presser sur des boutons dont la manœuvre correcte sera suivie d'un résultat bénéfique pour l'animal, de la nourriture par exemple. Une des règles de l'apprentissage serait qu'aucun geste ne soit appris s'il n'est suivi d'un effet profitable à l'animal (loi de l'effet de Thorndike).

Une forme de récompense est l'obtention d'un plaisir. Le désir, selon Rauh et Revault d'Allonnes, est « une volonté naturelle du plaisir [1] ». Un texte de Georges Bataille [2] pose clairement cette dualité profit-plaisir dans la constitution du désir chez l'homme :

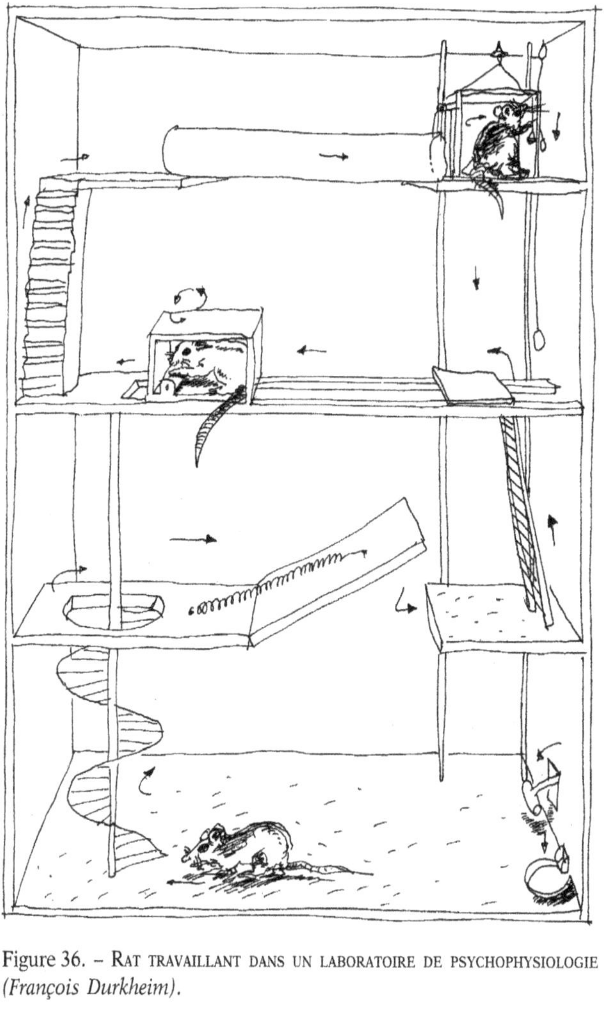

Figure 36. – Rat travaillant dans un laboratoire de psychophysiologie *(François Durkheim)*.

« Mais s'il est vrai que le travail est l'origine, s'il est vrai que le travail est la clé de l'humanité, les hommes, à partir du travail, s'éloignèrent entièrement, à la longue, de l'animalité. Ils s'en éloignèrent en particulier sur le plan de la vie sexuelle. Ils avaient d'abord adapté dans le travail leur activité à l'utilité qu'ils lui assigneraient. Mais ce ne fut pas seulement sur le plan du travail qu'ils se développèrent : c'est dans l'ensemble de leur vie qu'ils firent répondre leurs gestes et leur conduite à une fin poursuivie [...] Pour les premiers hommes qui en eurent conscience, la fin de l'activité sexuelle ne dut pas être la naissance des enfants, ce fut le plaisir immédiat qui en résultait [...] La procréation n'était pas tout d'abord un but conscient. A l'origine, lorsque le moment de l'union sexuelle répondit humainement à la volonté consciente, la fin qu'elle se donna fut le plaisir, ce fut l'intensité, la violence du plaisir [...] De nos jours encore, des peuplades archaïques ont ignoré le rapport nécessaire de la conjonction voluptueuse et de la naissance des enfants. Humainement, la conjonction, celle des amants ou des époux, n'eut d'abord qu'un sens, celui du désir érotique : l'érotisme diffère de l'impulsion sexuelle animale en ce qu'il est, en principe, de la même façon que le travail, la recherche consciente de la fin qu'est la volupté [...]

[...]

« [...] Dans une réaction primitive qui ne cesse pas d'opérer, la volupté est le résultat prévu du jeu érotique. Mais le résultat du travail est le gain : le travail enrichit. Si le résultat de l'érotisme est envisagé dans la perspective du désir, indépendamment de la naissance possible d'un enfant, c'est une perte à laquelle répond l'expression paradoxalement valable de *petite mort*. La *petite mort* a peu de chose à voir avec la mort, avec l'horreur froide de la mort, mais le paradoxe est-il déplacé lorsque l'érotisme est en jeu ?

« Effectivement, l'homme, que la conscience de la mort oppose à l'animal, s'en éloigne aussi dans la mesure où l'érotisme, chez lui, substitue un jeu volontaire, un calcul, celui du plaisir, à l'instinct aveugle des organes. »

Outre qu'il affirme la dualité du profit et du plaisir comme principes fondateurs du désir, ce texte illustre les risques de confusion que l'anthropomorphisme fait courir à des mots comme *plaisir* et *désir.* Pas plus le désir que le plaisir ne sont le propre de l'homme, alors que le sont leur conjonction et la connaissance de la mort. Nous verrons que l'instinct aveugle des organes est une composante du désir et que, réciproquement, l'intervention des fonctions cognitives chez l'animal et l'homme permet de différencier le désir de l'instinct. Un dernier risque, enfin, serait de lier trop exclusivement le désir à la sexualité. Rien, en tout cas, dans le biologique n'indique la prééminence de la sexualité sur les autres fonctions.

Le désir serait donc défini par le but à atteindre et justifié par la récompense, profit ou plaisir, obtenue. Finalement, le désir se mesurerait à l'intensité de l'acte qui le sanctionne.

Une autre composante du désir est le besoin. Le besoin est ressenti comme une situation intolérable qu'il faut faire cesser. Cet état interne que les psychologues appellent *motivation* provoque une tendance impérieuse *(drive)* à réaliser l'acte qui le soulagera. L'animal privé de nourriture pendant plusieurs heures se met en quête d'aliments susceptibles de soulager l'état désagréable *(aversif)* développé en lui par le jeûne ; bien plus, il apprend rapidement tout comportement capable de lui fournir l'aliment qui l'apaise. Lorsque l'animal mange, la tendance de faim se trouve réduite, ce qui réduit le besoin de nourriture. Les actes qui rendent la nourriture accessible sont *renforcés* – c'est-à-dire qu'ils sont plus susceptibles de se produire à l'avenir dans des situations semblables au cours de la privation de nourriture. L'école béhavioriste américaine a largement développé cette théorie – *reduction drive theory* ou *réduction de tendance* – qui lie l'apprentissage aux besoins. Un besoin est défini comme suit : « Quand un des produits ou une des conditions nécessaires à la survie de l'individu ou de l'espèce sont manquants ou quand ils s'écartent naturellement d'un optimum, on dit qu'il existe un besoin primaire [3]. » Nous dirons plus loin les critiques furieuses, souvent émises au nom de la liberté de l'individu ou d'un anthropomorphisme supérieur, qui ont fait exiler cette théorie dans l'enfer des paradigmes perdus. Il est vrai qu'à vouloir tout résoudre elle n'explique rien de la variabilité extrême de nos gestes, qui est sans commune mesure avec la rareté des besoins liés à notre survie. Mais il est vrai aussi qu'elle a le mérite de relier les « actions » à l'état interne du sujet.

Malgré une interprétation et un devenir radicalement différents, les notions de besoin et d'expérience de satisfaction sont également à l'origine de la conception du désir dans la psychologie freudienne. Comme dans la théorie de la réduction de tendance, il existerait à l'origine un état de tension interne lié au besoin qui trouverait sa satisfaction par « l'action spécifique de l'objet adéquat » (nourriture, par exemple). Mais, différence fondamentale, le désir n'est pas identifiable au besoin. Il consiste en une réactualisation, un réinvestissement lorsque apparaît à nouveau l'état de tension, de l'image de l'objet qui a procuré la satisfaction. Il ne s'agit donc pas d'une satisfaction réelle – sinon à l'origine –, mais hallucinatoire. « L'image mnésique d'une certaine perception reste associée avec la trace mnésique de l'excitation résultant du besoin. Dès que ce besoin survient à nouveau, il se produira, grâce à la liaison qui a été établie, une motion psychique qui cherchera à réinvestir l'image mnésique de cette perception et même à évoquer cette perception, c'est-à-dire à rétablir la situation de la première perception : une telle motion est ce que nous nommerons *désir* ; la réapparition de la perception est l'accomplissement du désir [4] » (Freud). Le désir trouve donc son accomplissement dans la reproduction hallucinatoire des perceptions devenues signes de cette satisfaction. Une économie de fantasmes se substitue à une économie de denrées biologiques (sucre, sel, hormones), mais le mécanisme de formation reste l'association ; en quoi Freud est un bon disciple de Spencer, comme les réflexologues et béhavioristes de son temps. Le jeu associatif se consomme à l'intérieur du sujet dans la gestion d'images, indépendamment des entrées et sorties qui constituent, au contraire, la préoccupation presque exclusive des comportementalistes.

Le concept du besoin défini comme un écart à la norme

ne permet pas aux comportements de sortir du cadre contraignant de l'homéostasie selon laquelle il ne serait de comportements que consommatoires ou régulatoires. La place que tient le jeu dans le comportement animal suffit à vérifier le contraire. Et qu'en est-il, par exemple, du « besoin » sexuel ? Alors, le désir comme une fin en soi ? Un moteur indispensable à l'action ? Ce serait le manque et non le besoin qui activerait le désir. Le manque deviendrait une simulation du besoin. C'est ce dernier qui serait imaginé et non son assouvissement. Il en serait ainsi du désir amoureux. La cristallisation, selon Stendhal, n'est qu'une réactivation incessante du désir à travers la perte simulée de l'objet aimé : « Et chaque acte d'admiration, la vue de chaque bonheur qu'elle peut vous donner et auxquels vous ne songiez plus se termine par cette réflexion déchirante : ce bonheur si charmant, je ne le reverrai jamais ! et c'est par ma faute que je le perds [...] Alors seulement paraît la seconde cristallisation qui, parce que la crainte l'accompagne, est de beaucoup la plus forte [5]. » Stendhal a trop d'esprit pour ne pas nous pardonner de le faire parler alors qu'il est ici surtout question de rats. Mais pas plus qu'un jeûne sexuel prolongé ne peut être tenu pour responsable de la passion de l'écrivain pour Métilde, une chute des matières énergétiques disponibles dans le sang d'un rongeur ne suffit à expliquer que l'animal passe à table (voir p. 270). En revanche, un signal visuel ou olfactif, ou simplement une habitude horaire peuvent réactualiser un déficit primaire virtuel ou déclencher le désir. Mais le désir n'est pas non plus que cela – une attente du plaisir. Il n'aurait, sinon, aucune raison de cesser, et le caractère événementiel d'un comportement ne pourrait s'expliquer.

Finalement, dans ce ménage à trois, désir/plaisir/besoin, chaque partenaire mène le double jeu, et, pour chaque comportement primaire, nous retrouvons la difficulté de dire si le plaisir naît de la satisfaction d'un besoin ou s'il est une fin en soi.

Les comportements

Avant d'essayer de comprendre comment le désir intervient dans l'ensemble des réactions d'un organisme désignées sous le terme général de comportement, *nous proposerons une classification fondée sur leur degré croissant de complexité.*

Nous distinguerons trois types fondamentaux de comportements : les *réflexes,* les *instincts* et les *comportements désirants.* Une vieille expérience de Bard met bien en évidence ce qui les différencie. Lorsqu'on touche les régions sexuelles d'une chatte avec un bâtonnet, l'animal réagit différemment selon qu'il est ou non en chaleur. La chatte castrée ou au repos sexuel écarte l'importun ; la chatte en chaleur ou ayant reçu des hormones accepte au contraire l'hommage de l'expérimentateur par un comportement d'élévation de l'arrière-train, de flexion-extension des membres postérieurs et de latéralisation de la queue. Lorsqu'on sépare la moelle épinière du cerveau par une section du tronc cérébral, on observe que l'animal répond à chacune des stimulations vaginales par le comportement décrit plus haut, quel que soit son état interne. C'est un réflexe. Les choses se passent différemment si la section du système nerveux est pratiquée de façon à laisser en contact la moelle épinière et la partie basse du cerveau : la réponse à la stimulation vaginale est alors, comme chez l'animal intact, fonction de l'état interne, c'est-à-dire de la présence d'hormones sexuelles dans le sang : elle ne se produit pas chez l'animal castré mais apparaît après injection d'hormones. Un instinct est ici à l'œuvre. Il nécessite pour son déclenchement la coexistence d'un état interne particulier et d'un centre nerveux où s'intègrent les influences du premier. Si, pour finir, nous considérons une chatte préservée des manœuvres vivisectrices, nous observons qu'à certains moments de l'année notre amie, oubliant ses obligations domestiques, déploie une ingéniosité sans pareille à déjouer les pires obstacles pour finalement se mettre en position à l'intention de quelque matou anonyme, sur une gouttière sans attrait : c'est un comportement désirant. Dans cet exemple, nous constatons que le même comportement figure pareillement au titre de réflexe, d'instinct et de comportement désirant dans la panoplie des réponses à un identique stimulus sexuel.

Qu'est-ce qu'un réflexe ?

Dans son acception classique, il décrit une action stéréotypée, reproductible et liée de façon inévitable au stimulus qui lui a donné naissance. Le concept d'acte réflexe a bénéficié d'un développement considérable au sein de l'école béhavioriste américaine et de l'école réflexologique russe. « Dans un système de psychologie totalement achevé, la réponse étant donnée, le stimulus peut être prédit : le stimulus étant donné, la réponse peut être prédite » (Watson). Le principe de l'apprentissage par association est à l'origine d'une telle fortune. Toutes les possibilités comportementales de l'individu sont fonction de ses capacités d'association : association entre stimuli (réflexe conditionnel classique) et association entre réponse comportementale et stimulus (conditionnement opérant ou instrumental) [6]. En fait, les choses ne sont pas si simples. Si l'acte réflexe est bien la structure fondamentale qui lie l'animal à son milieu, il ne saurait à lui seul rendre compte de l'organisation des comportements complexes. L'animal en action n'est pas seulement une machine à répondre ; il agit aussi spontanément ou ne répond que de façon inconstante selon les modalités du désir ou de l'instinct ; spontanéité et inconstance étant conçues comme l'expression de la variabilité de l'état interne de l'animal au moment de l'acte.

Qu'est-ce qu'un instinct ?

Le terme d'*instinct*, frelaté par son usage finaliste (voir *instinct de conservation)*, a été remis en honneur par les éthologistes (Tinbergen, Lorenz)[7]. C'est un acte ou une série d'actes qui ne changent pas lors de répétitions *(fixed-action pattern)*. Phénomène essentiellement inné, l'instinct peut être modifié par l'apprentissage, qui joue en général un rôle d'affinage et d'amélioration de la performance : qualité du vol pour l'oiseau, de la tétée pour le petit rat, du choix des proies pour le jeune calmar, etc. Bien loin d'expliquer la diversité du comportement entre les individus, l'apprentissage assure un comportement instinctif en conformité parfaite avec le modèle défini pour l'espèce. L'apprentissage est donc ici un facteur de conformité qui fait l'individu semblable à l'autre, à l'inverse des comportements désirants qui permettent à chaque individu de tirer de l'apprentissage son individualité et sa différence. L'instinct serait fasciste et le désir démocrate. Lorenz parle à tort d'un « parlement des instincts » ; il s'agit plutôt d'un champ clos, où s'affrontent des forces inégales. Il est de bon ton de s'émerveiller devant l'intelligence et la perfection de l'instinct animal ; il faudrait plutôt s'étonner parfois de la stupidité et de l'absurdité de l'instinct. Ce qui différencie l'instinct du comportement désirant, c'est l'aveuglement du premier et son ignorance du but. C'est l'instinct qui précipite l'insecte contre la lampe. L'instinct est à l'œuvre chez cette oie cendrée qui s'obstine à rouler un impossible œuf carré avec son bec, comme l'instinct le lui dicte, au lieu d'utiliser ses pattes, comme l'intelligence le voudrait. Dans ce comportement de récupération de l'œuf, bien décrit par Lorenz, il est possible de faire la différence entre un comportement de type réflexe, c'est-à-dire contrôlé par des informations d'origine périphérique, et un comportement instinctif. Dans un premier temps, l'oie place son bec derrière l'œuf et effectue des mouvements latéraux de la tête pour centrer son bec sur le milieu de l'œuf. Dans un deuxième temps, elle rentre sa tête dans son corps de façon à faire rouler l'œuf sous sa poitrine. Si l'on change le modèle de l'œuf, l'oie ajuste les mouvements latéraux de centrage en fonction de la taille et de la forme du nouvel œuf ; le mouvement de retrait de la tête s'effectue, par contre, de façon immuable quelle que soit la forme de l'œuf et en dépit d'un résultat inefficace. La première étape est réflexe ; la deuxième est instinctive. Il est logique de penser que la réalisation d'un acte aussi stéréotypé qu'un instinct correspond à la mise en jeu d'un ensemble de structures et connexions nerveuses préétablies selon ce qu'il est convenu d'appeler un *programme central.* Celui-ci ne nécessite pas pour fonctionner d'informations venues du corps ou de la périphérie et, une fois déclenché, déroule sa séquence sans avatars ni recours (voir p. 224).

Qu'est-ce qu'un comportement désirant ?

Il est d'usage, depuis Craig [8], de distinguer dans tout comportement une *phase appétitive* faite de mouvements d'orientation, d'agitation et de recherche qui traduisent l'exaltation du désir, et une *phase consommatoire* qui s'achève par la satisfaction du désir.

La première caractéristique d'un comportement désirant est l'*individualisation*, qui s'exprime dans la différence des comportements de chaque animal et qui est fonction de son expérience acquise et de ses capacités. Le désir traduit le génie particulier de chaque homme ou de chaque rat et fait ainsi la différence entre les individus.

La deuxième caractéristique du désir est la *faculté d'anticipation* dont l'instinct est dépourvu. Une expérience de Schneirla [9] illustre cette différence. Un rat et une fourmi sont tous deux capables d'apprendre à parcourir un labyrinthe ; examinés séparément, on observe toutefois une différence dans leurs manières d'apprendre. La fourmi s'initie lentement et intègre successivement chaque choix correct, étape après étape. Le rat, au contraire, anticipe à chaque étape les étapes à venir ; bien mieux, *il apprend à apprendre* et améliore ses performances lorsqu'il est confronté à de nouveaux labyrinthes. Le rat se précipite avec une allure d'autant plus grande vers un but qu'il sait, d'après une expérience antérieure, y trouver plus de nourriture. Cette attente si caractéristique du désir est traduite dans l'activité électrique du cerveau. Sur l'électro-encéphalogramme de l'homme, on peut observer une onde négative dans la région frontale qui accompagne l'attente précédant l'action (variation contingente négative). En enregistrant l'activité électrique des cellules à l'intérieur du système nerveux central, on peut montrer que certaines régions sont sollicitées particulièrement dans la phase préparatoire à l'acte.

La dernière caractéristique d'un comportement désirant réside dans l'association d'une *composante affective et émotionnelle* à l'anticipation et au déroulement de l'action. Il s'agit de manifestations viscérales et de sécrétions hormonales qui offrent une véritable traduction somatique de l'émotion. Le paysage émotionnel qui accompagne un comportement est la marque du désir ; il se différencie du désert affectif qui caractérise l'instinct.

L'état central fluctuant

La source du désir réside-t-elle dans l'état interne ? Celui-ci crée la tendance ou drive *par un écart à la norme définissant les conditions d'équilibre du milieu. Mais un organisme vivant est en état de déséquilibre permanent et il est plus vrai de parler d'un état central fluctuant que d'une constance du milieu intérieur. Nous définirons les trois dimensions – corporelle, extracorporelle et temporelle – de l'état central fluctuant qui représentent l'être vivant dans sa globalité.*

Le désir et l'état interne

Espace du désir – espace du dedans, dirait Michaux –, le dedans ce sont les poumons qui respirent, le cœur qui bat et les vaisseaux plus ou moins gonflés de sang qui charrient hormones et principes actifs – milieu intérieur dont la constance constitue, nous l'avons vu, le dogme fondateur. L'homéostasie assure cette constance, et certains comportements figurent au rang de ses mécanismes (boire, manger). Mais l'espace du dedans, c'est aussi la connaissance subjective que j'ai de mon état interne – ce que mon cerveau sait de mon corps. Faim, soif et, plus généralement, plaisir ou aversion sont des désignations particulières de cet état. Le langage n'offre à l'homme qu'un médiocre avantage sur l'animal dans la connaissance de son état interne : *Ich weiss nicht was soll es bedeuten dass ich so traurig bin* [10]. L'abondance des mots n'a d'égale que leur imprécision pour désigner ce qui n'est, finalement, que la rencontre de notre imaginaire avec l'état de nos viscères. Mais, chez l'animal, ces données ne peuvent être appréciées de nous qu'indirectement. La combinaison de manifestations somatiques et viscérales peut être toutefois caractéristique de l'état : accélération ou ralentissement du cœur et de la respiration, variations de la pression artérielle et de la circulation cutanée, changement de la température du corps ou de certaines des parties, posture et mouvements de la face (mimique) ou de portions du corps (cou, queue, oreilles, etc.). L'animal capable de comportements désirants offre donc, malgré tout, un répertoire considérable de signes qui traduisent son état interne et les supports biologiques de son désir. Un langage sans parole auquel l'homme a parfois recours lorsqu'il s'agit de connaître l'état interne de l'autre. Après tout, est-il meilleur moyen pour l'amante de s'assurer du désir de l'amant que de constater l'état de son pénis ? L'érection l'emporte en précision sur le discours. Voilà, vous exclamez-vous, une façon bien triviale de traiter le désir de l'homme ! On vous l'accorde : la condition est suffisante, elle n'est pas nécessaire. Il existe des formes du désir amoureux que ne désigne pas le plus infime mouvement du corps.

L'ordre homéostasique

Selon la théorie de l'homéostasie, l'animal est une représentation stable du monde qui l'entoure. Le désir est la réponse à une rupture de cet équilibre, une expression de la force élastique qui tend à ramener l'organisme à son niveau normal. L'état interne est le lieu où s'exprime ce désir sous la forme d'un *drive.* Celui-ci n'est pas le stimulus qui enclenche la réponse comportementale, mais la force interne qui la sous-tend. Ce n'est pas la vision d'un objet qui provoque le désir, mais un état interne particulier qui rend cet objet désirable et lui confère valeur de stimulus. Ainsi n'est-ce pas la présence de nourriture qui pousse l'animal à manger, mais son état interne, identifié subjectivement comme faim. Autant dire tout de suite que nous ne pouvons accepter le caractère abusif d'une telle proposition. Un mets particulièrement appétissant suffit, dans bien des cas, à déclencher un comportement alimentaire. Chez l'amant, la vision de l'objet de son cœur suffit à aiguillonner son ardeur sans que l'état de ses hormones ou l'acidité de son sang soient en cause. Ce qui est sans doute vrai, c'est que le stimulus qui provoque le désir n'a acquis son pouvoir que parce qu'il a été associé dans le passé à un état interne qui lui a conféré sa valence particulière.

Le *drive* naît donc d'un écart par rapport à la norme, et celle-ci s'exprime au sein du milieu intérieur défini par ses constantes ; mais le concept d'homéostasie s'applique également au milieu extérieur sous forme d'une homéostasie affective et relationnelle. Un écart entre l'état du monde et la représentation normale que s'en fait le sujet engendre aussi un *drive* et un comportement tendant à réduire cet écart : comportement qui ramène l'individu égaré au sein du troupeau, ou qui efface les différences qui pourraient le faire rejeter. Le *drive* serait donc lié au déficit en général : perte en matières énergétiques pour la faim, en eau pour la soif, en sels minéraux, en chaleur... ou en échanges relationnels. Tout comportement qui tend à réduire le déficit a une probabilité accrue de se produire – on dit qu'il est renforcé – et c'est sa répétition qui permet l'apprentissage. Il n'est pas dans notre propos de discuter si les associations se produisent sur le versant des sorties (renforcement par les réponses) ou sur le versant des entrées (stimuli associés par conditionnement classique) [11]. Ce sont là arguties de spécialistes dont l'intérêt n'est pas négligeable, mais dont la complexité est réservée au milieu fermé des pratiquants.

Pour un biologiste, l'avantage du concept de *drive* est d'attirer l'attention sur ce qui se passe entre le stimulus et l'acte, et d'ouvrir la boîte noire où se consomment les associations, autrement dit, le cerveau. Le *drive* a permis d'introduire entre les stimuli et les réponses comportementales des variables mesurables, depuis les taux sanguins du sucre, des acides aminés et des hormones jusqu'aux données physicochimiques les plus diverses ; le problème, pour le physiologiste, n'étant plus d'établir la réalité opérationnelle du *drive* mais de lui donner un support anatomique avec les risques qu'une telle quête entraîne et dont témoigne la floraison de « centres » de la faim, de la soif et d'autres *drives* aux quatre coins de l'hypothalamus et du cerveau. Dans sa simplicité, la théorie du *drive* est cependant efficace. Un animal privé de nourriture franchit plus vite les obstacles, apprend plus rapidement à déjouer les pièges et à accomplir les gestes qui lui donneront de la nourriture. Son *drive*, dira-t-on, est à la mesure de sa privation de nourriture et de l'état interne qui en résulte. Réciproquement, devant des performances accrues, on pourra inférer de son état de faim. Un avantage du *drive* qu'il convient enfin de signaler est qu'il évite de faire la distinction entre l'acquis et l'inné. Qu'un comportement relève d'un apprentissage ou d'un programme central, sa survenue n'en dépendra pas moins d'un état interne particulier qui définira le *drive*.

Il n'empêche que vouloir expliquer tout comportement dans le cadre du *drive* serait à la fois naïf et malhonnête. Le concept, répétons-le, n'a qu'une valeur opérationnelle. Si le désir sexuel naissait du besoin, serait-il nécessaire de se répandre en publicités de toutes sortes et d'associer les dessous affriolants à des cascades de néon pour offrir aux mâles désœuvrés la pâture de quelques enjôleuses aux formes gouleyantes. Dans ce domaine, l'imaginaire est une composante refusée à l'animal. Mais même chez ce dernier, et pour des comportements typiquement homéostasiques comme boire et manger, un *drive*, dans son acception classique, n'est pas toujours à l'origine de l'action. L'horaire peut être, par exemple, un facteur déterminant qui ne tient aucun compte de l'état interne de l'animal dans le déclenchement de ses repas [12]. La faim qui pousse un rat à parcourir un labyrinthe pour obtenir de la nourriture aura-t-elle cessé depuis longtemps que l'animal continuera ses parcours. Une transfusion de sang d'un animal rassasié à un animal affamé qui appuie sur un levier pour obtenir des boulettes d'aliment fait cesser le comportement alimentaire, sans pour autant dissuader l'animal d'appuyer sur son levier. Alors, besoin de l'acte pour l'acte ou spontanéité que n'explique aucune finalité homéostasique ?

On ne peut ignorer, chez l'homme et chez l'animal, l'existence de véritables actes gratuits où le comportement apparaît dépourvu de finalité apparente. L'oie cendrée se nourrit normalement en filtrant la vase prélevée dans son bec pour en tirer ses aliments ; une oie nourrie à satiété de graines continue sur le rivage à filtrer la vase à vide ; elle mange alors pour filtrer et ne filtre plus pour manger. Un nouveau-né nourri par un biberon trop facile à sucer libère ensuite une réserve de mouvements de succion pratiqués à vide ou sur des objets de remplacement. Le comportement sexuel de l'animal ou de l'homme offre aussi de nombreux exemples d'activité à vide, et chacun de nous pourra en retrouver un exemple dans son journal intime ou dans la vie des animaux. Tout se passe donc comme si, à côté des comportements qui naissent d'un besoin ou d'une finalité connus, il existait un véritable besoin de comportement, une pression interne qui pousse certaines séquences motrices à s'extérioriser en dehors de tout contexte significatif.

L'inconstance du milieu intérieur

De l'inconstance comme une vertu. Nous disons que le désir naît de l'inconstance et qu'il n'est pas d'apprentissage possible, donc d'ouverture sur le monde, sans un désir qui lui soit associé. Le désir, tel qu'il nous apparaît maintenant, est donc le contraire du *drive*, triste surveillant général de la morale homéostasique. Ce n'est pas offenser la mémoire de

Claude Bernard d'avancer que la *constance du milieu intérieur,* qui a permis à la physiologie de se constituer comme science, n'est peut-être plus aujourd'hui qu'un concept fossile, encombrant et dépourvu de valeur heuristique. N. H. Spector parle d'un *état central fluctuant* défini par deux propositions : « 1° Tout organisme vivant, de la naissance à la mort, est en état de non-équilibre. 2° La réaction d'un organisme à un stimulus est dépendant de et modulé par [...] un état central défini comme la condition réactive totale à un moment donné d'un neurone, d'un ensemble fonctionnel de cellules, d'un élément subcellulaire à l'intérieur du système nerveux ou de ce dernier considéré comme un tout [13]. » Cet état central est, par définition, fluctuant ; sans cesse il change avec l'heure du jour, le jour de l'année, les années qui font vieillir et les milliers de remous que sont les événements de la vie quotidienne. Il est, à la fois, le tout et la partie des ensembles et sous-ensembles qui le constituent. Ce qui change est cela même qui assurait classiquement la constance du milieu intérieur : les matériaux et les gaz transportés par le sang, les hormones, les ions, l'acidité, la température, les anticorps, microbes et toxines, l'état de nutrition des cellules, organes et tissus, mais aussi les informations qui inondent le cerveau, la position du corps dans l'espace, les souvenirs qui resurgissent et le temps qui dépose ses sédiments. Tout un infini de données en mouvement qui font que le sujet, ver de terre ou militaire, ne sera à aucun moment le même que l'instant d'avant.

L'état central – représentation du monde – est une projection fusionnée de trois dimensions : corporelle, extracorporelle et temporelle. La *dimension corporelle* est définie par les données physicochimiques du milieu interne (milieu intérieur et milieu cérébral), auxquelles se superpose l'état des pièces, muscles, tissus et organes qui composent l'organisme. La *dimension extracorporelle* se déploie dans la représentation que l'individu a du monde, à la fois espace sensoriel reçu par les organes des sens et espace du mouvement perçu par des récepteurs spécialisés qui indiquent la position des différents segments des membres, l'état de tension des muscles, l'angle des articulations, etc. La *dimension temporelle*, enfin, est occupée par les traces accumulées au cours du développement de l'individu de la naissance à la mort. Elle relève soit du déterminisme génétique qui met en place les programmes centraux, ordonne la maturation et le vieillissement, soit de la contingence historique qui intègre les événements de l'existence, en bref, tout ce qui contribue au devenir du sujet.

Trois dimensions, donc, pour un être unique et dont l'état central conditionne la présence au monde – réactivité globale –, confondant la représentation et l'action [14]. L'état central prend en compte les entrées et les sorties, c'est-à-dire la *perception*, dont il gouverne l'aspect sélectif, et l'*action*, qu'il dirige vers son but, avec, pour attributs du désir : l'*attention* et l'*intention* ; la première désigne sa liaison à l'objet choisi, la seconde son attachement au but à atteindre. L'attention est à la perception ce que l'intention est à l'action.

Pour matérialiser cet état central, nous ferons appel au « cerveau flou », somme des humeurs, hormones et médiateurs à l'œuvre dans le système nerveux. Veut-on d'autres métaphores ? Ce sera l'arbre aux rameaux innombrables des neurones à amines biogènes, une végétation inconnue d'où s'écoulent les neuropeptides, ou encore l'arrangement à la fois confus et précis des synapses comme une tapisserie de mille fleurs. L'état central est à la fois l'arbre et la forêt. Plutôt que d'en défricher le foisonnement, nous essaierons de le représenter à partir d'un seul de ses éléments, le *système dopaminergique*, le mieux connu des systèmes de neurotransmission dans le cerveau [15].

La dopamine

En prenant l'exemple d'une substance fabriquée par le cerveau, la dopamine, nous essaierons de montrer le désir à l'œuvre dans le fonctionnement du système nerveux central.

LA SUBSTANCE ET LE LIEU

L'attention et l'intention, avons-nous dit, sont deux attributs du désir. Sont-elles les effets de la dopamine ? Et, si tel est le cas, où cette amine va-t-elle se loger dans le cerveau ?

Il fut un temps où neurologues et physiologistes s'employaient à découvrir pour chaque fonction du corps et de l'esprit le lieu du cerveau – centre – d'où émanent la loi et l'ordre. Les raisons d'un tel centralisme sont multiples. Comme souvent dans les sciences, le développement d'un concept est lié à celui des méthodes qui lui ont donné naissance : progrès de la *stéréotaxie* [16], qui permet de détruire ou de stimuler électivement une région du cerveau ; richesse des observations anatomiques des cerveaux après la mort et de l'inventaire clinique des symptômes. Dans leur ensemble, les résultats de ces observations restent valables. Ainsi peut-on affirmer que la partie antérieure ou préfrontale du cortex cérébral est impliquée dans les processus d'attention, comme en témoigne l'analyse des tests cognitifs chez l'homme ou chez l'animal dont le cortex préfrontal est lésé (voir p. 168). Ailleurs, des lésions de régions plus profondes du cerveau – les ganglions de la base – feront apparaître l'intervention de ces structures dans l'initiative motrice, c'est-à-dire la possibilité pour un geste d'être déclenché « du dedans » (intention) sans intervention d'un stimulus extérieur. Il n'est que de regarder un malade dont la substance noire – un de ces ganglions – est lésée pour comprendre ce qu'est la perte de l'initiative motrice. Le malade n'est pas paralysé et il peut effectuer de façon réflexe la plupart des gestes ; il est devenu *akinétique :* ses mouvements spontanés n'émergent que lentement, comme à regret, englués dans une attitude figée. Attention-cortex préfrontal et intention-ganglions de la base sont des exemples d'association entre lieux du cerveau et fonctions. Mais, à faire de tels mariages, on risque de trouver des localisations bien surchargées. A force d'y loger des fonctions, le cortex frontal et l'hypothalamus pourraient ressembler à des boutiques d'antiquaires encombrées de concepts poussiéreux...

L'essor de la biochimie et de la neuropharmacologie a détrôné le lieu au profit de la substance. A un centralisme anatomique a succédé un centralisme biochimique. Ainsi, les catécholamines, et, parmi elles, la dopamine, se sont vu attribuer un rôle dans de multiples fonctions. Outre sa participation, sur laquelle nous reviendrons, aux phénomènes d'attention et d'intention, la dopamine intervient aussi dans le contrôle de la motricité. La maladie de Parkinson, avec ses troubles moteurs améliorés sensiblement par un médicament qui fournit de la dopamine au cerveau, témoigne bien de ce rôle. Dopamine également dans la genèse du plaisir ; dopamine dans le comportement sexuel ; dopamine dans les relations interindividuelles et dans les comportements sociaux ; dopamine dans les maladies mentales [17] ; dopamine, enfin, dans les fonctions de reproduction, dans la lactation et, plus généralement, dans le contrôle de l'expression hormonale du cerveau.

Malgré leur variété d'expression, les neurones à dopamine sont concentrés dans une zone étroite du cerveau. A l'exception de neurones isolés dans l'hypothalamus, toute la dopamine du cerveau provient d'une poignée de cellules tassées dans une étroite région du tronc cérébral – le mésencéphale – à l'endroit où celui-ci s'épanouit en deux expansions symétriques, les hémisphères. Dans le mésencéphale, les cellules à dopamine forment une sorte de banc ininterrompu qui va des bords – *substance noire* – au milieu – *aire tegmentale médioventrale* (TMV) *(figure 37)*. Les prolongements de ces neurones se rassemblent dans les parois latérales de l'hypothalamus en un tronc symétrique qui

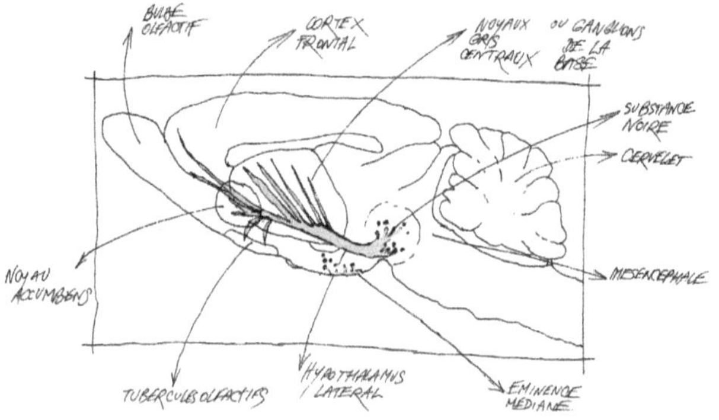

Figure 37. – Les neurones et les voies dopaminergiques dans le système nerveux central du rat. *(D'après U. Ungerstedt, « Stereotaxic Mapping of the Monoamines Pathways in the Rat Brain »,* Acta Physiol. Scand., *suppl., 367, 1971, p. 1-48.)*

grimpe vers les structures homolatérales du cerveau. Autant les corps cellulaires et le tronc sont ramassés, autant sont dispersés les rameaux terminaux de l'arbre à dopamine. Les trois cerveaux (voir p. 162) reçoivent une innervation dopaminergique : le néo-cortex, le système limbique et le striatum *(figure 38)*. A la continuité des corps cellulaires répond une continuité des projections. Les neurones du TMV envoient leurs terminaisons sur le cortex préfrontal et sur le striatum médian ; les neurones de la région plus latérale se projettent sur le système limbique et sur le système striatolimbique où figure le noyau accumbens ; les neurones latéraux de la substance noire, enfin, vont au striatum latéral. A ce continuum anatomique répond un continuum fonctionnel qui va de la perception à l'action, en passant par l'intention. Par ailleurs, ces terminaisons nerveuses n'établissent pas, dans les structures qu'elles innervent, des contacts synaptiques précis, mais se répandent en arborisations diffuses qui quadrillent l'espace et l'arrosent de dopamine. Ainsi la dopamine paraît-elle dessiner par sesprojections des ensembles

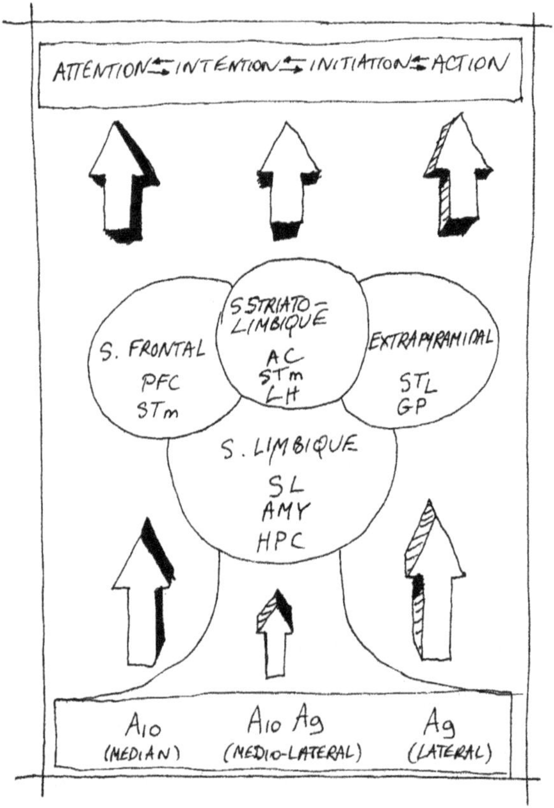

Figure 38. – Vue synthétique de quelques caractéristiques anatomofonctionnelles concernant les neurones dopaminergiques du mésencéphale ventral. *Ce schéma met en lumière la diversité en même temps que l'homogénéité de l'organisation anatomofonctionnelle de ces neurones. Abréviations : AC, accumbens ; AMY, amygdale ; GP, globus pallidus ; LH, n. latéral de l'habénula ; HPC, hippocampe ; PFC, cortex préfrontal ; SL, n. latéral du septum ; STm, striatum médian ; STl striatum latéral. (D'après H. Simon, Les Neurones dopaminergiques du tegmentum mésencéphalique ventral. Étude anatomique et comportementale chez le rat,* thèse de doctorat ès sciences à l'université de Bordeaux II, *1982.)*

fonctionnels aux frontières vagues au sein de structures anatomiques mal limitées. Là encore, le terme de *cerveau flou* désigne assez bien ces ensembles.

LE RAT DISTRAIT ET LE RAT BLASÉ

Le neurobiologiste, grâce à l'utilisation de *faux transmetteurs,* peut aujourd'hui, dans ses expériences, réconcilier le lieu et la substance. Cet agent chimique, la 6-hydroxy-dopamine par exemple, prend la place du vrai transmetteur à l'intérieur du neurone et le détruit. En injectant dans une région du cerveau de la 6-hydroxy-dopamine, on peut donc y détruire sélectivement les terminaisons dopaminergiques, tout en laissant la structure intacte.

Qu'observe-t-on lorsqu'on supprime les terminaisons dopaminergiques dans le cortex préfrontal d'un rat ? Rien de spectaculaire à première vue. Mais si l'on soumet celui-ci à des épreuves comportementales, comme les expériences d'alternance différée dans un labyrinthe en T, on découvre sa distraction, son incapacité à extraire de l'environnement un signal qui l'oriente vers l'une ou l'autre branche du T où est alternativement placée la récompense. Dans le parcours, l'animal s'attarde, revient sur ses pas, regarde en tous sens, bref, n'a pas la franche détermination du rat normal courant vers sa récompense. On conclut que le cortex frontal, privé de dopamine, n'exerce plus sa fonction d'attention sélective. Cette région du cortex paraît en effet impliquée dans les processus attentionnels. A. Rougeul a enregistré dans le cortex préfrontal des rythmes électriques rapides n'apparaissant que lorsque l'animal est attentif. Montrez une souris à un chat, son cortex préfrontal présentera des rythmes à 40 hertz, témoins de son attention sélective. L'injection d'antagonistes de la dopamine, tels les neuroleptiques, fait disparaître ces rythmes, qui reviennent en présence d'un agoniste de la dopamine [18] (voir p. 203).

Lorsque l'on détruit les terminaisons dopaminergiques dans le noyau accumbens d'un rat, les troubles diffèrent de ceux observés chez l'animal précédent. Le rat dont l'accumbens est privé de dopamine s'obstine dans le labyrinthe à visiter toujours le même compartiment, celui où il a été récompensé la première fois. Placé dans des situations nouvelles, il ne sait plus modifier sa stratégie de comportement. Lorsqu'il doit passer d'un compartiment à un autre pour maintenir un niveau de récompense, l'animal est incapable de l'effort intentionnel qui lui permettrait de franchir la barrière de séparation. Il a perdu sa flexibilité d'adaptation à de nouvelles situations, il ne réagit plus à la nouveauté, en bref, il n'a plus l'enthousiasme exploratif qui caractérise un rat de laboratoire. Le rat frontal était devenu distrait, le rat accumbens est blasé ! Pourtant, aucun des deux n'a perdu ses possibilités motrices, et tous deux restent capables d'apprendre et de se souvenir : distrait ou blasé peut-être, mais ni impotent ni idiot.

Cortex préfrontal et noyau accumbens, deux structures centrales correspondant à deux modalités complémentaires mais ne coïncidant pas dans la genèse de l'action. Or les études biochimiques mettent en évidence une remarquable balance entre la dopamine du noyau accumbens et celle du cortex préfrontal. Lorsque l'on détruit la dopamine dans l'une des structures, elle est libérée massivement dans l'autre [19]. Tout se passe donc comme si la libération de dopamine fluctuait d'une structure à l'autre, au gré des faits et gestes de l'animal et de sa présence au monde. On le voit, dans ce continuum de fonctions superposé à un continuum de structures, la dopamine est omniprésente. Doit-on conclure qu'elle joue un rôle différent dans chaque structure ? Ne s'agirait-il pas plutôt d'un rôle unique de soutien, nécessaire au fonctionnement de chacune d'elles ? La substance servirait alors la fonction sans la définir. La dopamine serait distribuée comme une hormone locale au niveau des différentes régions du cerveau qu'arrosent les arborisations dopaminergiques, et sa seule présence compterait plus que la précision des connexions. Ainsi pourrait-on expliquer l'efficacité de médicaments qui, par leur action globale sur les systèmes dopaminergiques, corrigent certains troubles sensorimoteurs partiels comme ceux observés dans la maladie de Parkinson. La réussite de greffes de cellules dopaminergiques dans différentes structures nerveuses du rat pour remplacer les terminaisons lésées au préalable montre que la seule présence de dopamine libérée localement par le greffon suffit à rétablir un fonctionnement normal de la structure [20]. Dans les deux cas, la connectivité fait défaut et le contrôle normal des afférences sur la libération de dopamine n'existe plus. Ce n'est donc pas le cerveau neuronal qui est en action, mais le cerveau hormonal. H. Simon résume bien le caractère général de l'action dopaminergique dans le système nerveux central : « La dopamine est en position de moduler la réponse comportementale à différents niveaux, depuis la perception et l'intégration de l'information sensorielle interne et externe jusqu'au déclenchement et au déroulement de l'acte moteur approprié. Cette influence modulatrice pourrait être celle d'un catalyseur de la réaction fonctionnelle [21]. »

La dopamine apparaît ainsi comme un activateur central non spécifique. On a pu parler à son propos d'éveil comportemental, qui serait en somme l'expression, à un niveau élémentaire, du désir. Cela nous conduit à parler du concept général d'activation comme ressort fondamental du désir.

L'activation aspécifique

On désigne ainsi le phénomène général qui active tous les comportements, quels qu'ils soient, sans en diriger le sens. C'est le désir, dépourvu de toute spécificité et considéré comme le fondement de la spontanéité. Mais, pour que ce désir exerce pleinement ses effets, il faut qu'il soit porté à un niveau optimal au-delà duquel son action devient néfaste.

Le concept d'activation

Vers le milieu des années 50, Hebb a introduit à l'usage des psychologues le terme d'*activation* pour désigner le phénomène général qui fournit « l'énergie nécessaire au comportement sans diriger ce dernier [22] ». Cette théorie est inséparable de la mise en évidence, à la même époque, du rôle de la substance réticulée au sein du système nerveux central. Nous avons vu (p. 152) que, dans cette région médiane du tronc cérébral, converge le flux des stimulations venues des espaces corporel et extracorporel. Il en résulte une activation qui est répercutée à l'ensemble des structures cérébrales par des voies ascendantes. L'éveil et le comportement – présence au monde du sujet – dépendent donc de l'activité de la substance réticulée, véritable source de la spontanéité. Plus il y a de stimulations qui parviennent à la réticulée, plus le sujet est éveillé et plus il est ouvert au monde, donc stimulé, sorte de réaction en chaîne qui se déroulera à l'envers au moment de l'endormissement, résultat d'un désamorçage progressif de la source d'activation.

Les comportements sont multiples, mais l'activation réticulaire serait unique et la source générale du désir. Il est plus correct, au su des connaissances actuelles, de dire que ce système réticulaire recouvre en fait une hiérarchie et une juxtaposition de systèmes. Nous avons vu (p. 153) que la substance réticulée n'est pas une structure uniforme mais une mosaïque de noyaux où se retrouvent les neurones dopaminergiques.

Lorsqu'on interrompt par une lésion chirurgicale bilatérale les voies nerveuses – parmi lesquelles un fort contingent de fibres dopaminergiques – qui cheminent dans les parois latérales de l'hypothalamus et font communiquer le cerveau antérieur et les noyaux de la substance réticulée, l'animal non seulement cesse de manger et de boire, mais présente un état que l'on décrit sous les noms d'*akinésie* et de *catalepsie.* Nous dirons que l'animal a perdu toute spontanéité – degré zéro du désir –, il ne se meut plus et garde les positions caricaturales du corps que lui impose l'expérimentateur *(figure 39)*. Cela ne signifie pas que toute source d'activation a disparu. On note au contraire une exagération des réflexes qui assurent la posture et l'équilibre [23]. L'animal oppose une sorte de négativisme aux tentatives de déplacement. Il n'est plus qu'une machine à lutter contre les effets de la pesanteur – machine fragile, puisqu'il suffit qu'on supprime le stimulus extérieur pour que l'animal s'effondre. Il est tentant mais sûrement abusif de faire le rapprochement de cet état avec les symptômes de négativisme et de catatonie observés chez les malades schizophrènes pour lesquels une atteinte des systèmes dopaminergiques a été soupçonnée.

Figure 39. – RAT CATATONIQUE *(François Durkheim). Le rat conserve pendant plusieurs heures la position tout à fait anormale qu'on lui a imposée. (D'après Y.F. Jacquet, « β-Endorphin and ACTH Opiate Peptides With Coordinated Roles in the Regulation of Behavior »,* Trends Neurosci., *10, 1979, p. 140-145.)*

Si l'on permet à l'animal dont l'hypothalamus latéral a été détruit de survivre grâce à des gavages et à des soins, on assiste à un retour progressif des sources d'activation. Mais il faut noter le caractère indifférencié de ces sources. Une douleur provoquée par pincement de la queue suffit à faire cesser la posture cataleptique et bouger l'animal. Si on le plonge dans un bac d'eau à la température du corps, l'animal se laisse couler sans réagir ; mais, immergé dans de l'eau glacée qui le stimule, il nage vigoureusement pour en sortir. Au bout de quelques jours, l'animal opéré se déplace spontanément et se dirige vers la nourriture ; mais, gavé de nourriture, il s'effondre immédiatement et retombe en catalepsie, comme si le gavage avait supprimé une source d'activation venue de l'estomac vide. La nature du stimulus importe peu ; il suffit de pincer la queue de l'animal aphagique pour le pousser à manger ; de l'eau froide ou quelques chocs électriques auraient eu le même effet. Cet effet activateur s'observe d'ailleurs également chez les rats normaux. Le comportement alimentaire n'est pas seul à être activé. Le même pincement de la queue ou une série de chocs électriques douloureux transforment un rat indifférent à sa femelle en un partenaire actif. Une rate mauvaise mère soumise à des chocs électriques commence à s'occuper de ses petits [24].

Faim, comportement maternel et désir sexuel n'ont rien en commun ; ils peuvent pourtant être provoqués tous trois par des stimulations qui ne leur sont apparemment pas liées. La théorie de l'activation nous permet d'interpréter ce phénomène, si nous admettons que tout comportement ne peut avoir lieu que pour autant que le permette un niveau général d'activation suffisamment élevé. Teitelbaum suggère que pourrait ainsi s'expliquer l'effet des stimulations douloureuses que s'infligent certains sujets pour accroître leur désir sexuel (algolagnie). Plutôt que d'appeler en renfort l'austère et inévitable Krafft-Ebing, on nous pardonnera, pour illustrer notre propos, de citer l'aimable comptine d'un poète lituanien : « Fouettez, fouettez ma chère, fouettez, n'arrêtez pas... » Si le pincement de la queue suffit à réveiller le comportement sexuel d'un rat, il est vrai que l'homme dispose de bien d'autres moyens pour accroître son niveau d'activation, car, aux sources externes, s'ajoutent les productions de son imaginaire.

Cette activation non spécifique est parfois désignée sous le terme anglais d'*arousal.* Tout ce qui favorise l'*arousal* favorise la performance. Nous retrouvons ici ce qui a déjà été évoqué à propos de la dopamine, acteur principal dans le système d'*arousal* en amplifiant les sources d'activation. Sa mise en repos par l'utilisation de neuroleptiques qui bloquent l'action de la dopamine peut être compensée par des stimulations accrues de l'animal. On peut, par exemple, conditionner un animal à obtenir une récompense en appuyant sur un levier. Une injection de neuroleptique diminue le nombre d'appuis. Ce déficit peut être masqué si l'on utilise un levier qui disparaît après chaque appui, sollicitant ainsi davantage la participation, donc le niveau d'activation de l'animal. De même, des manipulations de l'animal et des sollicitations qui le tiennent en alerte peuvent supprimer l'effet perturbateur des neuroleptiques.

Niveau optimal d'activation

Trop d'activation est aussi néfaste à l'action que pas assez. L'excès de désir paralyse l'amant et, à la guerre, 20 % seulement des soldats déchargent leur fusil lors d'une attaque ! En définissant le concept d'activation, Hebb a également introduit la notion de *niveau optimal.* La courbe des performances d'un sujet en fonction de son niveau d'activation, représenté par exemple par la fréquence cardiaque, dessine une courbe en cloche : le niveau des réponses dans une épreuve comportementale augmente d'abord en fonction de l'activation, pour décroître au-delà d'un sommet qui correspond au niveau optimal d'activation *(figure 40)*. Ainsi s'explique l'effet paradoxal des tranquillisants qui, chez un chauffeur très excité, améliorent la qualité de la conduite alors qu'à l'état normal ils provoquent une diminution dangereuse des réflexes.

Rien ne différencie le niveau d'activation dans la conception de Hebb et l'état central tel que nous avons essayé de le définir plus haut. Les effets des drogues et médicaments sont un excellent moyen de vérifier le caractère fluctuant de cet état central. On connaît, par exemple, le rôle anorexigène des amphétamines, utilisées parfois comme médicament pour couper l'appétit lors de cures d'amaigrissement. Or une même dose d'amphétamines qui bloque le comportement alimentaire d'un rat normal fait manger un rat rendu anorexique par lésion de l'hypothalamus ou injection de neuroleptiques : effets diamétralement opposés d'une même drogue en fonction de l'état interne de l'animal.

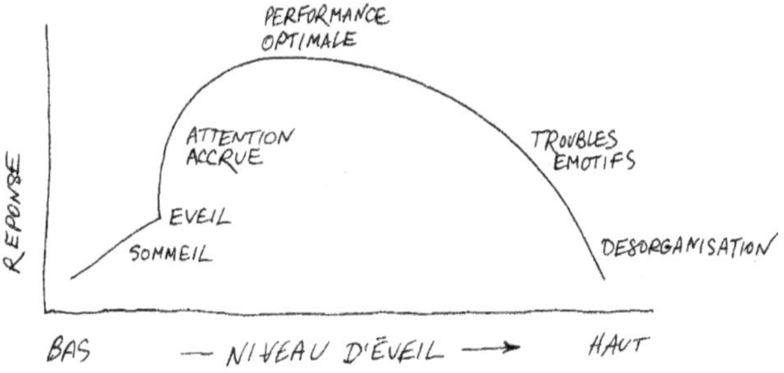

Figure 40. – Les réactions aux stimuli externes. *Elles dépendent du niveau de vigilance du sujet. Quand le niveau d'éveil est trop bas ou au contraire trop élevé, le niveau de performance devient médiocre. (D'après P.O. Hebb,* A Textbook of Psychology, *Philadelphie, Penns., Baunders, 1966, 2e édition.)*

Nous touchons ici un point important qui doit guider le thérapeute. Un même médicament peut avoir des effets inverses en fonction de l'état central du sujet. Il n'est paradoxal qu'en apparence d'utiliser une amphétamine, donc un excitant, pour calmer des enfants atteints d'un syndrome hyperkinétique qui les rend agités et agressifs. Il se pourrait que cette agitation traduise un déficit de l'état central en catécholamines que l'amphétamine permettrait de combler. A fortes doses, l'état d'équilibre étant dépassé, l'amphétamine accentue au contraire les troubles caractériels et l'agitation. La même situation paradoxale se retrouve pour des anesthésiques qui, à fortes doses et à certaines phases de leur action, peuvent provoquer agitation et hyperexcitation. L'alcool se révélera excitant ou sédatif selon l'état préalable du sujet et la dose absorbée : dans certains cas, un merveilleux stimulant qui accroît les performances du buveur, et dans d'autres, un puissant somnifère. Les deux usages sont d'ailleurs courants, rasade de gnôle avant l'action ou verre de whisky au coucher. L'impossibilité de maîtriser le niveau d'activation ou l'état interne et la difficulté d'adapter la dose requise à la situation font toutefois de l'alcool un adjuvant peu recommandable de nos systèmes désirants. Même situation, aggravée, pour la morphine et ses dérivés, dont les effets varient selon l'état central du sujet, non seulement en raison d'expériences passées, mais encore de sa situation actuelle et de l'heure du jour.

La chimie et le sablier

L'état central n'est pas que l'expression multiforme et fluctuante de la seule dopamine, mais de l'ensemble des neurohumeurs. Il ne se résume pas non plus au seul couple intérêt-désintérêt mais à une série de manifestations oscillantes entre deux pôles. Dans cet ensemble, le temps introduit une dimension fondamentale qui fait de l'être vivant, à chaque instant, une représentation de son passé.

Multiplicité de l'état central

Nous avons jusqu'ici, par commodité, confondu la dopamine et l'état central, l'état central et le désir. Dès lors, il convient de dissiper un possible malentendu : la dopamine n'est pas l'état central, pas plus qu'elle n'est l'hormone du désir. L'état central est bien l'expression multiforme et fluctuante de l'ensemble des neurohumeurs. Dans le continuum attention-distraction, d'autres substances sont à l'œuvre. On peut en suivre la diversité en enregistrant l'activité électrique d'un cerveau de chat éveillé. Lorsque le chat fixe intensément une souris placée derrière une cloison transparente, des rythmes à 40 hertz, que nous avons déjà signalés, envahissent son cortex frontal, et il est certain qu'alors la dopamine favorise la survenue de ces rythmes. Mais quand le chat guette une cible invisible, un trou de souris – l'univers désirant d'un chat se résumant, dans l'esprit d'un biologiste, à des souris –, des rythmes plus lents à 14 hertz sont recueillis sur les régions pariétales du cortex, aires spécialisées dans la réception des messages sensoriels. Et ces rythmes ne sont plus gouvernés par la dopamine, mais par un système noradrénergique. En effet, le blocage de la noradrénaline par un antagoniste empêche leur apparition. Lorsque, enfin, l'animal soustrait son attention du milieu ambiant, qu'il soit distrait ou qu'on lui apprenne à ne pas répondre à un signal, ce sont des rythmes lents à 8 hertz qui s'installent dans la même région et qui, eux, dépendent d'un système à sérotonine. Trois substances, trois rythmes, trois aspects finalement de l'état central fluctuant (voir p. 193).

Cet état central fluctuant ne se résume pas non plus au seul continuum attention-distraction ou intention-indifférence. Selon que l'on privilégie un aspect ou l'autre de la présence au monde du sujet, on observera des continuums veille-sommeil, faim-satiété, calme-anxiété comme autant de manifestations de l'état central fluctuant. Celui-ci résume donc l'ensemble des mécanismes régulateurs qui, au sein du système nerveux central, modulent les entrées et les sorties. On peut parfois, grâce à des électrodes placées dans le cerveau, recueillir des traces de quelques-uns des mécanismes à l'œuvre dans l'état central. Par exemple, le regard d'un animal sur une cible se traduit par des signaux sur le cortex visuel, variations de potentiel qui se détachent plus ou moins sur un bruit de fond d'activité électrique. On observe qu'un éveil spontané accru ou que la stimulation électrique des neurones à noradrénaline situés dans un petit lieu bleu du tronc cérébral – le locus cœruleus –, dont des terminaisons atteignent le cortex visuel, augmentent l'amplitude des signaux par rapport au bruit de fond [25]. La noradrénaline est donc capable d'amplifier localement la réception d'un signal venu de l'environnement visuel du sujet. Des neurones de ce même locus cœruleus augmentent la réponse des cellules de l'hippocampe, région du cerveau qui nous est déjà familière. Veut-on encore de la noradrénaline ? Ce serait, entre autres, une voie noradrénergique qui déciderait le cerveau d'une rate à accepter l'hommage d'un rat mâle.

Le catalogue des substances participant à l'état central est loin de se résumer à quelques amines. C'est aussi la lulibérine qui, avec des hormones mâles, transforme un hamster timide et effrayé par son agressive femelle en un amant intrépide et volontaire [26]. C'est l'acétylcholine qui module l'activité du cortex préfrontal et du cerveau limbique [27]. Ce sont les peptides morphiniques, dont les récepteurs abondent dans le cortex et qui y régulent le niveau des entrées sensorielles [28]. Ce sont enfin les neuropeptides : toutes ces substances, dont la liste ne cesse de croître, sont les ingrédients souvent mystérieux de notre état central et il en sera souvent question par la suite.

La multiplicité des substances n'est pas le seul facteur de complexité. Ni la dispersion des terminaisons nerveuses, ni leur chevauchement, ni leur caractère innombrable ne résument la confusion. Nous avons déjà signalé (p. 106) qu'une même terminaison pouvait libérer plusieurs substances : la dopamine, par exemple, et la cholécystokinine. Par ailleurs, cette amine n'est pas seulement libérée au niveau des terminaisons mais également à proximité des corps cellulaires, au niveau des dendrites. La dopamine, enfin, intervient dans le contrôle de sa propre libération.

Proust et les rats

Nous avons précédemment défini l'état central comme une représentation de l'espace corporel et extracorporel du sujet. Un objet, une odeur, un son, présents dans son environnement, peuvent être ignorés de lui s'ils ne sont accompagnés d'un état central qui leur confère une valence particulière. Une dimension supplémentaire de cet état n'a pas été mentionnée jusqu'ici : le temps, dont il sera longuement question à propos de chacune des passions. Le désir n'est pas seulement le produit fusionnel du corps et de son environnement, il est aussi le résultat d'une histoire, que le cerveau exprime grâce à sa plasticité et les humeurs par leurs fluctuations.

Est-il plus bel exemple de l'état central dans ses trois composantes spatiotemporelles que la fameuse madeleine de Proust ? Description d'un état interne aussi agréable que vague : « Un plaisir délicieux m'avait envahi, isolé, sans la notion de sa cause ; il m'avait aussitôt rendu les vicissitudes de la vie indifférentes, ses désastres inoffensifs, sa brièveté illusoire, de la même façon qu'opère l'amour en me remplissant d'une essence précieuse : ou plutôt cette essence n'était pas en moi, *elle était moi* [29]. » L'auteur reconnaît la cause : le goût du morceau de madeleine trempé dans l'infusion de tilleul réactualise un état interne ancien, un stimulus surgi du passé avec un bien-être indicible ressuscite l'espace extracorporel d'alors, la vieille maison grise sur la rue, la chambre de la tante Léonie.

Le temps retrouvé n'est pas toujours celui du bien-être. Sans le qualifier de proustien, on peut provoquer chez le rat le curieux phénomène de l'aversion conditionnée. L'expérience consiste à faire suivre l'ingestion d'un aliment d'un goût nouveau, lait ou pastilles sucrées, de l'injection d'une substance toxique, chlorure de lithium par exemple, qui provoque dans les heures qui suivent un malaise chez l'animal [30]. Par la suite, celui-ci évitera l'aliment. De même, un rat qui survit à un empoisonnement détournera, à jamais, sa route du piège. Il ne s'agit pas d'un réflexe conditionné classique [31] puisqu'il a suffi d'une seule association aliment-malaise pour que l'aversion soit créée et, aussi étonnant que cela soit en termes de conditionnement, que le stimulus alimentaire et le malaise puissent être espacés de plusieurs heures. Est-il besoin de dire le rôle vraisemblable d'un tel phénomène dans la formation de nos goûts et habitudes ? Une seule association d'un état interne et d'un stimulus peut donner à ce dernier une valence définitive. Ainsi, l'objet tire son sens de l'état central qu'il a fait naître et que le sujet réactive à chaque présentation.

Cantique décanté

« Désir, mon beau désir, ne serais-tu qu'un bouillon de sorcière, à peine plus épicé que des humeurs de rat ? Dopamine et sérotonine guident mon regard vers toi, ô ma bien-aimée.

C'est vers toi et vers toi seule que coule la lulibérine dans mon hypothalamus enflammé » : ce petit pastiche de potache amoureux est là pour illustrer la faiblesse d'un discours qui réduirait le désir à l'action de quelques amines cérébrales.

Mais un cerveau trop bien câblé fonctionnant uniquement sur un mode logique ne laisserait pas non plus de place au désir. L'état central fluctuant qui mélange potage et vermicelle nous a paru un concept de nature à éviter ces errements.

CHAPITRE IX

Le plaisir et la douleur

> Ils disent qu'il y a deux affections : le plaisir et la douleur, que tout être vivant éprouve ; le premier est conforme à la nature, la dernière lui est étrangère. A leur aide, on peut distinguer parmi les choses celles qu'il faut choisir et celles qu'il faut éviter.
>
> DIOGÈNE LAËRCE, X, 34.

Le plaisir

Concept obscur, sentiment lumineux, le plaisir doit être conçu à la fois comme état et acte, un affect qui ne peut être dissocié du comportement qui lui a donné naissance. Récompense pour l'individu, il est le moteur de son apprentissage et de l'évolution des espèces. L'homme seul dit son plaisir ; mais, à observer l'animal en action, nous concluons parfois qu'il y prend du plaisir. Modalité de l'état central, le plaisir est plus facile à vivre qu'à définir[1].

LE PLAISIR ET LA CREVETTE

« La joye est une agréable émotion de l'âme en laquelle consiste la jouissance *qu'elle a du bien* que les impressions du *cerveau* lui représentent comme sien [2]. » La joie, extension passionnée du plaisir, naît donc, selon Descartes, à l'intérieur du cerveau. Jouissance du bien, le plaisir est offert dans son inévitable gangue morale. Est plaisant ce qui est bon, et douloureux le mal sous toutes ses apparences. A l'aphorisme « Il y a plaisir à faire le bien », on préfère souvent, il est vrai, l'affirmation également morale que « tout est bon qui procure du plaisir ». Plaisir de se faire plaisir ou plaisir de bien faire, l'alternative se résout dans la reconnaissance de l'éminence du plaisir.

Un physiologiste n'a que faire du bien et du mal quand il observe un comportement animal. Une réduction exclusivement biologique du sentiment de plaisir comporterait une description de l'état des viscères et des sécrétions, « une chaleur douce et tempérée qui coule dans les parties et qui les flatte et les chatouille », selon Cureau de La Chambre [3]. Malgré la précision de nos instruments de mesure, une énumération de paramètres physiologiques est insuffisante pour caractériser un état aussi subjectif que le plaisir. On ne peut donc parler de plaisir sans introduire un élément intellectuel que les pédants de ce jour qualifieront de « cognitif ». S'il est indiscutable qu'un état affectif comme le plaisir est inséparable d'un certain mouvement organique, il est vrai également que cet état ne tire son sens que de la connaissance qu'en a le sujet. L'ensemble constitue, selon Maisonneuve, « une unité vécue » qui s'insère dans ce que nous avons défini précédemment comme l'état central fluctuant [4].

Le plaisir entre dans la catégorie des sentiments tels que les dépeint Max Scheler [5]. Il ne se réduit pas à un état passif d'origine organique, il possède toujours un certain sens qui s'exprime en une intention. Le plaisir conçu comme une *attention affective* est donc, de façon liée, à la fois *état* et *acte.* Cela nous ramène aux notions de tendance et de désir abordées dans le chapitre précédent.

Dans sa version homéostasique, le plaisir n'apparaît pas comme une donnée primordiale. « Il faut manger pour vivre et non pas vivre pour manger », clame la morale homéostasique. La tendance accomplit le besoin, le plaisir n'est qu'un accompagnement secondaire. Nous pensons, au contraire, que le plaisir est un besoin fondamental de l'animal évolué et que l'importance de la demande s'accroît avec le degré d'évolution des espèces [6]. « L'homme est né pour le plaisir, il le sait, il n'en faut point de preuve. »

Proche des modèles de l'homéostasie, la métapsychologie freudienne nous introduit au principe du plaisir. Les processus psychiques résultent de la circulation et de la répartition d'une énergie au sein d'un appareil psychique subdivisé en structures ou systèmes localisables (topique). Bâti sur le modèle des lois relatives à la conservation et à la transformation de l'énergie physique, l'appareil psychique tend à maintenir aussi constante que possible la quantité d'excitation qu'il contient *(principe de constance)*. Tout ce qui s'en écarte en augmentant la tension se signale par du déplaisir ; tout ce qui s'en rapproche en déchargeant par résolution de tension l'excès d'énergie accumulée s'accompagne de plaisir. L'activité psychique a donc pour but final non pas seulement, comme on pourrait le croire, d'éviter le déplaisir et de chercher le plaisir *(principe de plaisir)*, mais de maintenir un équilibre fondamental. Nous ne ferons guère mention, dans la suite de cet exposé, de la théorie psychanalytique. On pourra s'en étonner, étant donné la place occupée par les psychanalystes dans le discours contemporain sur le couple désir/plaisir. Cette attitude tient à plusieurs raisons. A notre ignorance d'abord, à l'impossibilité ensuite, pour un « non-initié », de retrouver son chemin dans l'abondante littérature d'inspiration psychanalytique. Elle tient enfin, et surtout, à des interdits imposés par Freud lui-même. La description de l'appareil psychique subdivisé en systèmes auxquels sont attribuées des fonctions pourrait suggérer un rapprochement avec le cerveau et les systèmes qui le composent. Un tel rapprochement serait sans fondement. L'appareil psychique de Freud, comme le souligne Reuchlin [7], est une abstraction,

« une fiction », et les termes spatiaux employés pour le décrire sont de pures métaphores, Lacan nous conforte dans notre refus d'un langage analogique. « Pourquoi, dit-il, ne pas chercher l'image du moi dans la crevette, sous prétexte que l'un et l'autre retrouvent après chaque mue leur carapace [8] ? » Nous ne saurions donc oublier à ce propos que notre langage est celui d'un biologiste et que, faute d'avoir accès à l'homme, il nous faudra souvent nous contenter de crevettes ou de rats.

Parlant du plaisir, il nous faut revenir au désir pour observer que celui-ci, dans la thèse de Spinoza, ne précède pas le plaisir mais évolue en parallèle avec lui et la douleur en tant que sentiments primordiaux. Le désir ne se différencie pas de l'appétit, « sinon que le désir se rapporte généralement aux hommes en tant qu'ils sont conscients de leur appétit et c'est pourquoi ils peuvent être ainsi définis : le désir est l'appétit accompagné de la conscience de lui-même ». Plus loin, une précision importante : « Il est donc établi pour tout ce qui précède que nous ne faisons effort vers aucune chose, que nous ne la voulons pas et ne tendons pas vers elle par appétit ou désir parce que nous jugeons qu'elle est bonne : nous jugeons qu'une chose est bonne parce que nous faisons effort vers elle, que nous la voulons et tendons vers elle par appétit ou désir [9]. » Dans l'état central fluctuant, il apparaît, de même, que le comportement – approche ou fuite – ne peut être séparé du sentiment de plaisir ou d'aversion ; l'*acte* étant indissociable de l'*état*. Plaisir et douleur sont donc des sentiments primordiaux « qui aident la puissance d'agir de notre corps ». La fameuse définition : *Lætitia est hominis transitio a minore ad majorem perfectionem* [10] situe, dans son caractère dynamique, l'affirmation du plaisir. Chez l'animal, on décrit un continuum de comportement, approche-fuite, qui constitue la version motrice du continuum affectif, plaisir-aversion. Le plaisir est ce qui rapproche, la douleur ce qui éloigne. Si le plaisir est inséparable de l'action d'un individu, il ne pourra pas être absent de l'évolution des espèces qui a abouti à cet individu.

LE PLAISIR D'ÊTRE LÀ

Telle pourrait être la devise des espèces qui ont survécu dans la course de l'évolution. Alexander Bain et Herbert Spencer, des contemporains de Darwin, donnent un rôle clé au plaisir dans l'adaptation face à la sélection naturelle. Des décharges spontanées d'énergie nerveuse provoquent des activités musculaires diffuses : les mouvements qui s'accompagnent de plaisir sont sélectivement renforcés, ceux qui provoquent du déplaisir s'affaiblissent et disparaissent. Ce choix favorise l'adaptation de l'espèce : ce qui est bon pour elle entraîne du plaisir, et ce qui est mauvais, du déplaisir. Un stimulus plaisant décharge une forte quantité d'énergie vers les muscles qui étaient en action, les canaux moteurs sont ainsi rendus plus perméables, alors que les stimuli déplaisants ferment par désaffection les canaux moteurs correspondants. Même l'école béhavioriste [11], préoccupée d'apprentissage plutôt que d'évolution, ne pense pas autrement lorsque, par la *loi de l'effet*, elle établit qu'une réponse comportementale n'est conservée que si elle est suivie d'une récompense : or il n'est d'autre récompense que le plaisir qui en résulte. Si, au lieu de la réponse comportementale, on considère uniquement les associations de stimuli dans le cadre des réflexes conditionnels classiques, il est aussi vrai qu'un stimulus n'acquiert de valeur incitative que s'il est couplé à une situation perceptive inductrice de plaisir [12]. Quelles que soient les théories proposées pour expliquer la formation des assemblées neuronales qui sous-tendent les comportements, on peut dire que le plaisir est au cœur des processus d'association. Il est un principe d'essence dynamique qui permet à la plasticité du système nerveux de s'exprimer.

Tout cela ne nous renseigne pas sur la nature du plaisir. En tant que donnée subjective, il ne peut être rapporté qu'à l'homme. Livrons-nous, pour illustrer ce propos, à une débauche d'anthropomorphisme à partir d'observations faites sur le rat par Neal Miller [13]. A la suite de lésions de l'hypothalamus ventral, des rats deviennent boulimiques.

Ils mangent tant qu'ils atteignent parfois un poids de 2 à 3 kilogrammes. Or ces monstrueuses bêtes refusent obstinément la nourriture jusqu'à s'en laisser mourir lorsque celle-ci a été dénaturée par l'adjonction de quinine. Des rats normaux, placés en pareille situation, mangeraient pour survivre malgré l'amertume de la nourriture. Doit-on en conclure que nos rats obèses mangent sans faim et uniquement pour satisfaire leur plaisir ; l'aliment devenu détestable, le plaisir disparu, plus de comportement alimentaire. Si, maintenant, on leur demande de faire un effort instrumental – un travail – pour obtenir de la nourriture, ils s'y refusent. Moralité : les rats dont l'hypothalamus ventromédian est détruit, non seulement se goinfrent par gourmandise, mais encore sont devenus paresseux [14]. Les comportementalistes sérieux auront licence de se déchaîner contre une interprétation aussi fantaisiste. Qu'elle suffise à illustrer les difficultés rencontrées dans la description d'états affectifs chez l'animal pour lequel l'acte seul est mesurable. Le plaisir, s'il existe, n'est donc pas séparable de l'action. Chez l'homme, en revanche, le plaisir peut nous être restitué par l'intermédiaire de la parole. Marc Jeannerod a fort justement souligné la parenté entre le langage et l'action [15]. On voit donc une fois encore que, sur le plan physiologique tout au moins, l'état de plaisir ne peut être dissocié de l'acte.

« Au lieu de l'affection dont on ne peut rien dire puisqu'il n'y a aucune raison pour qu'elle soit ce qu'elle est plutôt que toute autre chose, nous partons de l'action, c'est-à-dire de la faculté que nous avons d'opérer des changements dans les choses, faculté attestée par la conscience et vers laquelle paraissent converger toutes les puissances du corps organisé [16]. » Est-ce à dire qu'en citant Bergson et en privilégiant l'action nous renonçons au cerveau en tant que représentation ? Le concept d'état central fluctuant nous permet au contraire de contourner le débat philosophique, sans l'annuler, en ce qu'il fait du cerveau une *métaphore agissante.*

Du plaisir considéré comme une grandeur en biologie

Une quantification du plaisir est possible chez l'homme grâce aux méthodes de la psychophysique. Les expériences consistent pour le sujet à faire un choix en fonction du plaisir et du confort ressentis. Chez l'animal, des expériences comparables peuvent être réalisées, lui permettant d'intervenir directement sur son cerveau. L'autostimulation a marqué l'entrée du plaisir dans le domaine de la physiologie. Nous verrons que cette expérience soulève des problèmes d'interprétation. Les points d'autostimulation dans le cerveau sont des régions où la stimulation électrique provoque également différentes sortes de comportements élémentaires tels que boire et manger. Les rapports entre ces comportements et le plaisir seront discutés. Nous verrons enfin que la stimulation électrique d'autres structures du cerveau semble provoquer non plus du plaisir, mais de l'aversion.

Le plaisir mesuré

La psychophysique prétend fournir une évaluation quantitative du plaisir. On demande à un sujet confronté à une situation ou à une stimulation donnée de noter l'affection qu'il éprouve sur une échelle de valeurs qui va du positif agréable au négatif désagréable.

Le mérite de ces méthodes est d'établir rigoureusement et avec tout l'apparat de la science des conclusions qui ressemblent parfois à des lieux communs. Ainsi est-il établi que la tonalité affective d'une sensation reflète l'état central et que, en fonction de celui-ci, un même stimulus peut être alternativement délicieux ou détestable. Une gorgée d'eau sucrée notée positivement par un sujet à jeun devient négative pour un même sujet gavé préalablement de sucre. Ce phénomène d'*alliesthésie*[17] ne traduit pas seulement l'état physiologique instantané du sujet, mais s'exprime aussi dans la durée.

Des volontaires ont accepté de prendre du poids grâce à un régime hypercalorique. Lorsqu'on soumet à l'appréciation gastronomique de ces « nouveaux gros » une solution sucrée auparavant jugée neutre, ils l'estiment franchement détestable et lui attribuent une note négative. Quelques mois plus tard, nos volontaires, devenus de « nouveaux maigres » après un régime amaigrissant, attribuent une note très positive à la même solution sucrée. Dans ces expériences chroniques, la valeur appétitive du mets n'est pas directement liée au besoin homéostasique immédiat du sujet qui, malgré son amaigrissement ou sa prise de poids, est en équilibre nutritif au moment de l'épreuve, mais à une donnée comme le poids qui implique l'individu dans son ensemble et l'état central dans ses trois dimensions définies précédemment (p. 189). Le terme de *pondérostat,* introduit par Cabanac pour définir le poids de référence du sujet autour duquel oscille la valeur incitative des aliments, représente assez bien un des aspects de l'état central fluctuant au même titre que le niveau d'activation dont il a été précédemment question (p. 197).

Une manière indirecte de connaître le plaisir éprouvé par le sujet consiste à lui offrir un choix. Prenez un volontaire, mettez-le dans un bain qui pourra être très froid, froid, chaud ou très chaud *(figure 41)*. Mesurez sa température rectale ; demandez-lui de noter le plaisir ou déplaisir qu'il éprouve ; vous constaterez que les notes deviennent très négatives dès l'instant que la température centrale s'écarte de sa valeur normale. Présentez au baigneur une cuvette d'eau à différentes températures dont il devra, en plongeant la main, estimer l'agrément. Serez-vous surpris d'apprendre que le baigneur refroidi trouvera la cuvette d'eau bouillante délicieuse, alors qu'au contraire celui dont la température rectale est élevée donnera la note maximale à une cuvette d'eau froide ? Si, maintenant, vous offrez au sujet la possibilité de sortir du bain et d'ouvrir une douche dont il choisira lui-même la température, celui dont la température rectale a baissé choisira de prendre une douche bouillante qu'il jugera agréable, l'inverse étant aussi vrai pour celui dont la température centrale est en hausse. Dans ces expériences de choix dictés par le plaisir, celui-ci est sans ambiguïté au service de l'homéostasie. Refuser à cette dernière la valeur d'un dogme ne signifie donc pas que ses lois ne puissent s'appliquer dans certaines conditions aux fluctuations de l'état central.

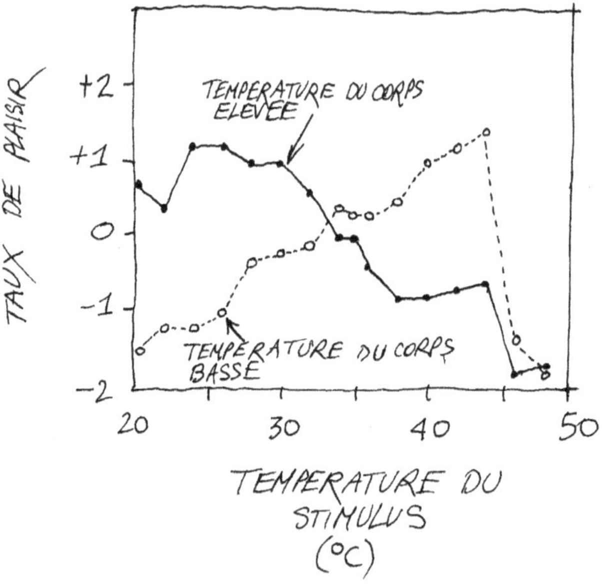

Figure 41. – INDICE DE PLAISIR-DÉPLAISIR EN FONCTION DE LA TEMPÉRATURE DE L'EAU DANS LAQUELLE LE SUJET PLONGE SA MAIN (STIMULUS). *Lorsque le sujet est dans un bain froid (o---o), il ressent du plaisir pour un stimulus supérieur à 35 °C et du déplaisir pour un stimulus inférieur. Au contraire, lorsqu'il est dans un bain chaud et que sa température corporelle est élevée, il ressent du plaisir pour un stimulus froid et du déplaisir pour un stimulus chaud. (D'après R.C. Hawkins,* Human Temperature Regulation and the Perception of Thermal Confort, *Ph. Thesis, University of Pennsylvania, 1975.)*

Des expériences de conflit offrent chez l'homme des exemples où la finalité homéostasique peut être dépassée. Des sujets en tenue légère sont introduits dans une chambre climatique dont la température ambiante peut passer rapidement de 25 à 5 °C. Ces sujets sont astreints à marcher sur un tapis roulant dont la pente modifiable de 0 à 25 % détermine l'intensité du travail qui leur permet de lutter contre le froid. Le choix est donc entre l'inconfort thermique et la fatigue. Des appareils de mesure permettent de connaître les températures rectales, cutanées et le métabolisme énergétique du sujet qui doit porter une appréciation quantifiée sur son état affectif. Lorsque la pente est imposée au sujet, celui-ci a la possibilité de choisir l'ambiance thermique. Plus le travail sera intense, plus basse sera la température choisie. Lorsque l'on impose une ambiance thermique froide au sujet, celui-ci choisira de travailler davantage pour éviter que sa température centrale ne s'abaisse. Mais, au-delà d'un seuil, le travail oblige les muscles à fonctionner sans oxygène, d'où une pénible sensation de fatigue face à laquelle le sujet préfère encore laisser chuter sa température centrale : plutôt faillir à l'équilibre thermique que d'avoir à supporter le déplaisir de la fatigue anaérobie [18]. La qualité de l'affection l'emporte ici sur l'homéostasie. On trouvera, à observer les hommes, des exemples nombreux où le goût du plaisir l'emporte et va jusqu'à compromettre l'équilibre fonctionnel de l'individu. Ces « mauvais exemples » font le bonheur des moralistes. Il reste à savoir ce que feraient ces derniers sur un tapis roulant : iraient-ils jusqu'à sacrifier leur confort pour assurer le maintien de leur température rectale ?

Des expériences de choix sont possibles chez l'animal et permettent d'avoir accès à son cerveau [19]. On place dans l'hypothalamus d'un rat une thermode. C'est un tube en forme de U qui permet de mesurer la température locale du cerveau, de le réchauffer ou de le refroidir par une circulation d'eau chaude ou d'eau froide : un cerveau climatisé en quelque sorte. Le rat est placé dans une cage où il a la possibilité, en appuyant sur des leviers, de refroidir ou de réchauffer son hypothalamus. La cage est elle-même munie d'un ventilateur qui dispense de l'air chaud ou froid sur le corps de l'animal. Celui-ci peut, selon le levier choisi, s'envoyer du chaud ou du froid sur la peau. Nous ne retiendrons pas tous les cas de figure ; mais, en bref, lorsque l'on chauffe son hypothalamus, l'animal choisit de faire souffler l'air froid, et inversement. De même, si l'on impose un vent d'air chaud ou d'air froid sur la peau de l'animal, celui-ci choisit de refroidir ou de réchauffer son hypothalamus. L'espace extracorporel, représenté par les récepteurs thermiques cutanés, et l'espace corporel, représenté par les récepteurs thermiques hypothalamiques, concourent donc à part égale dans le choix d'un comportement. L'exemple illustre parfaitement les qualités intégratrices du cerveau au sein d'un état central unique.

Un rat de plaisir

Il nous vient l'envie de parler de ce personnage qui parcourt les pages : le rat, bête fabuleuse, depuis plus de cinquante ans muse privilégiée de l'imagination créatrice des psychoneurobiologistes. Réduit à l'état de membrane ou soumis à des tests qui éprouvent sa santé et son intelligence, le rat, toujours le rat. Il faut se souvenir que c'est le chercheur lui-même qui a créé le rat de laboratoire, animal calibré, souvent de couleur blanche et dont la généalogie strictement contrôlée ferait pâlir de jalousie un hobereau breton. Une des occupations favorites de ce rat est d'appuyer sur des leviers pour obtenir une récompense, généralement de la nourriture ; il lui arrive également de faire tourner une roue, de parcourir un labyrinthe, de mettre son museau dans des trous, de faire l'amour, de boire, de manger, de grimper à des perches pour éviter des décharges électriques, de franchir des barrières, de quitter des pièces éclairées pour des pièces obscures, de dormir, de faire sa toilette, d'avoir des petits, de les allaiter, de les manger, de nager, de faire des bonds *(figure 42)*. Quel humain ordinaire pourrait à la fin de sa vie se vanter d'en avoir fait autant ?

Observons maintenant ce rat dans un coin de la cage ; il

appuie avec obstination sur un levier et répète inlassablement ce geste, indifférent à ce qui l'entoure, tout entier à sa

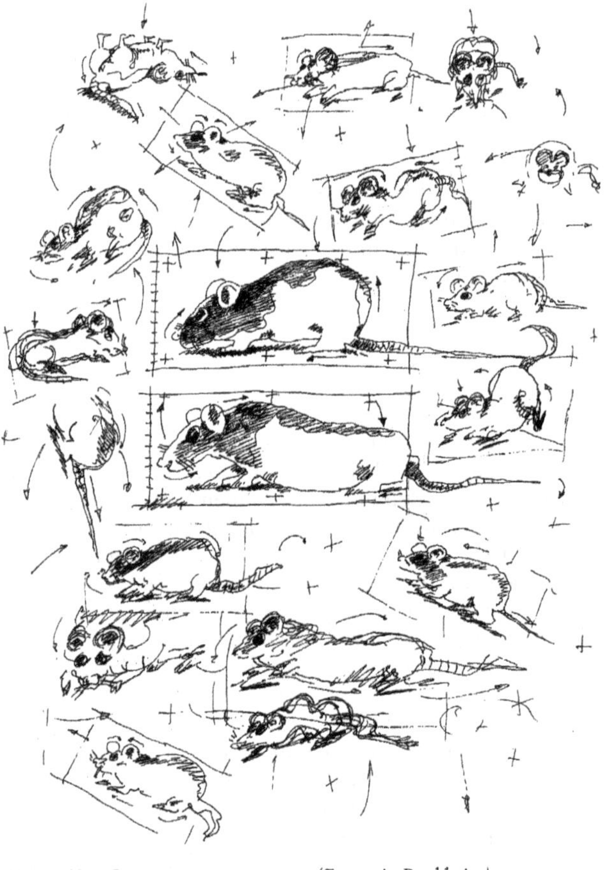

Figure 42. – LE RAT, TOUJOURS LE RAT *(François Durkheim).*

tâche. Que fait-il ? *Il se fait plaisir.* L'expérience a été inventée par Olds et Milner en 1954. Le rat porte une électrode dont la pointe a été placée grâce à la stéréotaxie dans une région précise du cerveau : l'*hypothalamus latéral*. Cette électrode est reliée à un stimulateur qui dispense à la pointe de l'électrode un courant de fréquence et d'intensité variables. C'est le rat lui-même, en appuyant sur un levier, qui déclenche le stimulateur pour une durée brève. Très vite le rat apprend l'usage du levier. La fréquence de ses appuis est proportionnelle à l'intensité du courant qu'il reçoit à travers l'électrode. On dit que l'animal *s'autostimule (figure 43)*. Il cesse d'appuyer dès qu'aucun courant ne traverse plus l'électrode. Le désir qui dicte cet acte est impérieux puisqu'il est préféré à tout autre. Chez un animal affamé qui a le choix entre deux leviers, l'un fournissant de la nourriture et l'autre de l'électricité dans son hypothalamus latéral, c'est le levier d'autostimulation qui est choisi, au mépris parfois de la survie de l'animal. Il est insatiable, ne montre aucune accoutumance et ne s'arrête que si l'on débranche le stimulateur. Impérieux et insatiable, ne s'agit-il pas des qualificatifs ordinaires du plaisir ? L'hypothalamus latéral serait-il le « centre du plaisir » [20] ? La notion du centre est contredite par la dispersion des sites cérébraux d'autostimulation, grossièrement répartis selon une étendue en forme de fer à cheval ouvert à l'avant : structures limbiques et striatales dans le cerveau antérieur, parois latérales de l'hypothalamus et tronc cérébral en arrière. La grande région d'autostimulation reste cependant cet hypothalamus latéral, avenue qui relie le cerveau antérieur au tronc cérébral et que parcourent dans les deux sens des fibres nerveuses dont beaucoup utilisent les catécholamines pour transmettre leur message.

Deux théories sont proposées pour expliquer l'autostimulation. Pour Olds [21], l'autostimulation produit une récompense (du plaisir) ; celui-ci est le renforçateur naturel qui consolide les réponses comportementales. La finalité du désir, c'est le plaisir, et le choix du comportement est dicté par le plaisir qu'il procure. Pour Deutsch [22], l'autostimulation active en parallèle désir et plaisir. Elle diffère en cela d'un comportement naturel où le désir répond à un besoin homéostasique ; la satisfaction naturelle du besoin provoque le plaisir en même temps qu'elle supprime le désir et, du même coup, arrête le comportement. On comprend par contre que l'autostimulation, qui emballe au

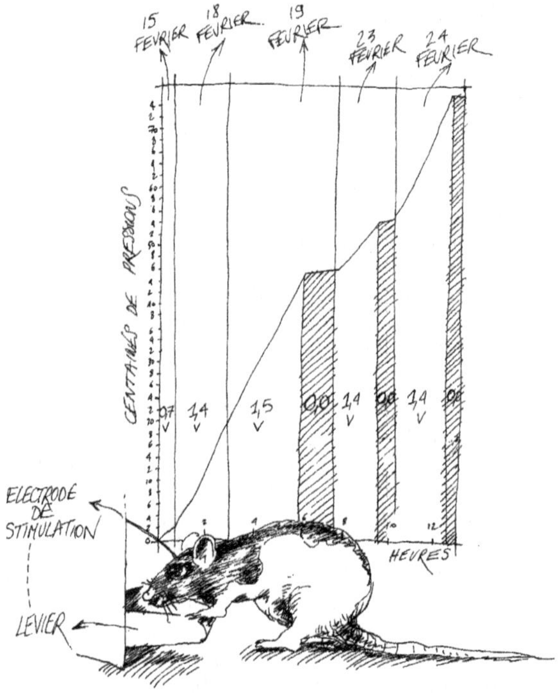

Figure 43. – EXPÉRIENCE D'AUTOSTIMULATION. *Le rat, en appuyant sur un levier, déclenche un stimulateur électrique qui envoie du courant à la pointe d'une électrode située dans son hypothalamus latéral. Le nombre des appuis sur le levier s'additionne sur la courbe. La pente de celle-ci est d'autant plus élevée (la fréquence des appuis augmente) que le courant qui passe dans l'électrode est plus fort (1,4 V ou 1,5 V). Au contraire, la pente devient nulle (arrêt des appuis) lorsque aucun courant (0,0 V) ne passe. (D'après J. Olds et P. Milner, « Positive Reinforcement Produced by Electrical Stimulation of Septal Area and Other Regions of the Rat Brain »,* J. Comp. Physiol. Psychol., *47, 1954, p. 419-427.)*

même train le désir et le plaisir, soit insatiable. Nous avons présenté au chapitre précédent des arguments qui récusent par avance l'une et l'autre théorie. On peut toutefois s'accorder pour reconnaître que l'autostimulation provoque un état central que nous appelons *plaisir*.

Le plaisir et l'acte

L'autostimulation et le plaisir qui en découle n'auront de signification physiologique que s'ils ne peuvent être rapportés à une action naturelle. Or on observe que la stimulation électrique de tous les sites d'autostimulation induit, diversement selon les lieux, tous les comportements dont un rat est capable : renifler, manger, boire, faire sa toilette, manger, transporter et amasser des objets, creuser, copuler, tuer des souris, ramener des petits, etc. Contrairement à ce qu'on a pensé d'abord, il s'agit d'actions adaptées à l'environnement et accompagnées d'un état affectif dont la tonalité s'accorde à la situation : lorsqu'une stimulation de l'hypothalamus latéral induit un rongement, l'animal ronge ce qui est rongeable ; quand un comportement alimentaire naît de la stimulation, est mangé ce qui est mangeable.

On ne peut éviter l'idée que des circuits neuronaux câblés selon des plans fournis par le génome, revus et corrigés par l'apprentissage, soient responsables de ces différents comportements. Il n'est pas nécessaire de connaître, pour ce qui nous intéresse ici, l'étendue de ces ensembles neuronaux, nébuleuses éparses au sein des limbes et des hémisphères. Il nous suffit de dire que la stimulation de l'hypothalamus latéral peut mettre en branle l'un ou l'autre des circuits. Les liens entre la commande hypothalamique et les circuits d'exécution n'ont d'ailleurs rien de rigide. Un rat stimulé qui ne rencontre pas l'objet de l'acte déclenché fait autre chose. Il n'y a rien à manger, il ronge ; il n'y a rien à ronger, il boit ; il n'y a rien à boire, il s'agite. Plus le niveau affectif provoqué par la stimulation paraît intense, plus le comportement déclenché est facilement interchangeable. Le principe de l'action l'emporte sur la réalisation. Et l'on retrouve *le cerveau flou à l'œuvre :* la stimulation de l'hypothalamus latéral n'est pas directement responsable de l'organisation des actions réflexes et musculaires qui réalisent le comportement ; elle agit plutôt comme une sorte de commande à distance qui fournit « la possibilité à des séquences nerveuses préprogrammées génétiquement et affinées par l'expérience de s'exprimer à travers les arborisations du système stimulé [23] ». Une illustration de cette commande lâche est donnée par l'action des systèmes adrénergiques sur les circuits nerveux qui, dans la moelle épinière, organisent la marche. Chez un chat paralysé et flasque après section de sa moelle épinière, une injection de clonidine, substance qui mime l'action de l'adrénaline et active les récepteurs adrénergiques, déclenche des mouvements stéréotypés et répétitifs de marche : exemple d'une action de type hormonal capable de mettre en branle les circuits nerveux précâblés responsables d'un comportement organisé, la marche : la clonidine, une hormone qui fait marcher.

A ne considérer que les comportements nécessaires à la survie, leur nombre se limite à quatre : sexe, température, boisson et nourriture. Le comportement thermorégulateur consiste en frissons et halètements, le comportement sexuel en mouvements du pelvis et autres gestes accessoires, les comportements de boisson et de nourriture en mouvements de la bouche et du gosier. Sans qu'il existe de véritables centres, on observe une spécialisation relative des points de stimulation d'avant en arrière tout au long de l'hypothalamus latéral : température, sexe, boisson et alimentation. Ces régions spécialisées sont situées en regard de zones médianes où se trouvent les récepteurs sensibles aux variations du milieu interne concernant le comportement en question : récepteurs du chaud et du froid pour le comportement thermorégulateur, récepteurs aux œstrogènes et aux androgènes pour le comportement sexuel, osmorécepteurs pour la boisson et récepteurs à la teneur du milieu en substances nutritives pour le comportement alimentaire *(figure 44)*.

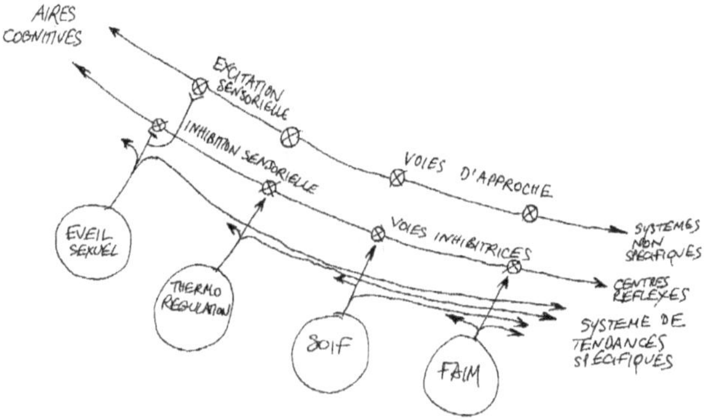

Figure 44. – REPRÉSENTATION SCHÉMATIQUE DES INTERACTIONS ENTRE LES RÉCEPTEURS SENSIBLES AUX DIFFÉRENTS PARAMÈTRES ET L'HOMÉOSTASIE ET LES SYSTÈMES NEURONAUX TRANSHYPOTHALAMIQUES. *(D'après J. Panksepp, « Hypothalamic Integration of Behavior », in P.J. Morgane et J. Panksepp, éd.,* Handbook of the Hypothalamus, *New York, Marcel Dekker, 1981.)*

Considérons, dans l'hypothalamus latéral, un point de stimulation qui provoque un de ces comportements : manger, par exemple. Si on déclenche le stimulateur, l'animal se précipite sur la nourriture ; on peut supposer qu'il en reçoit du plaisir. Laissons maintenant l'animal s'autostimuler, il cesse de manger, indifférent à la nourriture, son unique activité étant d'appuyer sur le levier d'autostimulation. Indissociabilité de l'acte et de l'état : si, par une injection de sérum sucré ou une ingestion forcée d'aliment, nous diminuons la faim de l'animal, son rythme d'autostimulation décroît ; à l'inverse, un animal à jeun s'autostimulera davantage. Maintenant, en un autre point de l'hypothalamus latéral, l'observateur déclenche un comportement sexuel ; mais, qu'il soit livré à son seul désir, et l'animal s'autostimule sans plus d'égards pour sa partenaire. La castration diminue la fréquence d'autostimulation, l'injection de testostérone l'augmente. Deux exemples qui montrent que l'état interne influe sur l'intensité du désir. Il est toutefois difficile de dire si le plaisir associé à un acte déterminé diffère selon la nature de celui-ci. Ce serait demander à quelqu'un si le plaisir qu'il a d'un bon repas est différent de celui de faire l'amour. La réponse reflétera probablement davantage ses préjugés et ses habitudes que la nature de ses états internes. Comment comparer un orgasme sexuel et une dégustation d'ortolans ? Il s'agit avant tout de ne pas confondre le plaisir et l'orgasme. Le plaisir qui précède l'orgasme et celui d'être à table ont, en commun, un goût de revenez-y (renforçateur). L'orgasme agit davantage comme un détergent chargé d'annuler le désir. Il y a toutefois une indéniable spécificité des états internes. Celui lié au sexe est sans effet sur le désir lié au comportement alimentaire – le taux d'hormones sexuelles n'influence pas le rythme d'autostimulation dans les sites activateurs du comportement alimentaire. Réciproquement, le taux de substances nutritives dans le sang ne modifie pas l'autostimulation des sites sexuels. Avoir faim n'augmente pas le désir amoureux et un bel orgasme n'a jamais coupé l'appétit.

L'envers du plaisir

L'année 1954, où Olds et Milner décrivaient le phénomène d'autostimulation et les structures nerveuses qui s'y rapportent, Delgado montrait que des stimulations électriques appliquées dans les régions médianes de l'hypothalamus provoquaient la fuite de l'animal [24]. Si la possibilité lui était offerte d'arrêter lui-même la stimulation, le rat apprenait bien vite la manœuvre du levier interrupteur. Le même Delgado, probablement animé de quelque atavisme national, tentait un jour avec succès d'arrêter la charge d'un taureau et provoquait la fuite déconfite du fauve par la stimulation électrique de son hypothalamus médian.

Il existe tout autour du ventricule médian, et plus en arrière dans la substance grise du tronc cérébral, des structures dont la mise en jeu provoque des effets, semble-t-il, opposés à ceux issus des structures latérales. Plaisir et approche pour les unes, aversion et fuite ou évitement pour les autres. Comme dans l'hypothalamus latéral, la plus grande hétérogénéité règne lorsqu'on analyse site par site la variété des comportements déclenchés. En certains points, l'animal interrompt la stimulation, se fige avant de fuir ou se cabre et bondit en tous sens ; en d'autres, il cherche à sauter hors de la cage dans l'intention visible de fuir ou il explose en bonds verticaux. Comportements qui traduisent un état d'aversion que l'animal cherche avant tout à interrompre. Les structures latérales du plaisir et les régions médianes du déplaisir semblent étroitement liées. La stimulation de l'hypothalamus latéral diminue les effets aversifs de la stimulation médiane et, réciproquement, cette dernière freine la fréquence de l'autostimulation latérale.

La chimie du plaisir

Quelles neurohormones interviennent dans la genèse du plaisir ? Quels sont les neurotransmetteurs impliqués dans le phénomène d'autostimulation ? Et ceux-ci peuvent-ils être alors considérés comme les médiateurs chimiques du plaisir ?

Les catécholamines

Nous retrouvons des substances familières : les catécholamines et, parmi elles, première soupçonnée, la noradrénaline. Là où il y a autostimulation passent des fibres contenant de la noradrénaline. Ainsi, l'hypothalamus latéral, zone d'autostimulation, est parcouru de voies noradrénergiques ascendantes. Encourager la libération de noradrénaline par les synapses, à l'aide de cocaïne ou d'amphétamine, par exemple, c'est augmenter le rythme des autostimulations ; freiner sa synthèse grâce à des drogues comme l'a-méthyl-paratyrosine, c'est au contraire arrêter l'autostimulation. Si au lieu d'électrodes de stimulation, on place dans l'hypothalamus latéral du rat une micro-canule reliée à une seringue contenant de l'amphétamine qu'il peut actionner lui-même en appuyant sur un levier, l'animal s'auto-injecte, comme il s'autostimulerait, des micro-doses d'amphétamine. Or cette substance provoque la libération de noradrénaline. Malgré ces indices, beaucoup d'arguments s'opposent à une théorie exclusivement noradrénergique de l'autostimulation.

Roy Wise s'est fait le champion de la dopamine comme support chimique de l'autostimulation ; il n'hésite pas à décerner à cette substance le titre exclusif de neurotransmetteur du plaisir *(figure 45)*. Un des meilleurs arguments en faveur de cette hypothèse est la suppression de l'autostimulation par les neuroleptiques, agents qui, nous l'avons vu, bloquent l'action de la dopamine. Mais n'y a-t-il pas quelque naïveté à remplacer la vieille idée d'un centre du plaisir par celle, tout aussi réductrice, d'une synapse hédonique qui résumerait dans sa fente toute la volupté de l'être. Les territoires d'autostimulation débordent la carte de la dopamine dans le cerveau ; la destruction des neurones à dopamine par la 6-hydroxy-dopamine ne supprime pas l'autostimulation de certains centres, dont, par exemple, les noyaux accumbens.

Les peptides opiacés

Venons-en aux peptides opiacés. Nul ne contestera que l'opium et ses dérivés ont pour vocation première, outre leur vertu dormitive, de donner du plaisir à ceux qui en abusent. D'autant qu'en cette matière il n'est guère d'usage sans abus et que cette pratique ressemble fort à celle de nos rats fanatiques d'autostimulation. La morphine, après un épisode de stupeur transitoire, favorise l'autostimulation. Cet effet facilitateur survient au bout d'une heure, qui est à peu près la latence d'apparition de la période d'euphorie chez l'homme. L'antagoniste de la morphine, la naloxone, bloque cet effet facilitateur et, dans certains cas, l'autostimulation elle-même. Dans la mesure où cette action des opiacés sur l'autostimulation nécessite l'intégrité du système catécholaminergique, on déduit que l'action de ce dernier s'exerce sous le contrôle facilitateur des récepteurs opiacés. C'est, nous l'avons vu, un schéma assez général d'action de ces peptides qui exercent leurs effets modula-

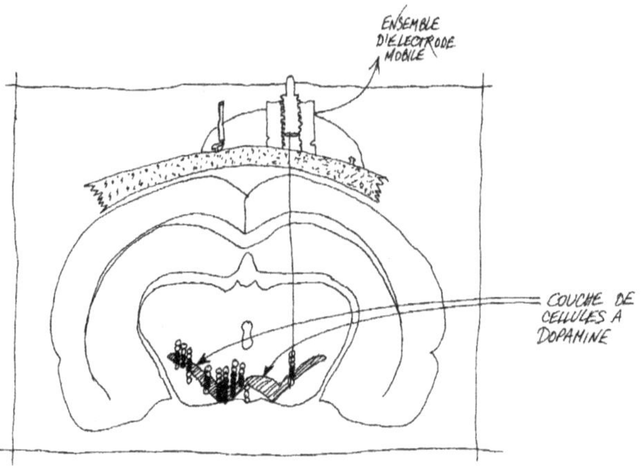

Figure 45. – Coupe frontale d'un cerveau de rat montrant les cellules à dopamine dans la région tegmentale du tronc cérébral. *Le système amovible permettant d'enfoncer dans le cerveau des électrodes de stimulation est représenté en haut ainsi que la série des points successifs qui ont été stimulés au cours de la descente de l'électrode. En bas sont représentés les points de stimulation positifs (qui ont donné un comportement d'autostimulation) – points noirs – et les points négatifs – points blancs. On constate que tous les points positifs sont rassemblés dans la couche des cellules à dopamine. (D'après R.A. Wise, « The Dopamine Synapse and the Notion of " Pleasure Center " in the Brain »,* Trends Neurosci., *1980, p. 91-94.)*

teurs sur d'autres substances médiatrices. Certains ont proposé l'autostimulation comme modèle de toxicomanie. D'une façon un peu simpliste, ne peut-on pas dire que l'animal qui s'autostimule se drogue avec ses propres morphines naturelles ? Mais alors, faut-il conclure que, chaque fois qu'une tendance se manifeste chez nous à rechercher un plaisir de façon trop répétitive, notre cerveau se drogue avec ses propres opiacés ? Drogués le gourmand, l'obsédé du chocolat, de la fesse ou de la course à pied ? L'expérience du rat soumis à un régime de supermarché, c'est-à-dire sollicité par une abondance de mets délicieux et variés, tendrait à le prouver. Le rat mange de façon inconsidérée et bien au-delà de ses besoins. Le blocage des systèmes opiacés par l'injection de naloxone interrompt cette débauche du consommateur [25].

L'interprétation est trop facile pour traduire la complexité des systèmes. Nous savons déjà qu'il n'est pas de plaisir sans déplaisir et qu'un système d'aversion s'oppose aux voies du bonheur. Le GABA et les opiacés jouent un rôle de frein sur ce système, l'acétylcholine l'active au contraire [26].

Finalement, la dopamine, la noradrénaline, les peptides opiacés et le GABA sont trop omniprésents au regard des actes précis où l'on suppose le plaisir investi. Comme à propos du désir, il nous faut définir des fonctions communes du plaisir qui s'exprimeront différemment selon les lieux et circuits sollicités.

Le sens du plaisir

L'intervention de la philosophie se fait ici dangereuse pour la rigueur d'une théorie biologique. Un risque est de succomber à la tentation essentialiste. Différentes interprétations seront proposées, tendant à rester dans le cadre de données objectivables. Elles aboutissent à reconsidérer le plaisir selon les trois dimensions de l'état central fluctuant. La dimension temporelle introduit la notion de processus opposants où apparaît pour la première fois le couple plaisir/souffrance : le cas particulier du toxicomane servira d'illustration.

LE PLAISIR CÉRÉBRAL

L'autostimulation a été pratiquée chez l'homme, mais souvent sans qu'on puisse faire la part de la curiosité dans les motifs qui poussent le sujet à s'autostimuler [27]. Et le plaisir ? Sem-Jacobsen a dressé un bilan des états affectifs obtenus chez l'homme à partir de 2 852 points de stimulation [28]. Il distingue neuf catégories de réponses : bien-être et somnolence, sourire et euphorie, agitation et anxiété, tristesse et dépression, frayeur et cri, ambivalence, dégoût, douleur, sensation orgasmique. Un trait commun à tous ces états est l'imprécision de leur expression verbale. Il n'existe pas non plus de topographie vraiment systématique des points selon la nature de la réponse. On peut, tout au plus, comme chez l'animal, opposer une bande centrale aversive et des régions latérales chargées d'une tonalité agréable.

Nous avons vu la part des catécholamines dans le trafic neuronal au sein de l'hypothalamus latéral. Il n'est donc pas étonnant que des drogues qui agissent sur les catécholamines provoquent des modifications de l'humeur : dépression, perte de l'initiative motrice chez les sujets traités par la réserpine qui gomme les amines biogènes du cerveau, ou, au contraire, éveil et activité mentale accrue après amphétamine ou cocaïne qui mobilisent les catécholamines [29]. Les sujets présentent le plus souvent des désordres pathologiques qui rendent délicate l'interprétation des données. Loin d'apporter un éclairage révélateur sur les fonctions du plaisir, les expériences sur l'homme, toujours entachées d'idéologie, nous paraissent au contraire de nature à pervertir le débat. Revenons donc à nos bêtes, non par réductionnisme honteux, mais par prudence et modestie.

AU CŒUR DES PASSIONS

Le plaisir ! Le plaisir et son contraire nichés au sein d'une étroite zone du cerveau « que la surface d'un ongle suffirait à recouvrir ». Vous vous récriez : encore le coup du siège de l'âme ! Ce n'est plus la glande épiphyse, puits cartésien des esprits animaux, mais l'hypothalamus d'où souffle le plaisir, essence de nos comportements. Aristote, dans *l'Éthique à Nicomaque,* critique la doctrine platonicienne selon laquelle le plaisir naîtrait de la satisfaction d'un besoin et le considère comme un concomitant naturel de l'activité. Adoptant une position aristotélicienne, Panksepp suggère que l'hypothalamus latéral produit l'*impulsion* qui déclenche l'acte. « Le système hypothalamique latéral, écrit-il, est isomorphe aux processus cérébraux qui activent les interactions investigatrices de l'animal avec son environnement. » Il convient de faire des réserves, d'une part, sur l'hypothalamus latéral en tant que « centre », d'autre part, sur le caractère essentiel de sa fonction.

L'hypothalamus latéral est une voie de passage qui met en communication des territoires cérébraux à travers les arborisations du cerveau flou. *Lieu ouvert,* il ne contient aucun des réseaux câblés responsables des comportements. On ne trouvera donc pas dans l'hypothalamus latéral la circuiterie neuronale responsable de l'expression motrice du boire, du manger ou du faire l'amour. Pas plus que cette région du cerveau ne renferme les traces des expériences passées et les cartes cognitives dessinées par l'apprentissage. Ouvert sur l'ensemble du cerveau, l'hypothalamus l'est aussi sur le milieu intérieur grâce à la présence en son sein de récepteurs pour les différentes variables corporelles, température, pression sanguine, taux d'hormones, etc. *Lieu sans lieu,* l'hypothalamus résume, sans l'enfermer dans des centres, les différents composants de l'état central fluctant.

Pour Panksepp, l'hypothalamus latéral est un *goad without goal,* un aiguillon sans but. Une fois tenu par le désir, l'aiguillon active tout comportement. Le choix de celui-ci est fixé par la cible présente dans l'environnement. Les conditions du milieu intérieur étant réunies (hormones, composition du sang, etc.), ce sont la vision et l'odeur d'une femelle consentante qui détermineront l'animal à faire l'amour ou, encore, la présence de nourriture qui déclenchera la prise alimentaire. Lors de la stimulation électrique de l'hypothalamus latéral, les réponses comportementales seront différentes selon la nature du mobile présent. La fonction de l'hypothalamus serait donc une *mise en tension* comportementale dissociée du but. Un des signes les plus spectaculaires de la stimulation électrique de l'hypothalamus latéral chez le rat est un reniflage frénétique. Or, que fait un rat en éveil ? Il renifle. Le rat exprime par les narines sa présence au monde. Plus il renifle, plus est activé son hypothalamus latéral, et plus il tend vers les buts qui lui sont offerts.

L'activité de ce système correspondrait également à ce qu'on désigne sous le terme d'*impatience exploratrice.* C'est elle qui maintiendrait le cerveau en tension par anticipation du but à atteindre. Là encore, les choix et l'orientation du mobile seraient l'œuvre du cerveau câblé : limbes et rappel des expériences passées, nouveau cortex et objets mentaux [30].

L'activité électrique des neurones de l'hypothalamus latéral d'un singe assoiffé s'allume lorsqu'on présente de l'eau à l'animal. Elle s'arrête dès que l'animal se met à boire avant même qu'il ait commencé d'être rassasié. Les neurones s'activent à nouveau quand on écarte l'eau. La fonction de l'hypothalamus latéral serait ici de produire une tension vers le but destiné à l'apaiser.

C'est cette réduction de tension qui aurait valeur renforçatrice lors de l'apprentissage. On comprend que l'autostimulation qui provoque une tension sans mobile réducteur soit insatiable et ne puisse faire l'objet d'un apprentissage par conditionnement secondaire : il n'y a pas de réduction de tension, il n'y aura pas de renforcement. On retrouve ici la théorie de la « réduction de tendance » chère aux psychologues béhavioristes [31]. Malgré les neurones, l'explication reste théorique. Un des risques encourus à batifoler dans l'essence est la confusion des sens. A parler de réduction de tension, on peut, par exemple, confondre l'hypothalamus avec l'appareil psychique freudien. Un animal mis en tension par une autostimulation prolongée présente, à l'arrêt de passage du courant, une activité locomotrice intense interprétée comme *effet de frustration.* On pourrait ainsi multiplier les analogies frauduleuses et pousser jusqu'à l'absurde en assignant au « ça » une localisation hypothalamique.

Et le plaisir dans tout ça ? Si l'on admet qu'il coïncide avec l'activation de l'hypothalamus latéral, on peut établir qu'il naît au moment de la rencontre du désir avec son objet et anticipe donc sur la réduction de tension. A table, comme au lit, le plaisir n'est jamais lié directement à la satisfaction d'un besoin. La satiété faite de lourdeurs d'estomac et de bouffées de chaleur n'est pas un état délicieux. Considérons, par contre, le désir en contemplation devant son objet – le regard qui se pose sur une terrine de foie gras aux ocres ruisselantes de gelée parfumée –, les cartes cognitives dessinées dans le cerveau câblé par des années de gastronomie s'affairent dans un duo complice avec le cerveau flou venu de l'hypothalamus latéral. Le mets en bouche, c'est encore *l'attente* qui se poursuit à travers les autres sens sollicités, récepteurs de la langue et du palais qui maintiennent à distance l'objet du plaisir. Avalé le mets, effacé le désir, le plaisir n'est plus. Comme si la rencontre n'avait d'autre justification que l'attente. Quel amoureux osera dire que son plaisir lui vient de la satisfaction d'un besoin sexuel ? Triste post-coïtum. Songera-t-il à résumer les délices et variations de l'assaut coïtal dans l'orgasme final, dernière station en forme d'explosion d'un chemin de joie plus ou moins escarpé ? Le plaisir amoureux est attente, manœuvres de retardement. Michel Leiris propose pour le traduire une métaphore tauromachique où le plaisir naît de la rencontre toujours possible et toujours différée de la corne du taureau avec la poitrine du torero. C'est le désir qui déploie la muleta devant le regard aveugle du fauve, plaisir ineffable de la charge, corps exposé, esquive et déception. La satisfaction du désir signifierait ici la mort du torero. Pareillement, la « petite mort » offre au désir amoureux un simulacre de satisfaction [32].

On peut échapper à une définition trop essentialiste du plaisir en conférant à ses fonctions la durée et l'étendue. Le modèle de Neal Miller [33], inspiré des conceptions de Lewin [34], postule que tous les comportements – dimensions cognitives comprises – s'inscrivent dans un champ de forces opposées : approche-plaisir, liée à l'hypothalamus latéral, et évitement-aversion, lié aux structures médianes. Les conduites exprimeraient le moment du couple. La durée serait fournie par la faculté d'anticipation, attribut de chacun des deux systèmes.

On évoquera, à propos du couple approche-évitement, la classification établie par Hess des effets de la stimulation électrique de l'intérieur du cerveau *(figure 46)*. Les points de stimulation se répartissent en deux systèmes selon la nature

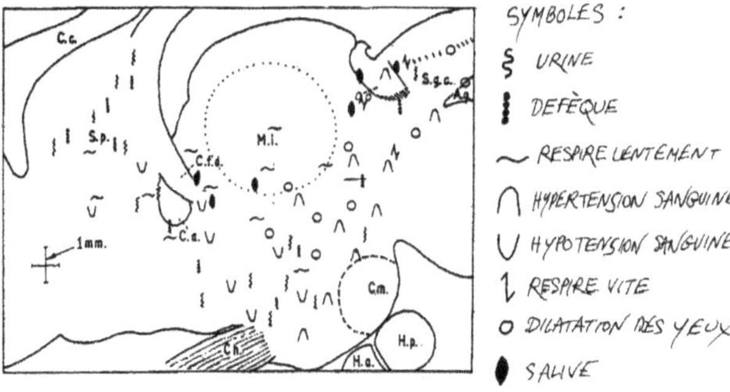

Figure 46. – SECTION PARASAGITTALE D'UN CERVEAU DE CHAT, DESSINÉE PAR HESS, OÙ SONT REPRÉSENTÉES PAR DES SYMBOLES LES RÉPONSES NÉGATIVES OBTENUES PAR STIMULATIONS ÉLECTRIQUES DES DIFFÉRENTS POINTS INDIQUÉS. *(D'après W.R. Hess,* Diencephalon : Autonomic and Extra-pyramidal Functions, *New York, Grune & Stratton, 1954.)*

des réponses. Le *système trophotrope,* qui correspond à l'hypothalamus latéral et antérieur, soutiendrait l'activation du système nerveux parasympathique : chute de la pression artérielle, ralentissement du pouls et de la respiration, salivation, fermeture des pupilles, digestion, défécation, érection et sommeil ; fonctions qui concourent, dans l'ensemble, au repos, à l'assimilation et à la reproduction. Le *système ergotrope,* au contraire, qui correspond aux structures médianes et postérieures, serait responsable de l'activation orthosympathique : accélération du pouls et de la respiration, hypertension, dilatation des pupilles, horripilation, éveil, alerte, peur et colère ; fonctions de dépense, de destruction et d'attaque. Autrement dit, un Bouddha trophotrope et un démon ergotrope cohabiteraient au centre du cerveau. Reconnaissons que Hess se garde bien de tout manichéisme physiologique. Le bien et le mal n'ont pas de localisation cérébrale. Une telle idée est une fantaisie dangereuse qui hante pourtant certains esprits. L'utilisation qui est faite parfois de la neurochirurgie est là pour en témoigner [35]. Nous laisserons également de côté le couple Éros et Thanatos, non pour contester ses vertus théoriques – malgré les mises en garde de Freud : « Je ne saurai dire moi-même dans quelle mesure j'y crois [36] » –, mais pour ne pas succomber aux délices analogiques dont nous avons déjà signalé les méfaits.

Finalement le plaisir n'est rien sans le déplaisir ; c'est donc ce couple antagoniste qu'il nous faut caser dans l'état central fluctuant pour échapper aux « vapeurs de l'essence ».

Le plaisir et l'état central

Nous avons vu dans le chapitre sur le désir que l'état central fluctuant s'exprimait à travers trois dimensions : extracorporelle, corporelle et temporelle. Nous retrouvons ces trois dimensions dans le plaisir.

La *dimension extracorporelle* est représentée par les objets de désir et de dégoût. On ne peut séparer l'attraction ou la répulsion qu'ils exercent sur le sujet des mouvements que celui-ci effectue dans leur direction. Le plaisir ou le déplaisir qui naissent de la rencontre sujet-objet sont indissociables de l'approche ou de l'évitement qu'ils provoquent. Ce pouvoir attractif ou répulsif de l'objet s'affirme grâce au rétrocontrôle que cet objet exerce sur l'action du sujet. On pourra donc parler indifféremment de l'objet de plaisir ou de l'attachement qui le lie au sujet. Un bon exemple est fourni par le lien mère-nourrisson. H.F. et M.K. Harlow ont étudié le comportement de bébés singes élevés au biberon et sans contact avec leur mère naturelle [37]. Le jeune est mis en présence de deux substituts de mère. L'un, formé de grillage nu, est porteur d'un biberon ; l'autre, revêtu de chiffons duveteux, est dépourvu de biberon. On observe que le petit singe passe son temps sur le dernier substitut et ne se rapproche du premier que pendant la brève période nécessaire pour s'alimenter. L'attachement au leurre duveteux, évocateur de la fourrure maternelle, paraît donc être un caractère inné ; le besoin

« primaire » de nourriture ne semble jouer ici aucun rôle dans le choix du substitut. Bowlby a montré que, chez l'enfant, l'attachement à la mère était une conduite programmée dès la naissance et que la distance qui séparait la mère de l'enfant était soumise au rétrocontrôle de l'environnement [38]. Les éthologistes ont multiplié les exemples de stimuli dont la valence affective était déterminée génétiquement. Cela ne veut pas dire pour autant que l'espace extracorporel du sujet soit entièrement programmé. On ne peut nier que des acquisitions secondaires associées à des satisfactions primaires *(étayage)* puissent donner une valence hédonique à des objets et aux conduites d'approche qui les relient au sujet. Il est du reste généralement admis que l'expérience et l'apprentissage affinent, complètent ou corrigent les programmes centraux.

La *dimension corporelle* est représentée par le fonctionnement des organes et la composition du milieu intérieur. Ce couple plaisir/aversion se reflète dans cette dimension par la mise en jeu des systèmes *para*- et *orthosympathique*. Ainsi, le plaisir peut s'accompagner d'un ralentissement du pouls, de la tension artérielle et de la respiration, d'une contraction des pupilles, de salivation (saliver de plaisir) et de sécrétions hormonales diverses, tous signes généraux d'une activité du système parasympathique. Pour Halperin et Pfaff [39], l'activation parasympathique et sa traduction végétative fourniraient donc le substrat organique du plaisir ; conception proche de la théorie de James et Lange, selon laquelle « j'ai du plaisir parce que ma respiration est calme, mon pouls bat lentement et mes viscères fonctionnent au régime tranquille du repos ». L'autostimulation provoquerait du plaisir parce qu'elle ralentirait cœur et poumons et créerait un état parasympathique. Ce débat sur l'origine centrale ou périphérique du plaisir – je suis calme parce que j'ai du plaisir ou j'ai du plaisir parce que je suis calme – ne se pose pas dans le cadre conceptuel de l'état central fluctuant.

La *dimension temporelle* nous ramène au rôle de l'apprentissage dans l'acquisition du stock individuel d'objets de plaisir. Le plaisir et l'aversion s'apprennent. L'histoire naturelle de nos goûts, qui repose sur la connaissance des mécanismes associatifs du conditionnement, déborde le cadre de cet ouvrage. Nous avons vu (p. 206) que l'aversion pouvait naître d'une association de stimuli au cours d'une unique présentation. Il existe d'autres cas, liés à la répétition d'un stimulus renforçateur sans intervention de mécanismes d'association. Ces états affectifs qui ne relèvent ni de programmes centraux innés ni de structures acquises ont été étudiés dans le cadre de la théorie des *processus opposants* développée par Solomon [40]. Un exemple frappant de ces phénomènes est donné par la classique histoire du fou à qui l'on demande pourquoi il s'inflige des coups de marteau sur la tête et qui répond : « C'est si bon quand je m'arrête ! » Autre cas, celui du « jogger » qui se procure un plaisir ineffable au prix d'une torture journalière imposée à ses jambes et à ses poumons. Nous savons que, bien souvent, une jouissance se paie lors de son arrêt par une intense souffrance. Le syndrome de sevrage chez les toxicomanes en est l'exemple particulièrement dramatique. Les contraires cohabitent dans notre vie sentimentale, et tel amant qui supporte de plus en plus mal le bonheur répété dont il jouit auprès de sa maîtresse se délectera du malheur de rompre.

Outre le syndrome de sevrage, on décrit dans le cadre des processus opposants deux phénomènes : le *contraste affectif* et l'*accoutumance* ou habituation affective. Exemple de contraste affectif, l'état de détresse qui apparaît lorsqu'on éloigne brutalement un sujet d'une source de plaisir : objet d'imprégnation chez l'oisillon, objet transitionnel chez l'enfant (la couverture, le nounours...). L'imprégnation est ce curieux phénomène, bien connu chez l'oiseau, qui attache le nouveau-né à un objet en mouvement présenté lors de l'éclosion. Lorsqu'on prive un jeune caneton du mobile auquel il s'est lié par imprégnation, il s'agite et pousse des cris lamentables. L'accoutumance est au contraire la disparition progressive d'un état affectif par répétition du stimulus qui l'a fait naître. Des injections répétées de morphine perdent progressivement leur efficacité et un stimulus douloureux appliqué plusieurs fois finit par n'être plus perçu. Contraste affectif, accoutumance et syndrome de sevrage traduisent l'existence de processus opposants. Tout facteur responsable d'un état affectif donné – plaisant ou déplaisant – semble donc créer parallèlement dans l'organisme un processus de sens inverse. Ce dernier se développe avec une certaine inertie et tendrait progressivement à s'opposer au premier. La résultante des deux facteurs finissant par s'annuler serait à l'origine de l'accoutumance. Le processus opposant est d'autant plus marqué que le facteur affectif est plus intense et sa répétition plus fréquente ; quand ce dernier s'interrompt, seul demeure l'effet opposant sous la forme d'un syndrome de sevrage ou d'abstinence *(figure 47)*.

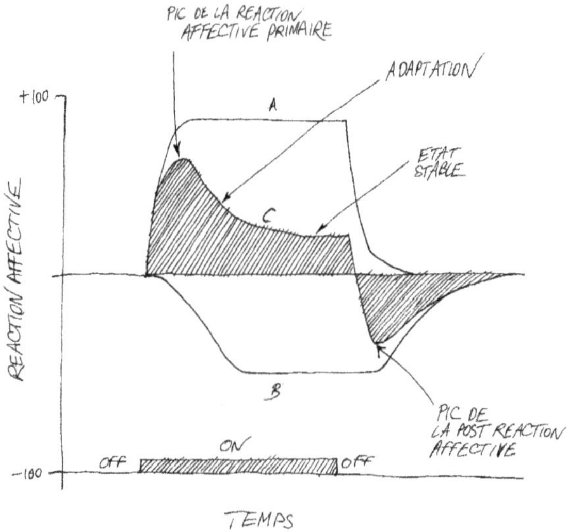

Figure 47. – EXPLICATION SCHÉMATIQUE DE LA THÉORIE DES PROCESSUS OPPOSANTS. *En présence d'un stimulus activateur, il se produit deux types de réaction. A, la réaction primaire se développe dès l'établissement du stimulus et se maintient en plateau jusqu'à l'arrêt de celui-ci. B, la réaction opposante se développe plus progressivement et ne diminue que lentement après l'arrêt du stimulus. La réaction affective C présentée par le sujet représente la somme algébrique des deux réactions A et B.*

Les processus organisés selon le principe de rétroaction négative sont inscrits dans l'organisation anatomique du cerveau. On observera par exemple que l'activation des voies dopaminergiques ascendantes (*cf. figure 37*), support du couple désir/plaisir, entraîne en retour la mise en jeu de voies gabaergiques descendantes qui s'opposent à leur fonctionnement.

L'accoutumance et l'abstinence évoquent immédiatement la « drogue », l'opium et ses dérivés, morphine et héroïne. Pensant aux effets opposants terribles qu'elle provoque, on oublie trop facilement la raison de sa prise, le plaisir. L'opium atteste bien de la parenté négative entre le plaisir et la souffrance. La même drogue qui supprime la douleur fait naître le plaisir.

Le festin du toxicomane

« Jadis, si je me souviens bien, ma vie était un festin où s'ouvraient tous les cœurs, où tous les vins coulaient [41]... » Au banquet du plaisir, le toxicomane n'est pas le seul convive. C'est aussi le destin de chacun de payer le prix du plaisir de souffrances en instance.

Nous ne prétendons pas régler le sort du toxicomane en trois coups de cuillère à pot réductionniste. Il est vrai que, dernier invité, le biologiste, qui a rejoint autour de la table le curé et le gendarme, le moraliste et le trafiquant, parle haut et fort. N'a-t-il pas découvert dans le cerveau des morphines naturelles sécrétées par les neurones, les *endomorphines,* compagnes désormais inévitables d'une exploration scientifique du plaisir ? Margaret Mead disait au cours d'un de ces nombreux comités sur la drogue destinés à soulager l'institution du poids de sa mauvaise conscience : « La vertu, c'est quand vous avez la douleur suivie du plaisir ; le vice, c'est quand vous avez le plaisir suivi par la douleur. » Qu'on lise le témoignage de ceux qui s'occupent de toxicomanes pour apprendre à connaître le combat que se livrent chez le sujet désintoxiqué le souvenir du plaisir et la souffrance du manque ; lutte où se déchire l'état central fluctuant et où est rompu le compromis fragile des processus opposants. Reste la douleur, souffrance qui n'a pas de sens parce que orpheline du plaisir et abandonnée par la morale. Et nous, les « normaux », les non-drogués, d'où vient cette souffrance qui nous surprend parfois au détour de l'activité quotidienne ? Souffrance résurgente qui balance avec le plaisir au fil de notre état central. Un philosophe dirait peut-être qu'elle naît de l'écart irrattrapable entre les réseaux cristallins du cerveau câblé d'où émerge la raison et la nébuleuse des passions traversée par le cerveau flou. Faut-il y chercher, avec Max Scheler, le sens de la souffrance et les fondements de la morale ? Ou laisser au couple plaisir/douleur le soin d'une homéostasie désespérée et préoccupée seulement de survie ?

Nous savons que l'accoutumance à la drogue se traduit par une diminution progressive de ses effets. Elle s'accompagne d'une dépendance qui lie le drogué à sa drogue et exige toujours plus et plus souvent. L'abstinence précipite le sujet dans la douleur la plus intolérable [42]. Certains prétendent que c'est par crainte de cette souffrance que le toxicomane est « accroché ». Il semble qu'en réalité jamais le plaisir ne disparaisse tout à fait au cours de l'accoutumance et reste le moteur principal de la consommation du toxique. Le pharmacologue nous apprend à observer la dépendance, l'accoutumance et l'abstinence sur un morceau d'intestin de cobaye maintenu en survie dans un bain. L'application répétée de dérivés opiacés se traduit par une diminution progressive des réponses contractiles des muscles intestinaux (accoutumance) et l'arrêt entraîne une contraction prolongée (abstinence). Les mécanismes cellulaires et moléculaires peuvent être abordés sur de telles préparations. On reconnaîtra la responsabilité de messagers chimiques à l'intérieur de la cellule : l'AMP cyclique, les prostaglandines, les graisses membranaires. On évoquera également le rôle du calcium intracellulaire dont la concentration augmente au cours de l'accoutumance. Sur des préparations du cerveau, on suspectera l'intervention de certains neurotransmetteurs (acétylcholine, catécholamines) dans le développement de l'accoutumance. Est-il utile de préciser qu'aucun biologiste ne pense sérieusement qu'un morceau d'intestin ou une bouillie de cerveau se comportent face à la drogue comme un animal entier, et à plus forte raison comme une personne ? Le mérite de ces préparations dites *in vitro* – c'est-à-dire réalisées en dehors de l'animal – est de pénétrer dans l'intimité des mécanismes d'action de substances fabriquées par l'organisme ou par les chimistes, d'étudier et de classer les propriétés de leurs récepteurs et finalement de comprendre, sinon le pourquoi, du moins le comment de la douleur et du plaisir.

La biologie traduit cette association du plaisir et de la souffrance ; elle ne l'explique pas mais permet une formulation biochimique des processus opposants envisagés jusqu'ici sur un plan purement formel et théorique. La naloxone, antagoniste de l'action de la morphine, supprime dans certains cas l'accoutumance à la douleur qui fait suite à des stimulations douloureuses répétées, preuve que des morphines endogènes sont à l'œuvre dans le cerveau au cours de l'accoutumance. Les phénomènes opposants sont également repérables lors de l'injection de morphine dans une région du cerveau particulièrement sensible aux opiacés : la substance grise péri-aqueducale. Dans la demi-heure qui suit l'injection, le rat montre une turbulence se manifestant par des bonds verticaux et des signes de détresse qui évoque le syndrome d'abstinence. Une stupeur figée, accompagnée d'analgésie, fait suite à cette agitation. Jacquet pense que deux types de récepteurs étant sollicités tour à tour, leurs effets s'opposent l'un à l'autre. Lors du sevrage morphinique, l'action du groupe de récepteurs aux effets aversifs n'est plus contrecarrée par celle de l'autre groupe. Jusqu'au sein même de la molécule d'endorphine, Mr. Hyde et le Dr Jekyll poursuivent leur affrontement : on a montré récemment qu'un fragment de la molécule de β-endorphine – un des peptides opiacés les plus actifs sur la douleur – s'opposait de façon puissante à l'action analgésiante de la molécule entière. A l'image du plaisir qui contient sa douleur, une molécule qui provoque le plaisir contient son propre antagoniste [43].

La douleur

La douleur a la particularité d'être à la fois affection et sensation. A ce titre, on décrit des récepteurs, des nerfs et des voies dans le système nerveux central spécifiques de la sensation douloureuse. Ces voies nerveuses qui montent dans les étages successifs de la moelle épinière et du cerveau mettent en place à chaque niveau leurs propres systèmes inhibiteurs.

Avoir mal, être mal

A opposer trop symétriquement le plaisir et la douleur, on risque de perdre un aspect fondamental de cette dernière qui la différencie du reste des passions. La douleur ne désigne pas seulement un état affectif, elle est aussi une sensation. A ce titre, elle bénéficie de voies et centres nerveux spécifiques et d'un statut social dont le médecin assure le ministère.

Avant de quitter le plaisir pour la douleur, donnons un exemple qui illustrera la différence. Trois bouteilles de Morandi dressées dénudées sur la toile s'offrent à mon regard. D'où me vient ce plaisir ? De mon cerveau câblé ou de mon cerveau flou ? Des deux. L'homme neuronal et l'homme hormonal se promènent en se tenant par la main dans la salle IV du musée de Bologne. Ils ont grandi ensemble et sont inséparables. Le premier a appris à reconnaître le bien du mal, le beau du laid, mais sans le second il ne sait plus rien. Tel est mon plaisir, produit subtil et vague de mes humeurs et de ma raison. Lorsque, en sortant du musée, mon pied heurte une marche, je sais, par contre, d'où me vient la douleur et quels filets nerveux transportent jusqu'à mon cerveau les signaux de détresse de ma cheville lésée.

Cette différence apparaît aussi dans l'attitude des biologistes face aux deux affections. Alors que la notion de spécificité et de canaux sensoriels sélectifs dirige depuis le XIXe siècle les recherches sur la douleur, l'idée, d'apparition récente, de centres et de voies nerveuses du plaisir est encore difficilement acceptée. Cela explique peut-être la place de l'anatomie et des connexions dans la physiologie de la douleur comparée à l'imprécision des données concernant le plaisir.

Les voies de la douleur

Le monde et mon corps existent bien ; la preuve est qu'ils s'entendent pour me faire souffrir. Il n'est pas de manifestation plus personnelle du réel que la douleur. Rien d'étonnant à ce que, dénonçant son essence affective retenue par la tradition aristotélicienne, les physiologistes, après Descartes, se soient efforcés d'assigner la douleur à résidence dans le corps et d'en démonter les mécanismes. Pour Müller, toute sensation est le produit d'une énergie spécifique transportée jusqu'au cerveau par les nerfs, et la douleur ne serait qu'une exagération du toucher. Von Frey modifie la doctrine en attribuant à la douleur un canal propre qui relie des récepteurs périphériques à des centres nerveux spécialisés. C'est cette conception qui prévaut encore aujourd'hui. Il y a dans la peau, les muscles et les viscères des éléments nerveux dont l'activation donne naissance à une sensation douloureuse. Celle-ci signale au cerveau tout ce qui menace l'intégrité du corps – brûlure, pincement, piqûre, étirement, compression, déchirure, lacération, griffure, dilatation, coupure –, désigné par le terme de *nociception*. La douleur se traduit dans le comportement par des cris et des mouvements de retrait qui éloignent le corps de la source douloureuse. Nous verrons qu'il existe également de multiples actions nerveuses et humorales par lesquelles le sujet agit sur sa propre douleur. En tant que manifestation de l'état central, de ce point de vue la douleur ne se différencie pas du plaisir. Mais, alors que pour ce dernier les entrées sensorielles ont été négligées par les scientifiques au profit du seul aspect affectif, c'est la démarche inverse qui a été adoptée pour la douleur. Réduite à une pure sensation, objet d'un trafic codifié au sein d'un réseau nerveux câblé spécifique, la douleur est restée privée de sentiment jusqu'au travail du groupe de Melzack [44], qui a rendu à la douleur ses trois composantes : *sensorielle, affective* et *cognitive.* La première composante se réfère à notre capacité d'analyser la nature, la localisation, l'intensité et la durée d'un stimulus douloureux. Elle est transportée par les cordons latéraux de la moelle. La seconde composante fait de la douleur l'antidote du plaisir. Elle utilise les régions médianes du tronc cérébral et du cerveau en connexion avec les structures limbiques. Ces zones ont déjà été désignées lorsque nous avons traité de l'aversion-évitement. Des opérations de psychochirurgie, leucotomie frontale ou cingulotomie qui interrompent les circuits limbiques, peuvent, dans certains cas, supprimer ou atténuer cette composante en gommant la tonalité affective désagréable et en créant une véritable *asymbolie* de la douleur. Une dernière composante est dite cognitive et évaluatrice. C'est elle qui est impliquée dans les phénomènes d'anticipation, d'attention, de suggestion, d'hypnose et d'expérience antérieure – la douleur en tant que mode et objet de connaissance. Le néo-cortex est ici à l'œuvre.

« Est-ce que ça vous chatouille ou est-ce que ça vous grattouille ? » Malgré sa dimension pataphysique, l'interrogation knockienne n'est pas sans réponse. Les qualités physiques de la douleur peuvent être décrites grâce à un vocabulaire relativement précis : nature, étendue parfois différente de celle de l'agent causal, douleurs irradiées, projetées, et durée brève, aiguë, suivie parfois d'une douleur secondaire plus sourde ou chronique.

Douleur-sensation, donc obéissant à des lois qu'étudie la psychophysique avec un *seuil* en dessous duquel elle n'existe pas (43 °C par exemple, température au-delà de laquelle la sensation de chaud change brusquement de nature et devient brûlure) et une *intensité* proportionnelle à la force du stimulus. Douleur-mystère, ou comment, par quelques fibres nerveuses griffonnées sous la peau et dans l'intérieur des viscères, l'alerte est donnée au corps de sa lésion. Quelqu'un se plaignait que Dieu, bricoleur sadique, eût fait la douleur douloureuse. Qu'a besoin ce signal pour signaler d'être en même temps désagréable ? La douleur-sensation ne serait-elle qu'un prétexte à la douleur-passion, celle qui s'oppose au plaisir dont elle joue les faire-valoir ?

Les *récepteurs* de la douleur sont connus et répertoriés. Leur structure ne peut être plus simple : des terminaisons nerveuses libres et de fin calibre. Les unes, enveloppées d'une gaine d'isolant graisseux, la myéline, recueillent les stimulations mécaniques et sont généralement spécifiques d'un mode de douleur (fibres A 4). Les autres, plus fines et dénudées (fibres C), sont sensibles à plusieurs modes, mais elles sont plus grossières dans la détection qualitative du stimulus et plus lentes dans la transmission des signaux. On ne sait comment ces récepteurs sont activés. Déjà, à la périphérie, l'humoral se mêle au neuronal. En même temps qu'il est activé par l'agent nocif, le récepteur est influencé par des substances, véritables hormones locales, libérées par des rameaux nerveux voisins ou par des cellules sanguines : histamine, prostaglandines, peptides, bradykinine ou substance P. Cette dernière est le neurotransmetteur qui transmet l'influx douloureux au niveau de la moelle épinière. Elle est également présente à l'origine périphérique du nerf, où son action locale dilate les vaisseaux et renforce l'excitabilité des terminaisons nerveuses. Tout ce remue-ménage dans une région de la peau ou des viscères préfigure les interactions neurohormonales du système nerveux central. Ces événements périphériques sont liés à des phénomènes psychophysiques, telles l'irradiation et la sensibilisation de la douleur. Le système nerveux sympathique exerce également son influence sur les récepteurs de la douleur qui sont sensibles à l'action de l'adrénaline. Leriche avait même proposé d'interrompre le système pour calmer certaines douleurs. Le cerveau et l'état central sont donc capables d'agir sur la douleur au niveau même de sa source.

Évoquer les voies de la douleur, c'est un peu comme suivre une description d'itinéraire dans un guide de voyage : rien de plus fastidieux et confus si l'on n'est pas sur place. Annonçons les étapes : la moelle épinière, le tronc cérébral, le thalamus et le cortex.

Départ, la périphérie : peau, viscères et muscles. Il n'est pas de région du corps qui ne soit équipée de quelques récepteurs à la douleur : certains sites sont plus connus que d'autres, comme la pulpe dentaire réputée pour ses douleurs exquises, ou les articulations pour leurs spécialités rhumatismales.

Trajet par les troncs communs des nerfs : les fibres de la douleur gagnent le tronc cérébral et la moelle épinière par les nerfs crâniens et les racines dorsales. Celles-ci, groupées en paires symétriques, droite et gauche, recueillent les sensibilités de territoires du corps découpés en bandes étagées *(figure 48)*. Les cellules des fibres de la douleur, comme tous les neurones sensitifs, sont situées en dérivation du trajet dans les ganglions rachidiens, sortes de tubercules qui scandent les étages successifs de la moelle.

Première étape : la *moelle épinière*. A chaque étage, les fibres de la douleur, entrées par-derrière, font relais dans la corne postérieure avec le deuxième neurone. Premier relais, premier contrôle. Le message douloureux ne passe pas sans perturbation du premier neurone au suivant. Les informations périphériques qui se bousculent à l'entrée de la moelle et celles venues des centres supérieurs du cerveau concourent à modifier le message douloureux lors du franchissement de l'étape médullaire. Des petits neurones – les interneurones – trient et répartissent ces influences diverses. Nous reviendrons sur les agents chimiques utilisés dans ces transactions et retiendrons que le message principal est transmis du premier au second neurone à l'aide de la substance P. Le second neurone grimpe alors dans la moelle après avoir changé de côté. Déjà apparaît une séparation entre le domaine de la sensation et celui du sentiment : d'une part, les fibres sensitives allant directement vers le thalamus latéral, et, de l'autre, les fibres menant aux structures affectives médianes du tronc cérébral et du thalamus. La stimulation du faisceau latéral de fibres ascendantes provoque une douleur venant du côté opposé du corps, leur destruction au contraire supprime la douleur centrolatérale.

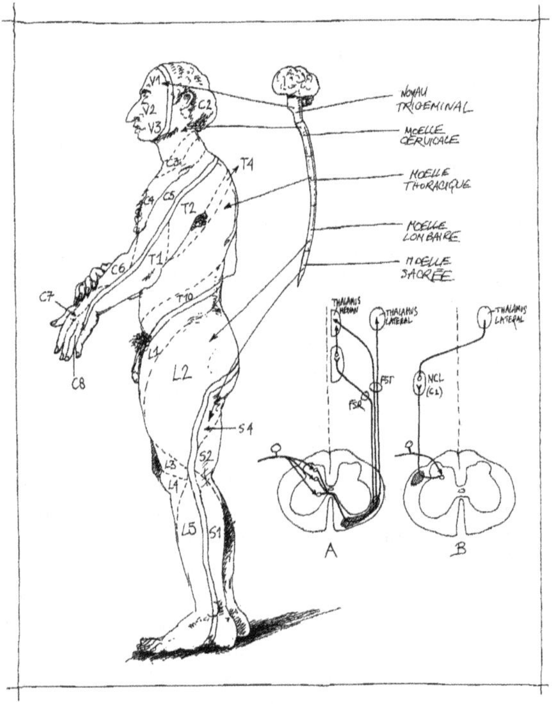

Figure 48. – A GAUCHE, ON A REPRÉSENTÉ LA DISPOSITION EN BANDES DES DIFFÉRENTES RÉGIONS DE LA SURFACE DU CORPS DONT LA SENSIBILITÉ PARVIENT AUX ÉTAGES CORRESPONDANTS DE LA MOELLE ÉPINIÈRE QUI A ÉTÉ DESSINÉE SÉPARÉMENT. A DROITE, LES VOIES DE LA DOULEUR DANS LA MOELLE ÉPINIÈRE. *En A, faisceau spinoréticulaire (FSR) et faisceau spinothalamique (FST) cheminant dans le cordon antérolatéral. En B, faisceau spinocervicothalamique cheminant dans le cordon dorsolatéral et relayant dans le noyau cervical latéral (NCL). (D'après J.M. Besson* et al., « *Physiologie de la nociception* », J. Physiol., Paris, 78, 1982, p. 7-107.)

Deuxième étape, les structures profondes du cerveau : le *thalamus* et le *tronc cérébral.* Lors de la traversée de ce dernier, les voies de la douleur abandonnent des terminaisons qui contribuent à l'élaboration de circuits neuronaux complexes. Plus on s'élève dans l'axe central, plus la séparation se fait nette entre les processus affectifs et sensoridiscriminatifs. Dans le thalamus latéral, la douleur emprunte son troisième neurone, celui qui conduit au cortex. Les neurochirurgiens se sont autrefois acharnés sur le thalamus pour tenter d'interrompre des douleurs rebelles. Il est vrai que le rôle du thalamus dans la douleur est connu depuis le XIXe siècle grâce à la description anatomique du faisceau spinothalamique et au rapprochement établi entre un syndrome douloureux décrit par Dejerine et des lésions thalamiques. Dès qu'il fut possible d'atteindre chirurgicalement une structure précise du cerveau par la stéréotaxie, les neurochirurgiens partirent à la recherche « du » noyau dont la destruction soulagerait le malade. Comme le rapporte Besson [45], cette tentative, entreprise sur des bases empiriques, aboutit à bien des désillusions. Nombreux furent les neurochirurgiens qui abandonnèrent cette approche au vu de résultats décevants, voire catastrophiques, la douleur réapparaissant exacerbée après un délai de quelques semaines ou de quelques mois.

Quant au *cortex,* on sait que sa stimulation électrique n'est pas douloureuse. Il existe pourtant des neurones corticaux spécialisés dans la nociception qui montrent qu'il participe à l'élaboration de la sensation douloureuse. Mais, à ce niveau, la séparation entre l'affectif et le sensoriel devient difficile. Il n'est pas plus raisonnable, d'ailleurs, de laisser au seul cortex le soin d'une douleur raisonneuse et faiseuse de cognitif.

« Sois sage, ô ma douleur... »

« ... et tiens-toi plus tranquille. » Tout concourt à calmer la douleur, y compris la douleur elle-même, qui, dans son trajet, rencontre des obstacles et des repentirs chargés de l'atténuer et de la canaliser. Au niveau de la moelle épinière d'abord, où les fibres de la douleur s'achèvent au milieu d'un imbroglio de neurones locaux dont certains ont pour action d'inhiber le passage du message douloureux. Ces interneurones inhibiteurs peuvent être activés par des influx provenant des fibres de gros diamètre qui transportent les modalités sensitives autres que la douleur. La mise en jeu de ces fibres peut donc bloquer temporairement le passage de l'influx douloureux au niveau de la moelle. Ainsi s'explique l'effet analgésiant de stimulations électriques périphériques pratiquées soit au niveau de la zone douloureuse, soit au niveau de racines postérieures. On utilise ce moyen thérapeutique pour calmer des douleurs rebelles [46].

Lors de leur traversée du tronc cérébral, les voies de la douleur activent des structures nerveuses d'où partent des voies qui descendent vers les étages inférieurs de la moelle. Le rôle exact de ces structures est discuté. L'opinion la plus répandue est qu'elles ont une fonction analgésiante et inhibent, par l'intermédiaire de neurones locaux, le passage de l'information douloureuse au niveau du relais spinal. Il s'agit d'un *rétrocontrôle inhibiteur diffus descendant* que toute stimulation douloureuse peut mettre en jeu. Chez un rat, des stimulations aussi diverses qu'un pincement ou une immersion de la queue dans l'eau chaude, une injection douloureuse dans les viscères ou un pincement du museau inhibent la réponse d'un neurone médullaire nociceptif à la stimulation électrique douloureuse d'une patte. Une autre hypothèse est que ces voies descendantes ont pour mission de faire taire le vacarme créé par les messages de tous ordres qui se pressent à l'étage médullaire ; l'inhibition porte sur les signaux qui ne transportent pas la douleur. En atténuant le bruit de fond, elle accentue le contraste et la netteté du message douloureux [47].

La stimulation électrique de régions médianes et périventriculaires du tronc cérébral – substance grise périaqueducale et noyaux du raphé – induit chez l'animal une analgésie. Rappelons que la stimulation électrique de ces régions (voir p. 225) provoque chez l'animal des réactions de fuite et un état d'aversion. Il est, dès lors, bien difficile de faire la part, au sein de l'état central perturbé, de l'analgésie et du bouleversement émotionnel. Pour un schéma trop simpliste – la douleur inhibe la douleur –, que de résultats expérimentaux contradictoires ! Machines célibataires encore, fonctionnant pour le plaisir solitaire du scientifique : un neurone excitateur excitera un neurone inhibiteur qui inhibera un neurone inhibiteur, lequel laissera s'exciter un neurone descendant qui, à son tour, excitera un neurone inhibiteur qui, dans la moelle, freinera le message de la douleur, d'un neurone interrompant le passage à l'autre neurone *(figure 49)*. Ce schéma « simplifié » explique pourquoi, lorsqu'on stimule son tronc cérébral, le rat ne sent plus le pinçon qu'on inflige en même temps à sa queue. Il est vrai que, si on lui en laissait la possibilité, le rat choisirait sans doute, de toute façon, d'aller jouer ailleurs ! De nouvelles études faites sur des animaux libres de leurs mouvements ont toutefois démontré clairement la présence de zones analgésiantes dans le tronc du cerveau.

En résumé, nous retiendrons qu'il existe dans la moelle épinière et, plus haut, dans le tronc cérébral, des structures nerveuses qui sont capables d'exercer un frein sur la douleur. La découverte des endomorphines est venue éclairer, sans l'expliquer totalement, cette action du système nerveux.

Chimie de la douleur

La découverte de morphines endogènes sécrétées par le cerveau a-t-elle changé la connaissance que nous avions de la douleur ? Après avoir rappelé l'histoire de cette découverte, nous étudierons leurs modes d'action et leur intervention dans certains phénomènes paradoxaux.

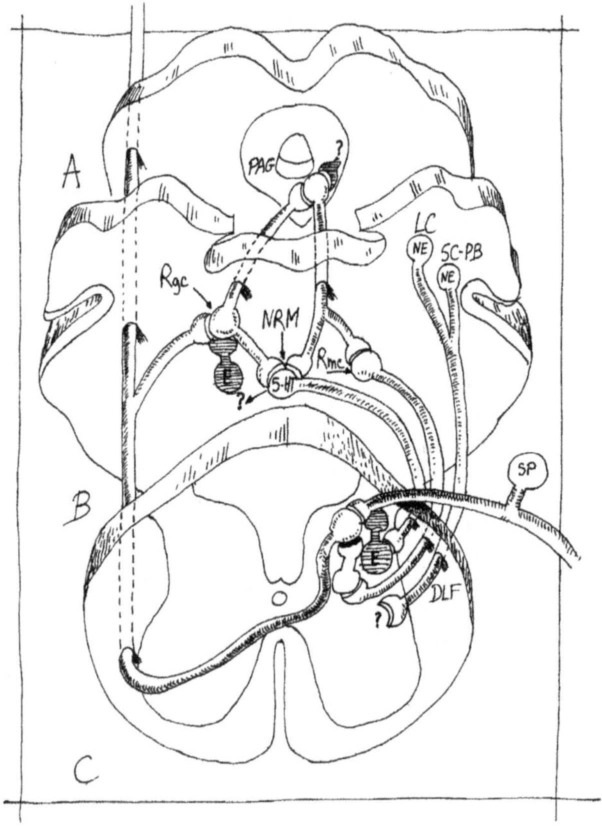

Figure 49. – L'EFFET ANALGÉSIANT DES STIMULATIONS ÉLECTRIQUES DU TRONC CÉRÉBRAL ET L'ACTION « AUTOANALGÉSIANTE » DES MESSAGES DOULOUREUX. *(D'après A.I. Basbaum et H.L. Fields, « Endogenous, Pain Control Mechanisms : Review and Hypothesis »,* Ann. Neurol., *4, 1978, p. 451-452.)* En A, la stimulation électrique de la substance grise péri-aqueducale (PAG) et des micro-injections de faibles doses de morphine à ce niveau induisent des effets analgésiques puissants. En B, au niveau bulbaire, le noyau raphé magnus (NRM) et le noyau réticulaire magno-cellulaire (Rmc), riches en corps cellulaires sérotoninergiques,

UNE AFFAIRE DE DROGUE

« Notre cerveau est un pavot qui fleurit d'un blanc coquelicot et sécrète un opium pour calmer nos douleurs. » La découverte de cette propriété qu'a le cerveau de fabriquer lui-même son propre opium est une belle histoire de science. A la fin des années 60, on disposait, pour calmer la douleur, de plusieurs dizaines de produits de synthèse imitant l'action de la morphine et autres opiacés, avec tous les inconvénients qu'on leur connaît, dont l'accoutumance. On savait aussi préparer un antagoniste puissant, capable de bloquer les effets des opiacés : la naloxone, qui devait s'avérer par la suite un merveilleux outil de recherche. Entre 1968 et 1972, un groupe de chercheurs observait que la stimulation électrique, chez le rat ou le chat, des régions périventriculaires du tronc cérébral supprimait la douleur [48]. Cette stimulation analgésiante entraînait, comme les opiacés, une accoutumance. Chez un animal déjà accoutumé à la morphine, la stimulation électrique était sans effet ; réciproquement, la répétition des stimulations électriques ren-

reçoivent des messages excitateurs en provenance de la PAG et envoient des efférences vers la moelle, en empruntant le faisceau dorsolatéral. En C, la mise en jeu des fibres issues du NRM et du Rmc provoque des effets inhibiteurs sur les neurones nociceptifs localisés dans les couches I et V de la corne dorsale. Ces neurones, qui reçoivent des messages véhiculés par les fibres de petit diamètre qui contiennent de la substance P, se projettent vers les centres supraspinaux, activant indirectement les structures à l'origine des systèmes descendants (PAG-NRM) par l'intermédiaire du noyau gigantocellulaire (Rgc) ; l'ensemble du système réalise ainsi une boucle de rétroaction négative. Des interneurones enképhalinergiques (E) sont présents aux niveaux médullaire, bulbaire et mésencéphalique. Par ailleurs, certaines données indiquent que les neurones noradrénergiques (NE) du locus cœruleus (LC) chez le rat et du noyau subcœruleus parabrachialis chez le chat (SC-PB) sont également impliqués dans les systèmes modulateurs. (Commentaires d'après J.M. Besson, *op. cit.* figure 48.)

dait la morphine inefficace. De ces travaux, il ressortait que les stimulations électriques du tronc cérébral et l'administration de morphine avaient des effets comparables qui pouvaient se cumuler et développer une accoutumance croisée ; leurs mécanismes nerveux étaient donc vraisemblablement les mêmes. Dans le même temps, on montrait que la morphine se liait dans le système nerveux à des récepteurs spécifiques. S'il existait dans le cerveau des récepteurs capables de lier des substances d'origine végétale ou synthétique, on était en droit d'y soupçonner l'existence de substances endogènes reconnaissant ces mêmes récepteurs. En 1974, Hugues et Kosterlitz extrayaient du cerveau un facteur pouvant se fixer sur les récepteurs de la morphine : l'*enképhaline.* L'isolement d'autres substances de même nature peptidique (peptides dits opiacés ou morphiniques), avec une séquence identique de quatre aminoacides et la propriété de se lier aux mêmes récepteurs que la morphine, suivit bientôt. Cette découverte rejoignait celle des effets analgésiants de la stimulation électrique du cerveau et permettait de conclure que celle-ci mettait en jeu un système de morphines endogènes, les *endomorphines.*

On connaît aujourd'hui plus de quinze endomorphines *(annexe 5)*. Elles se répartissent en trois familles : les enképhalines, les endorphines et les dynorphines, chaque famille ayant à sa tête un précurseur commun à chacun de ses membres. L'immunologie couplée à la chimie et à l'histologie permet de localiser ces différentes substances dans les corps et fibres neuronales, de doser leur concentration dans les structures nerveuses et de mesurer leur libération. On peut aussi identifier quatre classes de récepteurs selon leur affinité pour les différents dérivés opiacés. Devant la masse importante des documents et leur caractère souvent contradictoire, nous devrons nous limiter à quelques généralités.

Les endomorphines ne sont pas l'apanage des voies de la douleur. Elles interviennent dans la physiologie de la circulation, de la thermorégulation et de la digestion, dans la sécrétion des hormones et dans la motricité. La douleur est ici l'arbre qui cache la forêt.

Les endomorphines sont dispersées dans le cerveau et la moelle épinière, mais différemment situées selon leur nature. La *β-endorphine,* qui vient exclusivement de l'hypothalamus, voyage loin et, grâce à des axones longs, descend dans le tronc cérébral et la moelle ; le neurone à β-endorphine est un arbre aux longues branches. Les *enképhalines* et les *dynorphines* restent au contraire étroitement localisées, leurs neurones sont des buissons à courts rameaux. Notons que les récepteurs ne sont pas exclusivement localisés au niveau des synapses mais sont diffus, ce qui laisse pressentir une activité de type hormonal parallèlement à leur rôle de neurotransmetteurs.

La parenté des endomorphines avec la morphine – parenté de structure spatiale reconnue par le récepteur de cette dernière, plutôt que parenté dans leur formule chimique – explique leur action analgésiante. Un premier niveau d'intervention pourrait se situer au niveau de la moelle épinière. Jessel et Iversen ont étudié la libération de substance P, messagère de la douleur, sur des tranches de moelle maintenues en survie. Ils ont observé que l'addition d'enképhaline au liquide de perfusion entraînait une diminution de la sécrétion de substance P. Il s'agirait d'une inhibition dite présynaptique, l'enképhaline bloquant la libération du médiateur à la sortie du premier neurone nociceptif. Mais d'autres interventions sont possibles, les neurones à enképhaline de la moelle épinière peuvent également agir au niveau du deuxième neurone nociceptif – effet postsynaptique – en diminuant son activité. Veut-on une preuve supplémentaire de la complexité de ce système, il suffit de considérer les effets de l'administration de naloxone. Cette substance bloquant l'action des opiacés, on pourrait s'attendre, s'il existait un frein permanent exercé par les endomorphines sur les voies de la douleur, à ce que la naloxone produise une hyperalgésie. Or l'inverse se produit parfois. Il existe une explication ingénieuse à ce paradoxe : les neurones à enképhaline posséderaient des autorécepteurs inhibiteurs et l'enképhaline libérée agirait sur ceux-ci en freinant sa propre libération ; la naloxone, en bloquant en priorité les autorécepteurs, favoriserait la libération d'enképhaline.

Ces neurones médullaires à enképhaline sont probablement les intermédiaires par lesquels les voies descendantes exercent leur action inhibitrice sur la douleur. Plusieurs candidats neurotransmetteurs sont soupçonnés dans ces voies inhibitrices : avant tout la sérotonine, qui cohabite peut-être avec la substance P dans une même fibre descendante. Notons ce trait, maintes fois observé, de l'action d'un peptide qui participe à la fois à la transmission du message et à son inhibition.

Dans cette organisation, il est bien difficile de faire la part du câblé et de l'hormonal. Que penser, par exemple, de l'analgésie induite par le stress ? Nous verrons plus loin les multiples moyens de produire un stress chez l'animal, parmi lesquels la stimulation électrique des pattes. De telles agressions s'accompagnent, chez le rat, d'une analgésie prolongée qu'on peut rapprocher de l'insensibilité à la douleur observée chez certains combattants blessés. On retrouve là, conjuguées, les actions hormonales périphériques qui s'exercent par l'intermédiaire du sang, et les actions nerveuses centrales qui les doublent : à la sécrétion périphérique d'endomorphines par l'hypophyse et la glande surrénale, répond, au cours du stress, la sécrétion d'endomorphines par le cerveau. Il est possible d'induire une analgésie réflexe conditionnée au stress, ce qui confirme bien la participation du système nerveux. On l'a vu, un rat devient insensible à d'autres stimuli douloureux lorsqu'il reçoit une décharge électrique du sol. Mais, replacé sur le même sol non électrifié, le rat restera insensible à la douleur. Un phénomène comparable se produit sous l'effet de certaines substances, dites *placebo*, sans action propre autre que la suggestion. Le blocage par la naloxone de ces effets indiquerait qu'ils mettent en jeu des endomorphines cérébrales. Lesquelles, notons-le au passage, pourraient fournir une explication plausible de l'efficacité de l'acupuncture sur la douleur.

Un rappel à quelque prudence n'est pas inutile dans le claironnement de la geste endomorphinique. Ces substances sont tellement présentes, redondantes, multiples et contradictoires de la pointe des moustaches au bout de la queue du rat qu'il est loisible de leur trouver un rôle dans tout circuit explicatif d'une fonction du cerveau. Pour un chercheur qui observe une élévation du taux d'enképhaline dans une structure au cours d'une situation expérimentale, deux trouvent un abaissement. Ce ne sont ni les techniques ni l'honnêteté des scientifiques qui sont en cause mais l'impossibilité de maîtriser tous les paramètres expérimentaux. De cette proclamation de confusion, il ne faudrait pas conclure à l'incertitude généralisée. Les modèles expérimentaux se perfectionnent constamment. Dans le cerveau, des méthodes immunologiques plus précises et des mesures de libération confirment l'intervention des endomorphines au cours des processus douloureux aigus ou chroniques. Des situations expérimentales proches de la physiologie ou de la pathologie ont été récemment créées chez l'animal. Des rats rendus arthritiques par l'injection d'adjuvant de Freund à la base de la queue constituent un bon moyen d'étude de la douleur au long cours, celle qui, finalement, intéresse la médecine. La moelle de ces rats contient un excès d'enképhalines qui ne sont plus libérées et dont les récepteurs, n'étant plus sollicités, deviennent hypersensibles. Des progrès dans la lutte contre la douleur sont ainsi rendus possibles, qui évitent la fatale sanction de l'accoutumance. Une des réussites les plus spectaculaires de ces dernières années a été la mise au point par des chercheurs français de médicaments qui s'opposent à la dégradation des endomorphines en bloquant l'action des enzymes qui normalement les détruisent. Les endomorphines qui ne sont plus détruites prolongent et amplifient en s'accumulant leur action analgésiante. Le principe thérapeutique devient simple : au lieu de donner au sujet des opiacés, objet de dépendance et d'accoutumance, on augmente le taux de ses propres morphines en empêchant leur destruction [49].

La douleur-passion

La sensation fait oublier la passion qui s'attache à la douleur. Celle-ci fait partie intégrante de la personne en tant que manifestation de l'état central fluctuant.

CONNAISSANCE DE LA DOULEUR

A ne parler de la douleur qu'au travers de réseaux de voies nerveuses et sous la forme d'une sensation spécifique, nous oublions une part de notre propos, qui est de parler d'elle dans le cadre des sentiments et des passions.

Déjà au niveau des structures médianes du tronc cérébral ou du thalamus, la douleur se perd au sein de l'aversion. Que les endomorphines soient plus souvent neurohormones que neurotransmetteurs nous aide à noyer la douleur dans les marais des humeurs. On ne peut, sans tomber dans les généralités gâteuses, suivre la piste biologique pour passer de la douleur physique à la douleur morale. La sensation douloureuse n'est qu'une composante particulière de l'aversion en tant que manifestation générale de l'état central fluctuant. La douleur jouerait vis-à-vis de l'aversion le rôle primaire qu'auraient certaines expériences de satisfaction vis-à-vis du plaisir. Au même titre, les relations que la douleur entretient avec les fonctions cognitives passent par la dialectique du flou et du câblé déjà si souvent évoquée. Des expériences de psychophysique montrent de façon un peu caricaturale l'intervention de la connaissance dans la perception de la douleur : par exemple, un stimulus douloureux sera perçu moins fort si sa décharge est précédée d'un signal lumineux annonciateur.

Les situations offertes par la vie sont autrement complexes. Il n'est pas de perception douloureuse qui soit pure et dépourvue de contingence historique. Toute douleur est perçue en fonction de ce qui l'entoure – espaces corporel et extracorporel – et de ce qui la précède, parfois très loin dans le passé – espace temporel. La douleur offre la possibilité exemplaire de suivre à travers des voies nerveuses la transformation progressive d'une sensation en affection. Dès l'entrée dans la moelle, en effet, la douleur se heurte aux flots descendants des informations venues du cerveau, qui la modulent en atténuant ou clarifiant le message. Au niveau des structures cérébrales, le message douloureux se mêle aux ensembles neuronaux responsables des processus généraux d'aversion et devient partie intégrante des systèmes désirants. S'il existe encore des voies spécifiques de la douleur qui font relais dans le thalamus ventrobasal vers le cortex somesthésique, celles-ci ne sont plus qu'une fraction parfois négligeable du devenir de la douleur, qui désormais navigue entre limbes et hémisphères.

Du bon usage de la douleur

La douleur est utile, elle est signal d'un désordre quelque part dans le corps ou d'une injure subie qu'il convient de faire cesser et de réparer. Les vétérinaires le savent bien, qui hésitent à appareiller certaines fractures, laissant à la douleur le soin d'immobiliser l'animal plus rigoureusement que ne le ferait une attelle.

Il reste que la douleur, en tant qu'élément du vécu, tient une place essentielle dans la définition du corps. Elle signifie la rencontre des espaces corporel et extracorporel dans laquelle, selon l'expression de Bergson, « l'objet à percevoir coïncide avec notre corps ».

La signification métaphysique et morale de la douleur fonde le monde chrétien : ce sera la seule allusion à une Passion dont la biologie nous échappe. Ce n'est pas le moindre paradoxe que la douleur emprunte les voies rassurantes des trajets nerveux et des relais de la moelle dans le même instant où elle traduit l'impuissance et le destin tragique de l'homme.

Prendre le parti du plaisir contre celui de la douleur. Il est vrai que Spinoza considère la douleur comme la plus médiocre des passions. La douleur dit : passe et finis ! – mais toute joie veut l'éternité, chante le héros nietzschéen. Les processus opposants sont là pour nous rappeler qu'au cours de la fête s'accumulent déchets et papiers gras.

Le sacrifice, sens ultime de la douleur, allume des bûchers, arme des bombes et crucifie les dieux. Cette souffrance est-elle l'inévitable résultat de notre développement cérébral ? Si la présence d'un cerveau flou et baigné d'humeurs contraignantes nous impose un choix entre l'arbre du plaisir et celui de la douleur, pourquoi ne pas choisir le premier avec Pascal, Luther et Montaigne pour compagnons ? Choix toujours compromis par les processus opposants, choix négocié, choix du courage ou de la grâce.

CHAPITRE X

La faim et la soif

Le créateur, en obligeant l'homme à manger pour vivre, l'y invite par appétit, et l'en récompense par le plaisir.

BRILLAT-SAVARIN, *Physiologie du goût.*

La faim et la soif sont les plus élémentaires des passions : elles ont pour objet le corps, dont elles assurent la maintenance. Avant d'étudier la faim, il convient donc de rappeler les grands phénomènes métaboliques qui régissent le fonctionnement du corps.

Il peut paraître inconvenant de mettre la faim et la soif au rang des passions. Passe encore de mourir d'amour ou de haine, c'est une noble façon d'achever une destinée, mais mourir de faim ou de soif autrement qu'accablé par la misère ou perdu dans un désert, voilà qui n'incite guère à la dramaturgie. Probablement trop bien nourris, les philosophes ont généralement omis de parler d'une situation qui contient pourtant tous les ingrédients d'une passion. Dans l'acception tragique d'abord, est-il plus bel exemple d'individu passionné que ce gros bonhomme rubicond qui signe son apoplexie prochaine par l'ingurgitation forcenée de petit salé aux lentilles, ou que cet autre qui s'achemine vers la démence à grandes rasades d'une boisson anisée, conçue, paraît-il, pour calmer la soif ?

Mais les passions ont une définition plus générale. Expression d'un état central fluctuant, elles règlent les rapports de l'être avec le monde ; ayant pour dénominateur commun le désir et le couple plaisir/aversion, elles assurent la gestion de la vie et la survie de l'espèce. A ce titre, la faim est la plus exemplaire des passions. L'objet de cette passion ? *Nous-mêmes* ou, plus exactement, notre corps, dont il s'agit d'assurer la croissance puis la maintenance par la fourniture régulière d'aliments : notre corps constitué de 70 % d'eau dont il faut compenser la fuite continue, de viandes qui se dégradent, de sucres qui brûlent et de graisses qui assurent les réserves. Ces graisses ou lipides constituent d'ailleurs l'objet privilégié de la passion-faim. Les régulations qui assurent la constance du bilan d'énergie s'exercent principalement sur les graisses. Ce qu'on appelle, avec un certain mépris, la masse adipeuse est la véritable part animée de notre poids. Le poids constant d'un individu est assuré par la constance d'un tas de graisse. C'est aussi la répartition de la masse adipeuse qui dessine les formes aimables de la femme. Il est vrai que celle-ci suit les fluctuations de la mode. Gavée de loukoums ou torturée de carottes râpées, la femme impose à sa masse adipeuse des violations répétées des principes homéostasiques.

La faim est la première des passions. Elle anime le nourrisson et le précipite vers le sein de sa mère. On ne saura jamais si le premier sentiment qu'exprime un nouveau-né par son cri est la douleur d'être au monde ou l'impatience de son premier déjeuner, mais on ne peut mettre en doute qu'existent, dès la naissance, des mécanismes neurophysiologiques innés, capables de déclencher la faim et de l'arrêter de façon adaptée à couvrir les besoins de l'individu.

Dans la faim, nous retrouvons les trois dimensions de l'état central fluctuant : le corps, le monde et le temps. L'espace corporel de la faim est animé par les matières énergétiques, sucres, graisses et protéines, les produits du métabolisme cellulaire et les hormones – insuline et glucagon – qui règlent ce métabolisme. Le cerveau, grâce à des récepteurs privilégiés et à des sécrétions endogènes, offre une représentation permanente du drame biologique qui s'accomplit dans le reste du corps. L'espace extracorporel ou sensorimoteur est le monde qui se mange : c'est-à-dire les aliments dont la représentation sensorielle est fonction de l'espèce, de l'état interne et de l'histoire du sujet ; c'est aussi l'acte de manger et la recherche de nourriture, désignés sous le nom de « comportement alimentaire ». L'espace temporel enfin, devenu particulièrement important dans l'espèce humaine, qui détermine les horaires des repas, conditionne nos goûts et nos habitudes alimentaires, et transforme la faim en métronome de notre vie sociale.

Le feu de la vie

« Vivre c'est brûler », dit E. Trochu [1] ; une combustion de substances inflammables dans l'oxygène, métaphore aussi médiocre pour un poète que pour un biochimiste, puisque la dégradation des matières énergétiques (catabolisme) n'aboutit que très indirectement à une oxydation et conduit en fait, par un couplage de nature encore mystérieuse, à la formation d'ATP [2]. Cette molécule est porteuse de liaisons chimiques à base de phosphore – liaisons riches en énergie – dont la rupture fournit à la cellule l'énergie dont elle a besoin. Matières énergétiques et oxygène sont prélevés dans le milieu extérieur par l'alimentation et la respiration. Manger et respirer sont deux priorités communes à tout le règne animal qui gouvernent l'évolution des espèces. Les deux partenaires du feu, alimentation et respiration, sont gérés différemment. Si l'oxygène manque, la vie cesse, mais lorsque l'alimentation s'arrête, les cellules continuent d'être approvisionnées en matières énergétiques par des réserves internes. Si l'on veut bien nous pardonner une comparaison voiturière, le moteur animal est comme celui d'une automobile : l'air va directement au carburateur alors que le carburant est prélevé dans un réservoir, dont il convient malgré tout de faire le plein périodiquement. Plus poétiquement, Lavoisier comparait la vie animale à la combustion d'une bougie. Remarquons que la faim ne permet pas de brûler la chandelle par les deux bouts. Elle est une passion d'épargnant, préoccupée uniquement de gérer des économies. Il existe chez toutes les espèces animales un système de réserves internes de matériaux énergétiques dans lequel l'organisme puise en permanence et que l'alimentation reconstitue périodiquement : réserves à court terme à l'intérieur du tube digestif où les aliments séjournent quelques heures avant d'être digérés et assimilés sous forme de nutriments ; réserves à plus long terme sous forme de glycogène dans le foie et les muscles, et surtout sous forme de grais ses dans des cellules spécialisées, les *adipocytes*. Avec ce tissu adipeux qui représente 10 à 15 % du poids du corps, un homme dispose de deux à trois mois de vivres.

Les cellules peuvent brûler différents matériaux : des acides aminés venant des viandes, des acides gras et des sucres. Mais le carburant préféré de la cellule est le glucose. Le taux de ce sucre reste stable dans le sang *(glycémie)* et ne subit que de faibles fluctuations journalières. Certaines cellules, comme les neurones, ne « carburent » qu'au glucose. Avec des analogues radioactifs du glucose, on peut mesurer localement la consommation de ce sucre dans le cerveau et observer ses variations dans le cours des différentes fonctions, telle, par exemple, sa chute lors du sommeil [3].

Le yin et le yang

On oppose sur le plan nutritionnel deux grands modes de l'état central fluctuant : l'état de jeûne et l'état de satiété. En état de satiété, les matières énergétiques sont utilisées pour fournir directement de l'énergie ou être mises en réserve *(lipogenèse)*. En état de jeûne, la situation est inversée en vue de maintenir un flux énergétique compatible avec la vie, grâce à l'utilisation des graisses *(lipolyse)* et à la synthèse de glucose à partir des acides aminés *(néo-glucogenèse)*.

Ces deux états se caractérisent sur le plan hormonal par l'action réciproque de deux hormones pancréatiques. L'*insuline*, qui permet l'utilisation de glucose et la formation des réserves de graisse, est l'hormone de la disponibilité en énergie ; le *glucagon*, qui permet la mobilisation des graisses et la néo-synthèse du glucose, est au contraire l'hormone du besoin en énergie.

Cette dualité se poursuivrait au niveau cellulaire [4] grâce à la mise en jeu respective, par l'insuline et le glucagon, de deux seconds messagers, le *GMP cyclique* et l'*AMP cyclique*, qui gouvernent chacun une réponse métabolique opposée. L'excès d'énergie disponible appelle la sécrétion d'insuline qui favorise son utilisation, et, réciproquement, le déficit énergétique suscite une sécrétion de glucagon qui permet la formation accrue de substrat énergétique. Nous ne ferons plus mention par la suite que de l'insuline ; il conviendra de se représenter l'évolution réciproque du glucagon.

Bilan d'énergie et comportement alimentaire

Pour maintenir un poids constant qui correspond dans sa partie variable au volume des réserves énergétiques, l'organisme dispose d'un contrôle des entrées et des sorties. Le contrôle des entrées se fait principalement sur la fréquence et la durée des repas qui constituent la séquence alimentaire.

UN COMPTABLE MODÈLE

Le poids est un trait signalétique de l'individu, comme la taille ou la couleur des yeux. Sa constance est un prodige de la nature. Elle signifie un équilibre parfait entre les entrées et les sorties d'énergie. Un seul morceau de sucre en trop chaque jour pendant trente ans conduirait à une prise de poids de 20 kilogrammes si une perte équivalente d'énergie n'intervenait : merveille d'équilibre comptable, quand bien même elle serait parfois défaillante, si l'on en juge par l'ondulation tourmentée des fessiers répandus sur les plages en été. Il est vrai que l'homme, par son inadaptation au milieu extérieur et par la liberté de ses mœurs, a perdu le secret d'une gestion parfaite. Celle-ci est l'apanage de l'animal non domestique qui sait garder un poids constant tout au long de son âge adulte.

La faim gère un capital acquis par voie d'héritage : 10 à 12 kilos de graisse brune ou blanche déposés dans les adipocytes. A l'état adulte, toute surcharge graisseuse se traduit par une augmentation de volume des adipocytes. Ces cellules ont perdu dans la première enfance la possibilité de se diviser. Cela explique qu'on ne puisse engraisser au-delà d'un certain poids autorisé par le nombre d'adipocytes disponibles et que seuls certains sujets plus fournis que d'autres en cellules graisseuses aient licence de devenir gros et gras [5].

Des rats soumis à un régime de cafétéria se gavent des nourritures variées et alléchantes qu'on leur présente. Les voici boulimiques et bientôt obèses. On montre qu'une perte de chaleur par combustion accrue des graisses brunes vient en peu de jours compenser l'excès d'apport énergétique et stabiliser le poids de ces rats consommateurs à une valeur plafond. L'homme occidental, trop nourri, dépense lui aussi un excès de chaleur – *luxus kosumption* des auteurs allemands – qui préserve son équilibre pondéral et fournit un bel exemple de la valeur régulatrice du luxe.

Inversement, des animaux sous-alimentés maigrissent jusqu'à un poids plancher qui ne baisse plus par la suite. L'amélioration du rendement énergétique, une meilleure utilisation des denrées et une réduction des pertes de chaleur compensent l'insuffisance des entrées. Lors d'un régime amaigrissant, l'homme, après une chute initiale spectaculaire, voit son poids stabilisé à une valeur constante qui tient à un meilleur rendement énergétique de sa maigre ration. Cela explique les capacités de travail conservées par les sujets sous-alimentés et l'orgie de travail à laquelle peuvent se livrer des anorexiques mentaux.

Mais le meilleur moyen dont dispose un animal pour équilibrer son bilan d'énergie est avant tout de contrôler les entrées, c'est-à-dire son manger ; c'est une chose connue depuis toujours « qu'en mangeant nous éprouvons un bien-être indéfinissable et particulier qui vient de la conscience instinctive ; que par cela même que nous mangeons nous réparons nos pertes et nous prolongeons notre existence [6] ». Il est vrai que manger résulte, nous essaierons de le démontrer, de la plus typique des passions. Nous suivrons en cela Brillat-Savarin qui, dans sa *Physiologie du goût,* montre comment « les sensations, à force de se répéter et de se réfléchir, ont perfectionné l'organe et étendu la sphère de ses pouvoirs ; comment le besoin de manger, qui n'était d'abord qu'un instinct, est devenu une passion influente qui a pris un ascendant bien marqué sur tout ce qui tient à la société ». Objet de la comptabilité scrupuleuse d'un calculateur besogneux qui en fixe l'heure et la durée, les repas sont chez l'animal précisément déterminés en fonction des dépenses énergétiques. Chez l'homme, inventeur d'un temps social à la place du temps biologique, le jeu des régulations s'est compliqué et parfois perverti. La faim est devenue une passion secrète qui ne sert presque plus à annoncer le temps du manger. Elle s'exprime, déguisée en conventions sociales, en désordres pathologiques mais aussi, comme toute passion venue de la finalité régulatrice, elle explose dans la gratuité de l'art : c'est la gastronomie.

La séquence alimentaire

Revenons au rat, compagnon désormais familier de nos passions animales. Ses habitudes ne sont pas les nôtres, pas plus qu'il ne partage nos goûts alimentaires. Or, depuis que le rat des villes invita un jour à déjeuner le rat des champs, des milliers de travaux et publications ont été consacrés au comportement alimentaire de l'illustre rongeur. Il n'est pas inutile de redire le caractère artificiel de l'animal de laboratoire, créature expérimentale qui n'existe que pour nous aider à comprendre ce que nous sommes. Lointain cousin du rat dévoreur de récoltes, le rat de laboratoire est devenu le modèle de l'homme consommateur de sa planète. Mais ce standard est tout aussi éloigné de l'homme mangeur métaphysique que de l'animal sauvage soumis aux aléas de son milieu naturel. Animal calibré et reproductible à l'infini, le rat de laboratoire occupe un univers programmé dans lequel l'alternance du jour et de la nuit est ordonnée par une horloge. Sa nourriture lui est fournie à profusion, à moins qu'elle ne soit distribuée selon un protocole qui en règle la nature et la quantité. Sa consommation alimentaire est déterminée par deux paramètres : le nombre et la durée des repas. Le premier dépend des stimuli de déclenchement qui disent à l'animal : à table ; le second, des facteurs de satiété qui fixent la durée et le volume des repas et disent à l'animal : assez.

Les repas et les intervalles qui les séparent forment la *séquence alimentaire.* Autour de celle-ci s'organise l'emploi du temps de l'animal. Contrairement à ce qu'on pourrait attendre, le volume d'un repas n'est pas affecté par la durée de l'intervalle précédent. De nombreuses heures de jeûne ne conduisent pas obligatoirement à un repas abondant. En revanche, la quantité de nourriture absorbée détermine la durée de l'intervalle suivant : plus l'animal mange, plus il tarde à remanger. L'animal se nourrit de temps à autre, mais les cellules consomment en permanence. La faim exprime les rapports de l'animal en quête de nourriture avec ses propres cellules insatiables dévoreuses d'énergie. L'intervalle libre qui suit un repas est fonction de l'offre alimentaire et de la demande cellulaire. Plus le repas est abondant, plus la quantité de combustibles en attente dans le tube digestif est grande et plus les cellules tardent à en manquer.

Une hormone, l'*insuline,* est maître de la demande cellulaire. C'est elle qui permet l'entrée du combustible principal, le glucose, dans la cellule, et son utilisation. Elle favorise également la mise en réserve de matières énergétiques sous forme de graisses dans les adipocytes. Le rat dort le jour et mange la nuit. L'insuline frappe dans l'obscurité, forçant l'animal noctambule à vivre au rythme de ses cellules. Une sensibilité accrue des récepteurs de l'insuline pendant la nuit amplifie sa double action : utilisation et mise en réserve des combustibles. L'organisme stocke et consomme en même temps. La forte demande énergétique qui en résulte explique le nombre élevé de repas et la brièveté des intervalles libres au cours de la nuit. L'inverse se produit pendant le jour. La sensibilité des cellules à l'insuline est faible. La demande énergétique est réduite, d'autant que l'organisme ne fait plus de réserve et libère par lipolyse les graisses accumulées pendant la nuit. Dans un festin autocannibale, l'animal mange le jour son corps nocturne. L'appel aux combustibles extérieurs est diminué et les aliments provoquent une période de satiété prolongée.

Ces observations biologiques s'appliquent à l'homme, animal diurne, à la condition d'échanger le jour contre la nuit. La séquence alimentaire de l'homme est, en plus, soumise aux contraintes de la vie sociale venues s'immiscer dans les lois de la biologie. En situation de « libre cours », c'est-à-dire à l'abri de tout repère temporel – grotte ou blockhaus –, la séquence alimentaire qui s'organise spontanément respecte la loi de proportionnalité entre le volume du repas et la durée de l'intervalle qui lui fait suite. Les habitudes culturelles, tout au moins en France, respectent d'ailleurs cette loi : le petit déjeuner, peu abondant malgré le jeûne de la nuit, est suivi d'un court intervalle libre (trois à quatre heures), le déjeuner méridien, généralement copieux, inaugure une plus longue période libre (cinq à sept heures) et l'abondant dîner vespéral précède le long intervalle libre de la nuit. « L'absence d'ajustement entre repas et période postprandiale est, pour une part, responsable des défaillances régulatrices de la prise d'aliments chez l'homme [7]. » Un mauvais horaire des repas n'est pas étranger à certaines obésités. Cette dysrégulation peut frapper tout un groupe de personnes, voire une nation qui partage le même emploi du temps. Certains visiteurs de la France s'étonnent parfois, à partager nos abondants repas, que nous ne soyons pas plus uniformément gras. Sans prétendre détenir la réponse à cette question, nous croyons pouvoir observer que ce peuple souvent décrié pour sa gourmandise est miraculeusement adapté aux lois biologiques qui règlent l'ordonnancement des repas.

Nous avons vu que la séquence alimentaire reflétait l'activité métabolique de l'individu et que le déclenchement d'un repas intervenait après un temps proportionnel à la quantité de calories ingérée dans le repas précédent. Mais ce serait réduire l'animal à son seul espace corporel de ne considérer la faim que comme l'unique expression de ses besoins énergétiques. Manifestation de l'état central fluctuant, manger est la projection de ses trois dimensions : corporelle, extracorporelle et temporelle. Tout repas résulte de la rencontre d'un sujet qui a faim avec un objet qui se mange ; il traduit la concordance des signaux internes et des stimuli externes.

Facteurs de déclenchement des repas

L'interaction de facteurs internes liés à des variations humorales et au métabolisme cellulaire, et de facteurs extérieurs incitatifs, conduit l'individu à s'alimenter. Les facteurs internes sont dominés par le métabolisme du sucre. Les facteurs externes sont liés aux qualités sensorielles des aliments. Celles-ci sollicitent principalement le goût et l'odorat dont nous tenterons d'esquisser une physiologie.

A TABLE

Il n'est pas de fusion plus grande de l'individu avec le monde qu'au moment de se mettre à table. Face à Éros divisé, Bacchus a la tranquille assurance de l'unité retrouvée. Une poularde truffée, précédée d'un poisson et suivie de fromages et dessert, offre un matériel ontologique incomparable qui permet de considérer l'être passionné dans ses trois dimensions.

Quels sont les facteurs internes qui, dans son espace corporel, signalent à l'individu ses besoins alimentaires ? Oublions la vieille théorie des contractions de l'estomac comme signal de la faim. C'est prendre l'effet pour la cause. Avoir un « creux dans l'estomac » n'a de sens que si l'on en a un, et les malades qui ont subi l'amputation de cet organe ont faim comme les autres.

Ce que nous avons dit de la séquence alimentaire montre bien que des facteurs métaboliques sont en cause dans le déclenchement d'un repas. Le rôle principal fut longtemps confié au taux de glucose dans le sang. Une diminution de la glycémie se manifeste par une sensation de malaise qui ressemble à la faim. C'est là encore prendre l'effet pour la cause. Le diabétique dont la glycémie est supérieure à la normale a toujours faim. D'ailleurs, la glycémie ne varie jamais que dans d'étroites limites et obéit à une régulation d'une extraordinaire efficacité, selon un jeu hormonal qui évolue en parallèle à celui de la faim. Il reste que le déterminant majeur de la faim est la demande cellulaire en matériaux énergétiques et principalement en glucose. L'insuline qui provoque une consommation accrue du glucose dans la cellule crée, en cas d'insuffisance d'apport, un déficit cellulaire *(glucopénie)* et provoque à la fois faim et hypoglycémie. Chez le diabétique, l'insuffisance de la sécrétion d'insuline empêche l'entrée et l'utilisation du glucose dans les cellules, malgré une glycémie élevée. La privation cellulaire qui en résulte se traduit par une faim permanente. L'administration chez l'animal ou l'homme d'un faux glucose, comme le 2-D-oxy-glucose, provoque une intense sensation de faim. L'« imposteur chimique », en occupant la place du glucose sans être utilisable à sa place, empêche celui-ci d'entrer dans la cellule et d'y être métabolisé. Il en résulte une glucopénie à laquelle l'organisme riposte par une mobilisation massive des réserves de sucre, créant un véritable diabète aigu, et par un état passionnel de faim. Le véritable signal interne de la faim n'est donc pas le taux sanguin du glucose, mais sa disponibilité cellulaire.

Les cellules manquent de glucose ; comment l'organisme le sait-il ? Retour pour cela au cerveau, lieu où s'accomplit l'état central fluctuant. On y soupçonne l'existence de neurones spécialisés ou *glucorécepteurs*, caractérisés par leur sensibilité aiguë au glucose. Une substance toxique, l'*aurothioglucose*, faux glucose qui occupe la place du vrai, détruit électivement certains neurones de l'hypothalamus. L'enregistrement électrique de ces cellules révèle qu'elles répondent sélectivement et de façon graduelle à l'administration de glucose. Il est d'ailleurs possible que le glucose soit l'arbre qui cache la forêt, et que les glucorécepteurs indiquent plus généralement l'énergie disponible à l'intérieur de la cellule, sous les espèces de l'ATP pourvoyeur universel d'énergie. Mais, quel que soit le métabolite, gras ou sucré, utilisé par la cellule, c'est toujours finalement le glucose qui vient à manquer dans le neurone, d'où son rôle prioritaire dans l'établissement de la faim.

De l'équation glucopénie égale faim, on pourrait conclure que tout dans cette passion se résume à une modification des humeurs au sein de l'espace corporel. Ce serait oublier que l'espace extracorporel, par les objets de désir qui l'occupent, influe sur l'espace corporel. On sait, par exemple, que la vue ou l'odeur d'un mets appétissant provoque chez le sujet une sécrétion d'insuline – *phase céphalique de l'insulinosécrétion* – qui a pour effet d'accélérer l'utilisation cellulaire du glucose et d'augmenter la glucopénie et la faim : un regard, une odeur, un jaillissement d'insuline dans le sang et « l'eau nous vient à la bouche [8] ».

Comme tout désir (voir chapitre VIII), celui de manger ne peut se réduire au seul besoin, fût-il cellulaire. Les stimuli extérieurs, dimension extracorporelle de l'état central, jouent un rôle au moins aussi important que les signaux internes dans le déclenchement de la prise alimentaire, car, pour paraphraser La Palice, à quoi servirait-il d'avoir faim si l'on n'a pas d'appétit ? La faim exprime le besoin de manger pour subsister et organise la consommation des denrées en comptable scrupuleux de nos profits et pertes énergétiques. L'appétit, dans ce qu'il est désir, nécessite au contraire la présentation réelle ou imaginaire de l'objet à manger. Mais opposer une faim besogneuse à un appétit luxurieux serait renoncer au concept d'état central. Des données expérimentales vont nous montrer que les dimensions internes systémiques et externes sensorielles sont étroitement liées.

AUX MARCHES DU PALAIS

Le palais – par extension de la bouche – juge la valeur sensorielle d'un objet à manger, qualité désignée comme la *palatabilité* d'un aliment. Antre ouvert, la bouche est un lieu privilégié où s'accomplit la confusion des sens et des humeurs. Dans cet espace ambigu qui participe à la fois du dehors et du dedans, l'extracorporel se mêle au corporel. Lorsque mes yeux contemplent un mets et que mes narines en reçoivent le fumet familier, ma bouche se remplit de salive et mon pancréas inonde mon corps d'insuline qui accroît le besoin de mes cellules. A peine en bouche, l'aliment est déjà apprécié pour son devenir nutritif. Sur simple estimation de ma bouche, mon désir est rassasié avant même que mon corps soit satisfait. Conservatoire des goûts et des préférences, la bouche est aussi, nous le verrons, le site électif de l'anticipation.

La bouche et le tube digestif peuvent être mis hors circuit grâce à la perfusion sanguine de solutions nutritives. On observe que celles-ci ne sont utilisées qu'à 60-70 % de leur valeur énergétique. Le rendement devient meilleur lorsque la perfusion n'est plus continue mais imite la séquence normale des repas. Une expérience propre à désespérer un gastronome laisse à l'animal la licence de se nourrir sans manger : un cathéter est implanté à demeure dans l'oreillette droite d'un rat et connecté à un dispositif d'injection d'un liquide nutritif. L'animal, en appuyant sur un levier, s'auto-injecte une quantité déterminée de la solution. Il est capable, en dehors de toute information buccale ou digestive, en jouant sur la fréquence des auto-injections, d'adapter ses apports nutritifs sanguins à ses dépenses et d'assurer sa régulation énergétique. En présence d'une solution diluée ou concentrée, il augmente ou diminue le nombre d'injections. Mais un tel équilibre ne porte que sur un niveau minimal et l'animal ne maintient son poids qu'à 70 % de sa valeur de base. Le goût n'est donc pas un luxe, mais la condition d'une régulation s'exerçant à son niveau normal.

Le goût correspond au concept d'état central en ce qu'il désigne à la fois un des cinq sens et la qualité qui s'y rapporte : le goût d'un aliment. La confusion du sujet et du monde sensible s'exprime également dans le goût du premier pour le second ; le goût s'identifie ici au désir et perd sa spécificité orale : on a du goût pour la musique, pour une femme ou pour la charcuterie alsacienne. Le goût, enfin, est inséparable du plaisir, émanation de l'état central fluctuant. Aristote remarquait que « le caractère plaisant ou déplaisant d'un mets ne lui appartient que de façon casuelle : plaisant quand nous avons faim, mais déplaisant quand nous sommes repus et insoucieux de manger ». Nous avons déjà évoqué (p. 215) ce changement de l'appréciation subjective, agréable ou désagréable, d'un stimulus sensoriel en fonction de l'état de l'organisme que l'on appelle *alliesthésie.* Ce phénomène met ici en scène le plaisir de manger mais n'est pas le seul ordonnateur de nos repas. Nous n'attendons pas pour cesser de toucher à un plat que celui-ci nous soit devenu répugnant ; il y aurait risque de s'en dégoûter à tout jamais. On n'imagine pas non plus des repas scandés par la nausée à chaque fin de service. L'anticipation, dont il sera question plus loin, permet heureusement de devancer l'alliesthésie.

Le plaisir a mauvaise réputation. Il est souvent associé à l'excès : accroître la source d'un plaisir conduirait à une jouissance sans limites et à la ruine finale de l'individu en le détournant de sa pente naturelle pour la vertu. La tradition moraliste, arguant de cette spirale néfaste, recommande de se tenir éloigné du plaisir. La physiologie démontre le contraire : la recherche du plaisir conduit à la modération. Wilhelm Wundt [9] a établi que le plaisir provoqué par un stimulus sensoriel était corrélé avec l'intensité de ce dernier suivant une courbe biphasique *(figure 50).* A partir d'un seuil, le plaisir augmente avec l'intensité du stimulus jusqu'à un sommet pour ensuite décroître et se changer en

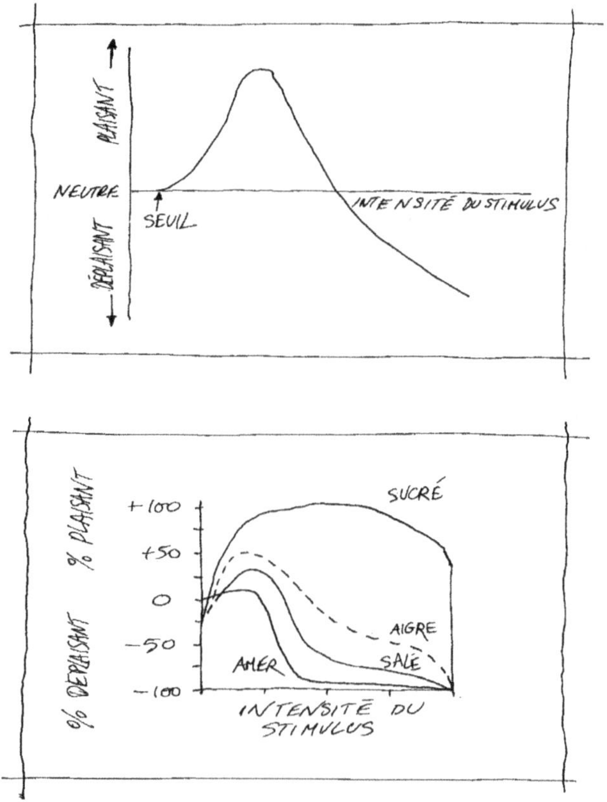

Figure 50. – En haut, courbe de Wundt montrant le caractère plaisant puis déplaisant d'un stimulus en fonction de son intensité. En bas, les courbes représentent la valeur plaisante ou déplaisante de différents stimuli gustatifs (amer, sucré, aigre ou salé) en fonction de la concentration des solutions. *(D'après C. Pfaffmann, « Taste a Model of Incentive Motivation »,* in *D.W. Plaff, éd.,* The Physiological Mechanisms of Motivation, *New York, Spinger-Verlag, 1982.)*

aversion aux fortes intensités. Il existe une intensité optimale, située dans les valeurs moyennes, qui procure au sujet le maximum de plaisir. Cette notion est à rapprocher de celle de « niveau optimal d'activation » (voir p. 201 et *figure 40*).

On retrouve la courbe de Wundt pour chacune des quatre sensations élémentaires du goût : le sucré, l'aigre, le salé et l'amer. Le sommet est atteint à de faibles intensités pour le salé et l'amer qui deviennent vite aversifs. Pour le sucré et l'aigre, les courbes sont nettement biphasiques. Elles sont variables selon les individus et les substances. Il faudrait ajouter : selon l'âge, l'éducation et les cultures qui font préférer l'amer au sucré, le sucré au salé, le salé à l'aigre ou l'inverse *(omnia gusta in naturam)*. Le goût n'est donc pas une propriété du stimulus mais est partie intégrante du goûteur. Cela peut être démontré chez l'animal.

Le plaisir de l'animal ne peut être apprécié que de façon indirecte et non sans une certaine circularité. On utilise généralement des épreuves dans lesquelles l'animal doit choisir entre l'eau pure et des solutions aqueuses d'une substance à concentration croissante. On exprime la préférence par le rapport de la consommation de la substance à celle de la consommation d'eau pure. La préférence laisse supposer que l'animal prend la substance parce qu'il l'aime, alors qu'on pourrait aussi bien dire qu'il l'aime parce qu'il la prend. Pour des solutions de plus en plus sucrées, on montre que la préférence passe par un maximum et diminue par la suite pour se changer en aversion selon le modèle général de Wundt. Lorsqu'une fistule œsophagienne pratiquée chez l'animal lui ôte la nourriture après qu'elle a traversé la bouche, l'opéré devient glouton et ne sait plus organiser ses repas en séquence discontinue. La courbe de préférence reste constamment ascendante sans aversion pour les solutions très sucrées. Cela n'est pas pour nous surprendre : manger, chez l'animal fistulisé, n'est plus l'expression de l'état central fluctuant, car le corps, à l'exception de la bouche, est désormais soustrait du comportement alimentaire. L'animal qui n'est plus que bouche et dont le cerveau est délivré des contraintes du corps ne contrôle plus son plaisir. Le corps étant exclu, le désir devient celui de Tantale et la bouche se change en tonneau des Danaïdes.

Cette expérience montre que les facteurs postingestifs interviennent dans le goût. En parvenant dans le tube digestif, une solution trop riche freine sa propre ingestion et change le plaisir qu'elle procurait en déplaisir. Le plaisir du goût, expression de l'état central fluctuant, nécessite la continuité entre l'espace corporel et l'extracorporel. Si, parallèlement aux épreuves de préférence, on introduit par sonde une solution très sucrée dans l'estomac ou du glucose dans le sang, on déplace la courbe vers la droite, le dégoût apparaissant pour des solutions moins fortes lorsque l'organisme « est déjà sucré ».

Le corps et le jardin

Des électrodes placées à la sortie de la langue sur les fibres nerveuses de la corde du tympan, nerf du goût, recueillent des potentiels d'action. Ces fibres ont une spécificité relative et répondent préférentiellement à l'un des quatre stimuli élémentaires : amer, sucré, salé et aigre. La courbe des réponses électriques, qui est fonction de l'intensité du stimulus, est parallèle à celle des réponses comportementales : la fréquence des décharges augmente avec l'intensité du stimulus, concentration en sucre par exemple, jusqu'à un maximum, et décroît par la suite. Le saccharose, qui est préféré au lactose, donne, à concentration égale, une réponse électrique plus élevée. On peut faire l'hypothèse qu'il existe sur les cellules sensorielles de la langue des récepteurs pour les différents sucres présents dans la nature. L'abondance des récepteurs pour tel ou tel sucre conditionne l'importance de la réponse gustative à ce sucre. Le saccharose ou sucre de table, très abondant dans les fruits, feuilles, tiges, fleurs et racines, est aussi le plus richement représenté par des récepteurs spécialisés à la surface de la langue. L'ordre de préférence reproduit l'ordre de présence dans la nature. Un sucre paraît faire exception : le maltose, sucre rare et de goût peu sucré, qui donne une forte réponse comportementale. Pourquoi cette préférence peu conforme au goût et à la nature du jardin ? La signification biologique de ce sucre peut fournir une réponse. Une molécule de maltose est hydrolysée dans le corps en deux molécules de glucose, métabolite préférentiel. Sa valeur biologique, supérieure à celle des autres sucres, est peut-être la raison du choix de l'organisme.

Dès le niveau périphérique, au sein même de la bouche, s'affirme dans une même réponse sensorielle la fusion du corporel et de l'extracorporel. La palatabilité d'un aliment, qui détermine son taux d'ingestion, est fonction du produit $g \times p$ dans lequel g représente le goût de la substance et p sa signification biologique. Le terme g varie avec la concentration de la substance et la sensibilité des récepteurs gustatifs ; le terme p se modifie selon l'état interne de l'animal. Par exemple, chez un sujet carencé en sodium ou souffrant d'une insuffisance surrénalienne qui entraîne la fuite de ce sel, p, pour le sodium, devient très élevé, et la palatabilité pour le sel s'accroît : une saumure qui apparaîtrait répugnante à un sujet normal est alors consommée avec avidité.

Physiologie du goût

Le nombre des saveurs est infini, affirme Brillat-Savarin. Pour traiter cette immensité, l'homme ne dispose que de quelques centimètres de langue. Il est vrai, à en croire Brillat, que la langue de l'homme, « par la délicatesse de sa contexture et des diverses membranes dont elle est environnée et avoisinée, annonce assez la sublimité des opérations auxquelles elle est destinée ». La réalité est plus prosaïque. Ce qui fait mystère, au contraire, est la simplicité de cet appareil confrontée aux complexités de son usage. Mieux que le pénis, dont une moitié d'humanité est privée, la langue, organe universel, est un symbole actif de l'être au monde. Nous n'avons pas à rappeler que la langue sert au langage et qu'elle n'est pas inactive dans la relation sexuelle. La faim, la parole et le sexe se rejoignent dans la langue, incarnation du concept d'oralité [10].

La surface de la langue est recouverte de papilles qui ont forme de champignons ou de vallées et portent sur leurs flancs des *bourgeons gustatifs.* Une langue humaine n'en compte pas plus de 2 000. Chaque bourgeon contient des cellules sensorielles d'où partent des fibres nerveuses. Aucune de ces cellules n'est spécifique d'une des sensations élémentaires : amer, salé, sucré et aigre. Une fibre nerveuse reçoit des influx venant de plusieurs cellules sensorielles et une cellule sensorielle innerve plusieurs fibres nerveuses. Il se dessine ainsi des champs récepteurs qui se chevauchent et couvrent la surface de la langue. La décharge d'une fibre dépend de la nature du stimulus et de son intensité (voir p. 222). Sans connaître la notion moderne de liaison d'une molécule à son récepteur, Brillat-Savarin affirme que « la sensation du goût est une opération chimique qui se fait par voie humide et qu'il n'y a rien de sapide que ce qui est dissous ou prochainement soluble », ou encore « qu'il faut que les molécules sapides soient dissoutes dans un fluide quelconque pour pouvoir ensuite être absorbées par les touffes nerveuses, papilles ou suçoirs, qui tapissent l'intérieur de l'appareil gustateur ». Après cette diffusion au contact des membranes sensorielles, les molécules sapides sont reconnues par des récepteurs spécifiques. Il est, pour l'heure, impossible de dire comment leur reconnaissance est codée dans le message électrique transporté par les fibres et comment quatre sensations élémentaires aboutissent à la perception subtile d'un goût identifiable entre mille. Brillat-Savarin parle de la « sensation réfléchie comme du jugement que porte l'âme sur les impressions qui lui sont transmises par l'organe ». Ce jugement de l'âme en appelle aujourd'hui aux fonctions cognitives. Le cerveau dispose, à travers des réseaux de neurones, de cartes cognitives qui couvrent l'étendue des multiples saveurs.

On nous pardonnera de préférer la compagnie des gourmets à celle des savants – qualités d'ailleurs compatibles – pour traiter de la physiologie du goût. Le fonctionnement de l'appareil gustatif ne saurait résumer l'impression que font les aliments sur notre organisme. Un mangeur averti vous dira que le goût est le moins égoïste des sens et qu'il sollicite à parts égales ses quatre compagnons. Dans sa préface à *Vie et Passion de Dodin-Bouffant, gourmet* [11], James de Coquet résume en quelques lignes cette association : « La passion de Dodin-Bouffant, c'est celle d'un homme gouverné par ses sens. Attention ! non pas des sens vulgaires et brutaux mais des sens que l'on garde bien en main, tels les chevaux du quadrige, sauf qu'ils sont cinq au lieu de quatre. Tout entre en jeu dans la dégustation. On jouit d'abord des choses avec la vue, laquelle permet de supporter les plaisirs qui vont suivre. Puis l'odorat introduit aux voluptés du goût, celui-ci se confondant avec le toucher lingual. J'entends une voix disant : " Et l'ouïe, qu'en faites-vous ? " L'ouïe perçoit la musique introduite par les instruments culinaires. Elle est inscrite dans le moindre coulis ou le plus simple hachis... »

L'odorat est sûrement le partenaire le plus indispensable du goût, et l'on peut souscrire à l'opinion de Brillat-Savarin, selon qui « l'odorat et le goût ne forment qu'un seul sens dont la bouche est le laboratoire et le nez la cheminée ». Chacun de nous a pu observer que, « quand la membrane nasale est irritée par un violent coryza (rhume de cerveau), le goût est entièrement oblitéré ; on ne trouve aucune saveur à ce qu'on avale ; et cependant la langue reste dans son état naturel ». L'anesthésie de la muqueuse olfactive s'accompagne d'un goût émoussé, malgré une sensibilité gustative intégralement conservée. Cela montre que ce que nous appelons en général goût est en majeure partie de l'olfaction. L'odeur de la nourriture ingérée, passant dans le nasopharynx, est un stimulant mille fois plus actif pour le système olfactif que pour les récepteurs gustatifs. Par exemple, avec une bonne olfaction, on peut reconnaître le goût de l'alcool à une concentration 25 000 fois plus faible que celle qui serait nécessaire sans le secours de l'odorat. D'autres sensations élémentaires participent également du goût grâce à la présence sur l'étendue de la muqueuse buccale de thermorécepteurs, de mécanorécepteurs et de terminaisons nociceptives. Ce sont à ces dernières que s'adressent les épices.

Le goût est à la fois sensation et action : merveilleux

muscle que la langue, dépourvue d'os comme le pénis, mais autrement habile et capable de *spication*, de *rotation* et de *verrition* (du latin *verro* « je balaie »). Le premier mouvement « a lieu quand la langue se meut circulairement dans l'espace compris entre l'intérieur des joues et le palais ; le troisième quand la langue, se recourbant en dessus et dessous, ramasse les portions qui peuvent rester dans le canal semi-circulaire formé par les liens et les gencives ».

Nous avons vu que le goût n'était connu chez l'animal qu'indirectement grâce à ses effets sur la consommation (choix entre plusieurs mets) et à l'observation de mouvements de léchage ou autres réponses instrumentales aux stimuli alimentaires. Chez l'homme, on obtient une mesure directe du plaisir grâce aux procédés de la psychophysique. Brillat-Savarin doit être considéré comme un pionnier dans cette discipline. Il imagine de soumettre le désir de nourriture à des mesures expérimentales. « Nous nous sommes occupés de cette recherche avec cette suite qui force le succès et c'est à notre persévérance que nous devons l'avantage de présenter [...] la découverte des *éprouvettes gastronomiques*, découverte qui honorera le XIXe siècle ; [...] la méthode a été inscrite dans les termes suivants : toutes les fois qu'on servira un mets d'une saveur distinguée et bien connue, on observera attentivement les convives et on notera comme indignes tous ceux dont la physionomie n'annoncera pas le ravissement... » Ce n'est pas tant l'observation « béhavioriste » de la mimique et des gestes qui fait l'originalité de la méthode que la prise en compte du langage et de la condition sociale. Roland Barthes [12], dans sa préface à une réédition de la *Physiologie du goût*, note que, « par ses éprouvettes gastronomiques, Brillat-Savarin, si farfelue qu'en soit l'idée, tient compte de deux facteurs très sérieux et très modernes : la sociabilité et le langage ; les mets qu'il présente pour expérience à ses sujets varient selon la classe sociale (le revenu) de ces sujets : une rouelle de veau ou des œufs à la neige si l'on est pauvre, un filet de bœuf ou un turbot au naturel si l'on est aisé, des cailles truffées à la moelle, des meringues à la rose si on est riche, etc., ce qui laisse entendre que le goût est modelé par la culture c'est-à-dire par la classe sociale ; et puis, méthode surprenante, pour lire le plaisir gustatif (puisque tel est le but de l'expérience), Brillat-Savarin suggère d'interroger non pas la mimique (probablement universelle) mais le langage, médium socialisé s'il en est et dont l'expression change avec la classe sociale du goûteur ; devant ses œufs à la neige, le pauvre dira " Peste ", cependant que les ortolans à la provençale arracheront au riche un " Monseigneur, que votre cuisinier est un homme admirable ! " ».

Cette socialité de la faim se retrouve dans la différence entre plaisir de manger et plaisir de la table : « Le plaisir de manger est la sensation actuelle et discrète d'un besoin qui se satisfait. Le plaisir de la table est la sensation réfléchie qui naît de diverses circonstances, de faits, de lieux, de choses et de personnages qui accompagnent le repas. » Le repas est une cérémonie conviviale par excellence, même s'il se réduit à la distribution hâtive d'une pâtée à un guichet de cafétéria. Les aliments proposés, leur mode de préparation sont l'expression de nos modes de vie et de nos cultures. Nos goûts sont les reflets de notre éducation et des habitudes qui nous ont été transmises. A propos de la faim, une dimension supplémentaire s'ajoute donc à l'état central fluctuant, celle de l'espace interindividuel ou social.

Facteurs d'arrêt du comportement alimentaire

Pourquoi et comment s'arrête-t-on de manger malgré le plaisir procuré par un repas ? Pourquoi manger est-il si souvent associé à dormir ?

Le plaisir à satiété

Que certains aliments nous procurent du plaisir et d'autres du déplaisir ne nous renseigne pas sur le pourquoi de la chose. Une maxime générale est que les « substances nutritives ne sont repoussantes ni au goût ni à l'odorat ». Dès sa naissance, l'enfant sait reconnaître ce qui lui est agréable de ce qui lui est désagréable. Une mimique innée traduit son attirance naturelle pour certains aliments ou, au contraire, son rejet de substances inopportunes. Le choix diffère d'une espèce à l'autre, mais on peut admettre, sans finalisme excessif, que ce qui est bon pour l'espèce est bon pour l'individu.

Jacob Steiner [13] a observé des nouveau-nés auxquels, avant toute expérience alimentaire, on appliquait des solutions sucrées, acides ou amères, sur la surface de la langue. Une solution sucrée provoque une mimique de satisfaction, un sourire et des mouvements de succion de la bouche. En présence d'une solution amère, les lèvres se pincent, le nez se plisse et les yeux clignotent. Une solution acide cause une expression franche de dégoût et une protrusion de la langue. Un enfant âgé d'un jour exprime par sa mimique et sa consommation sa satisfaction croissante à la présentation de solutions de plus en plus sucrées. Ses préférences pour le sucre et le maltose sont nettes, et la mesure de la pression qu'exerce sa langue sur le biberon en fonction de la solution suit la courbe de Wundt.

Les préférences gustatives et leurs expressions comportementales sont donc inscrites dès la naissance dans le câblage et l'organisation du système nerveux central. L'acceptation ou le rejet de la nourriture reposent sur des réflexes, conservés chez l'animal privé des parties hautes de son cerveau et que l'on peut observer également chez le fœtus anencéphale [14]. Avant le langage, l'approche et l'évitement sont les seules traductions du couple plaisir/aversion, modalité de l'état central. Celui-ci s'organise sur les plans héréditaires de câblage que l'apprentissage vient compliquer, parfaire ou perturber. L'hérédité est aux fourneaux, mais c'est la société qui compose le menu ! Les goûts, les préférences et les aversions s'installent par répétition et association. Des aversions naturelles peuvent se changer en préférence acquise. L'amertume, l'acidité et le salé définissent pour certains le caractère attractif d'aliments qui répugnent à d'autres.

Le phénomène d'apprentissage à long délai – aversion et préférence conditionnées – a déjà été évoqué dans notre chapitre sur le désir (p. 205). Il indique que la survenue chez l'animal d'effets postabsorptifs plusieurs heures après l'ingestion d'un aliment ou d'une boisson suffit à entraîner à leur égard une aversion ou un attrait quasi définitif. Il est clair que, dans ce processus associatif, le cerveau n'est pas seul en cause, mais qu'intervient l'état central avec l'ensemble de ses composantes corporelles. Le caractère bénéfique d'un aliment, qu'il tienne à sa valeur calorique particulière ou à son contenu en substances indispensables, rend son goût préférable à tout autre dès la seconde présentation. Un animal carencé en vitamine B 1 ou en certains acides aminés apprend vite à reconnaître et à préférer le goût d'aliments qui en contiennent.

La préférence pour un aliment s'exprime dans son caractère incitateur sur les mécanismes centraux du désir. On sait qu'il se produit une activation en chaîne par laquelle la réponse consommatrice au stimulus alimentaire renforce le désir d'en consommer davantage. Notre attitude face à des cacahuètes grillées servies avec l'apéritif illustre bien le caractère auto-activateur du désir. Une première cacahuète croquée dans l'indifférence est bientôt suivie d'une deuxième prise plus attentivement, entraînant à son tour une consommation accélérée, qui s'achève parfois dans l'engloutissement paroxystique d'une poignée d'oléagineux.

La préférence n'implique pas seulement le cerveau mais tout l'espace corporel, sécrétions hormonales comprises. Un rat mis en présence de plusieurs aliments consomme une quantité différente de chacun d'entre eux selon son goût particulier. On observe que la quantité d'insuline sécrétée lors de la phase céphalique varie pour chaque aliment en fonction du degré de préférence. La vision d'un plat, son odeur, sa saveur lors des premières bouchées déclenchent une sécrétion réflexe d'insuline dont l'intensité traduit notre goût pour ce plat. Tout notre passé de gastronome s'exprime dans ce jet d'insuline.

L'insuline libérée accentue l'hypoglycémie et la glucopénie, elle augmente la faim – traduction du proverbe selon lequel l'appétit vient en mangeant. Cette faim conditionnée exprime la dimension temporelle au sein de l'état central fluctuant.

Cette dimension temporelle joue un rôle prépondérant dans le phénomène de satiété. Qu'est-ce qui fait que, malgré le plaisir que nous éprouvons, nous cessions brusquement de manger ? Le schéma simple selon lequel nous mangeons pour couvrir les besoins de notre organisme et arrêtons de le faire lorsque ces besoins sont satisfaits est évidemment inapplicable. Il s'écoule en effet plusieurs heures avant que les aliments ingérés soient digérés, absorbés dans le milieu interne et assurent la satisfaction des demandes. Ce délai, s'il était occupé à manger, entraînerait bien vite une inflation d'aliments et l'indigestion. L'organisme doit donc anticiper sur l'absorption future des aliments et prévoir, dès leur ingestion, leurs effets métaboliques tardifs. Cette anticipation se produit dans la bouche. Tout se passe comme si chaque aliment était identifié selon un indice de satiété. Ce pouvoir de satiété peut être conditionné au même titre que la faim. Un même aliment est présenté à un rat sous deux versions caloriques de richesse différente, identifiées par l'addition de marques odorantes. L'animal apprend à être rassasié plus rapidement de l'aliment le plus riche. La marque odorante, signal de l'aliment riche, diminue la consommation de tout aliment auquel elle est par la suite associée : elle est devenue un stimulus conditionné de satiété. L'anticipation par apprentissage n'intervient pas seulement dans l'établissement des réponses discriminatoires entre aliments. Pour un aliment unique donné *ad libitum,* le rat semble manger en anticipant au cours de cette ingestion la dépense métabolique qui suivra – véritable appétit prévisionnel. L'homme, dans ses repas à horaire fixe, en fait autant. En prenant « de bon appétit » un repas de 1 500 calories, il ne comble pas un déficit présent égal et ne lève pas une faim d'intensité correspondante, il fait une réserve qui servira dans les heures qui suivent à alimenter le compartiment systémique [15]. De façon bien triviale, on pourra dire qu'il fait le plein du réservoir gastro-intestinal pour affronter la distance qu'il lui faudra parcourir jusqu'au prochain repas.

Ainsi, la bouche, lieu des plaisirs du goût, est aussi l'office prévisionnel de nos besoins, réussissant l'impossible cohabitation de la cigale et de la fourmi. Cumulant le plaisir immédiat des sens et l'anticipation des effets corporels, la satiété ne vient pas d'une satisfaction immédiate des besoins mais d'une anticipation de cette satisfaction. On ne pourra manquer de comparer la satiété alimentaire avec celle qui suit le coït. La montée de l'excitation sexuelle, qui ne traduit jamais un besoin systémique, s'achève brutalement par l'anéantissement des sens, sans qu'il y ait eu satisfaction ni même prévision d'un déficit à combler. L'appétit alimentaire, au contraire, conduit au plaisir dans l'instant conjugué au futur du corps. Barthes remarque qu'« il y a peu d'analogie entre la luxure et la gastronomie ; entre les deux plaisirs, une différence capitale : l'orgasme, c'est-à-dire le rythme même de l'excitation et de sa détente. Le plaisir de la table ne comporte ni ravissement, ni transport, ni extases, ni agressions ; la jouissance, s'il en est, n'y est pas paroxystique : point de montée du plaisir, point de culmination, point de crise ; rien qu'une durée... » Le plaisir de la table, ajoute Brillat, « gagne en durée ce qu'il perd en intensité [...] et se distingue surtout par le privilège particulier dont il jouit de nous diposer à tous les autres ou du moins de nous consoler de leur perte ».

On ne pouvait évidemment, traitant de physiologie du comportement alimentaire, passer sous silence les rapports que celui-ci entretient avec le comportement sexuel. Ce sera toutefois pour observer que bien peu de données expérimentales sont disponibles. La littérature, de Casanova à Sade, a, dans ce domaine, fourni l'essentiel. L'intérêt des scientifiques s'est en revanche porté très récemment sur les liens entre sommeil et comportement alimentaire.

L'OREILLER DE LA BELLE AURORE

La tête ensommeillée de la belle Aurore sur un pâté aux saveurs ineffables illustre la valeur hypnogène du sommeil *(annexe 6)*. De récentes expériences sur le rat confortent l'opinion de Brillat-Savarin que « celui qui a besoin de manger ne peut pas dormir [...] et que celui qui, au contraire, a passé dans son repas les bornes de la discrétion tombe immédiatement dans le sommeil absolu ». Il existe chez le rat une corrélation entre l'importance du repas et le sommeil qui lui fait suite. Ce dernier serait lié à l'utilisation métabolique des aliments par les cellules : le sommeil, expression de satiété, serait donc fonction de l'énergie fournie aux cellules par le repas – qui dîne dort ! Au contraire, un manque d'énergie disponible dans la cellule se traduirait pas l'activation simultanée de l'éveil et de la faim. L'insuline favorise le sommeil. Les diabétiques, souvent insomniaques, retrouvent le sommeil lorsqu'ils sont traités par l'insuline. Quelques injections intraveineuses ou intracérébrales d'insuline augmentent la durée du sommeil. Or l'insuline, en favorisant la pénétration du glucose dans la cellule, augmente la quantité d'énergie disponible dans celle-ci, donc le sommeil qui en résulte [16].

Il n'est pas étonnant que le sommeil et le comportement alimentaire, qui occupent à eux deux plus de la moitié du temps de l'individu, soient associés dans le maintien de l'équilibre métabolique et obéissent aux mêmes facteurs de régulation. Comme pour toutes les expressions de l'état central fluctuant, ces facteurs intéressent en parallèle le milieu intérieur et le système nerveux central. Dupliquant l'action systémique de l'insuline pancréatique, un peptide analogue fabriqué par des neurones (insuline cérébrale) agirait en même temps sur les récepteurs spécifiques situés à l'intérieur du cerveau. Rappelons que la redondance des interventions qui se déroulent à la fois dans le cerveau et dans le reste du corps est une caractéristique de l'action des peptides au sein de l'état central fluctuant (voir p. 117).

L'insuline pourrait avoir également une action plus spécifique sur le sommeil que celle dépendant de son effet métabolique général. Elle favoriserait en effet l'entrée dans le cerveau d'un aminoacide, le tryptophane, qui est le précurseur de la sérotonine. Or ce neurotransmetteur jouerait un rôle important dans la genèse du sommeil. Parallèlement, la sérotonine interviendrait également dans les mécanismes nerveux de la satiété.

Si les facteurs métaboliques jouent un rôle dans le déclenchement du sommeil, celui-ci pourrait, réciproquement, intervenir dans la régulation du métabolisme. Nous évoquerons à ce propos la fonction dite réparatrice du sommeil qui permettrait à l'organisme de récupérer des pertes liées à l'éveil. L'expression populaire « qui dort dîne » illustre cette fonction « nutritive » du sommeil dont il faut bien reconnaître qu'elle parle davantage à l'imagination qu'elle ne repose sur des bases scientifiques.

Toujours dans le cadre des relations entre comportement alimentaire et sommeil, signalons que celui-ci permet la sécrétion de l'hormone de croissance, qui intervient dans le métabolisme des acides aminés apportés par l'alimentation. Nous verrons également que le GRF, facteur hypothalamique qui règle la sécrétion par l'hypophyse de l'hormone de croissance, est peut-être un facteur de déclenchement de la prise alimentaire [17].

La soif

L'autre passion du corps concerne l'eau, dont le volume doit rester constant. Faim et soif sont souvent associées mais obéissent à des mécanismes distincts. Il existe deux types de soif, qui sont fonction de deux causes différentes ; leurs mécanismes humoraux et nerveux sont analysés et replacés dans le cadre de l'état central.

A BOIRE ET À MANGER

A l'image du lait – boisson et nourriture confondues –, boire et manger sont deux conduites inséparables. Elles visent à maintenir ou restaurer l'intégrité de la masse corporelle. La boisson a la charge des 70 % d'eau que contient cette masse. Le besoin en eau s'exprime dans une passion spécifique, la *soif*, comme le besoin en matériaux énergétiques s'exprime dans la faim.

Manger sans boire n'est pas agréable – pour de simples raisons mécaniques. Une choucroute sans bière a du mal à passer ; des granulés composés pour animaux ne sont pas non plus faciles à avaler sans boisson associée. Un rat dont l'hypothalamus latéral a été détruit récupère avec le temps un comportement alimentaire. Il boit en mangeant mais a perdu la capacité de boire spontanément. Pour cet animal hypothalamique, boire n'est plus une passion autonome, mais la conséquence mécanique de l'acte manducatoire.

Boire sans manger est au contraire une conduite des plus répandues chez l'homme ou l'animal. Boire est la manifestation primitive de l'oralité – téter-boire –, le comportement qui « vient à la tête » en réponse à une activation non spécifique de l'état central fluctuant. Lorsqu'on donne à un animal affamé une trop petite quantité de nourriture toutes les une ou deux minutes, celui-ci développe entre chaque distribution un comportement de boisson qui s'amplifie à chaque intervalle. La boisson intervient à l'arrêt des repas comme une réponse à la frustration d'un plaisir interrompu trop tôt. Il s'agit de ce que les éthologistes appellent une *activité de déplacement* ou de ce que Falk a décrit comme un *comportement surajouté.* Le comportement inadapté et sans relation avec la situation régulatrice présente (l'animal a faim, il n'a pas soif) est l'expression de l'état adversif opposant qui se développe à l'interruption brusque d'une situation gratifiante (voir p. 238). Selon Robert Dantzer, ces activités de déplacement offriraient un débouché à l'activation centrale permettant à l'individu qui vit un conflit de contrôler son niveau de tension [18]. Boire est le plus commun de ces comportements surajoutés. Dans certaines situations expérimentales, on peut aboutir chez l'animal à une « polydipsie psychogène », dénomination savante qui désigne chez l'homme l'innombrable cohorte des « boit sans soif ».

Les boissons inventées par l'homme augmentent la confusion entre boire et manger. La bière et le vin, par exemple, sont autant aliment que boisson, et leur valeur énergétique n'est pas étrangère à certains engraissements ; bedaines bavaroises et doubles mentons bourguignons en témoignent. Ce qui a été dit du goût et de l'odorat à propos de la faim s'applique à la soif. La palatabilité d'une boisson dépend de ses qualités et de sa signification pour l'organisme au moment de sa présentation. La bouche joue pour les fluides les mêmes rôles de comptable et de proviseur que pour les matières énergétiques, anticipant à la fois des besoins futurs et leur satisfaction. Pour la soif comme pour la faim, le temps organise l'espace du désir, de plaisirs en aversions et d'apprentissages en conditionnements. Espace spécifique que désignent les signaux internes bien particuliers du besoin en eau. Aux deux compartiments liquidiens de l'organisme – intracellulaire et extracellulaire – correspondent deux soifs, deux versions d'un même état central fluctuant et d'un commun désir de l'eau.

Les deux soifs

Le baron de Crac, ayant eu son cheval coupé en deux par un boulet de canon, observa que la moitié avant de sa monture n'arrêtait pas de boire, l'eau s'échappant par la tranche dès qu'absorbée par la bouche – selon une homéostasie un peu sommaire dans laquelle les entrées compensaient à mesure les sorties *(figure 51)*. Comme le cheval du baron, notre organisme perd de l'eau en permanence par la peau, les poumons et les reins. L'eau contenue dans les aliments et dans les boissons compense ses pertes. Une hormone règle les sorties d'eau, la vasopressine, qui ferme plus ou moins le débit urinaire ; un comportement, la boisson, règle les entrées. Boire et pisser sont indissociables ; la régulation de l'un affecte celle de l'autre. La soif, état passionnel qui correspond au besoin de boire, n'est pas due à la simple sensation de bouche sèche, comme le pensait Cannon, mais est le produit de facteurs multiples qui intègrent entrées et sorties et interagissent au sein de l'état central.

Figure 51. – LE BARON DE CRAC *(François Durkheim).*

L'eau est inégalement répartie entre l'intérieur et l'extérieur des cellules. Les deux compartiments liquidiens extra- et intracellulaire sont séparés par la membrane cellulaire. Lorsque la pression osmotique du milieu extracellulaire s'élève, c'est-à-dire lorsque la concentration en substances dissoutes augmente, soit par addition de solutés (repas salé), soit par perte d'eau (évaporation comme dans un marais salant ou fuite urinaire), l'eau contenue dans les cellules traverse la membrane afin de maintenir la balance entre les deux compartiments ; il en résulte une déshydratation cellulaire. Plus s'élève la pression osmotique du milieu extracellulaire (osmolalité), plus s'aggrave la déshydratation intracellulaire. Celle-ci se signale à nous par une sensation de soif – *soif dite intracellulaire*, en référence à son origine osmotique. Lorsque le milieu extracellulaire diminue de volume, à la suite d'une hémorragie par exemple, la pression osmotique, c'est-à-dire la proportion relative d'eau et de substances dissoutes, ne varie pas. La diminution du volume extracellulaire se signale également par une sensation de soif – *soif dite extracellulaire.*

Un homme assoiffé, même s'il est instruit en physiologie, sera bien incapable de dire sur la seule analyse de sa sensation si sa soif est intracellulaire ou extracellulaire. Les bouleversements du milieu intérieur et les régulations mises en jeu sont pourtant totalement différents dans l'un et l'autre cas. La soif ne saurait donc se réduire aux seules données sensorielles mais se rapporte à l'ensemble de l'espace intracorporel.

L'élévation de la pression osmotique du plasma – à la suite d'une prise excessive de sel ou d'une privation prolongée d'eau – se manifeste par un comportement de boisson et par la sécrétion d'hormone antidiurétique – vasopressine – qui retient l'eau au niveau du rein. Boire et ne plus pisser sont les deux réponses de l'organisme à la déshydratation intracellulaire, ripostes qui mettent en jeu un désir et une hormone. Ceux-ci sont les expressions de l'état central fluctuant et obéissent aux règles déjà décrites à propos de la faim. L'anticipation, notamment, fait cesser la soif dès que l'eau a pénétré dans la bouche et le tube digestif, avant même que ne soit corrigée la déshydratation cellulaire. Parallèlement, quelques gorgées d'eau suffisent à bloquer la sécrétion de vasopressine, anticipant des corrections à venir lors du passage plus tardif de l'eau dans les cellules [19].

Pour assortir la réponse comportementale à la réponse hormonale, il faut un fédérateur, rôle assuré par le cerveau. Celui-ci connaît le degré d'hydratation cellulaire grâce à la présence d'*osmorécepteurs* dans l'hypothalamus. L'existence de cellules nerveuses sensibles électivement aux variations de l'osmolalité sanguine a été pressentie par Verney dès 1937. Pour la première fois, il était montré que le cerveau est sensible aux variations de paramètres physiques du milieu intérieur. L'injection, dans la circulation cérébrale d'un chien, de sérum plus salé que le sang entraînait chez l'animal une chute de la diurèse (par sécrétion de vasopressine) et un comportement de boisson. En ligaturant les différentes branches de l'artère carotide, Verney montrait que seule une étroite région du cerveau, située à l'avant de l'hypothalamus, était sensible à l'élévation de l'osmolalité sanguine. Il concluait que se trouvaient dans cette aire des cellules nerveuses capables de « mesurer » la pression osmotique du plasma. En 1970, nous avons pu enregistrer dans l'hypothalamus de singes, grâce à des micro-électrodes implantées chirurgicalement, des variations de l'activité électrique de cellules nerveuses proportionnelles à l'osmolalité du sang [20] *(figure 52)*.

Le cerveau n'est pas seul, d'ailleurs, à être sensible aux fluctuations de l'osmolalité sanguine. Il existe des osmorécepteurs tout au long du tube digestif, dans la bouche, l'estomac, l'intestin, et, surtout, dans les parois de la veine qui apporte le sang de l'intestin au foie. Tout l'organisme, finalement, est un réseau d'informations concourant à l'unité de l'état central fluctuant.

La soif extracellulaire est un autre exemple de cette unité. Le cerveau la déclenche après avoir résumé et reproduit l'expérience du corps ; comportements, sécrétions hormonales et mécanismes viscéraux s'y trouvent intimement mêlés. Un voyageur qui traverse la lande de Mi-Voie entre Josselin et Ploërmel rencontrera une colonne de granit qui commémore le combat des Trente. Un épisode en est resté célèbre : le capitaine Jean de Beaumanoir, blessé aux membres et à la face, demande à boire tout en continuant de combattre. « Bois ton sang, Beaumanoir, la soif te passera ! » lui réplique un de ses rudes compagnons. Une hémorragie, même interne et inapparente, se manifeste par une soif intense. Celle-ci traduit l'*hypovolémie* – diminution du volume liquidien extracellulaire sans modification de l'osmolalité. Une hormone, l'angiotensine II, libérée dans le

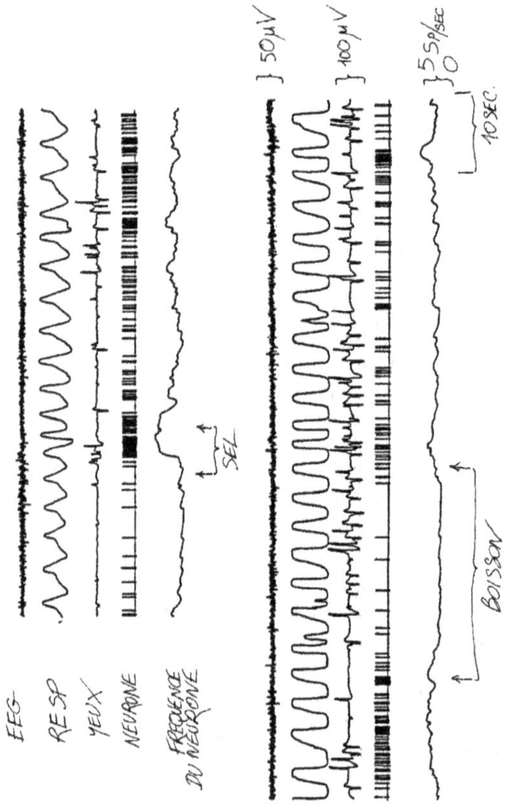

Figure 52. – ENREGISTREMENT DE L'ACTIVITÉ ÉLECTRIQUE D'UN NEURONE DE L'HYPOTHALAMUS D'UN SINGE. *Cette activité s'accélère lorsque la pression osmotique du sang est augmentée par l'injection d'une solution de sel dans la carotide. Il s'agit vraisemblablement d'une cellule osmoréceptrice. Inversement, la présence d'eau de boisson dans la bouche de l'animal inhibe l'activité de ce neurone « osmorécepteur » bien que la pression osmotique du sang n'ait pas encore eu le temps de varier. Il s'agit donc d'un mécanisme anticipateur qui intervient dans la satiété. (D'après Vincent et al., « Activity of Osmosentitive Single Cells in the Hypothalamus of the Behaving Monkey During Drinking »,* Brain Res., *44, 1972, p. 371-384.)*

sang de Beaumanoir en réponse à l'hémorragie était directement responsable de sa soif...

Résumons les péripéties de ce drame homéostasique. La perte de sang entraîne une diminution du volume liquidien circulant. L'hypovolémie stimule la sécrétion par le rein de rénine, enzyme qui transforme une protéine d'origine hépatique, l'angiotensinogène, en angiotensine. Cette hormone agit sur les vaisseaux sanguins qu'elle fait se contracter, adaptant le lit vasculaire au volume réduit du sang et restaurant ainsi la pression artérielle. Elle stimule également la production d'une hormone par la glande cortico-surrénale, l'aldostérone, qui induit une rétention d'eau et de sel et contribue au rétablissement de la masse sanguine. Mais l'angiotensine sanguine agit aussi sur le cerveau. Elle déclenche la soif et la boisson en stimulant des récepteurs nerveux situés aux confins de l'encéphale (voir p. 97). Les réponses comportementales et viscérales concourent donc à la restauration du même équilibre. Le cerveau n'est pas seulement le témoin passif de désordres périphériques. Il reproduit le drame systémique à l'intérieur de sa barrière protectrice. Sous l'influence de l'hypovolémie, le cerveau, informé par des volorécepteurs cardiaques et vasculaires, sécrète sa propre angiotensine. Nous avons vu que celle-ci appliquée en des territoires précis de l'encéphale, provoque un comportement de boisson, une hypertension artérielle et la sécrétion de vasopressine. Cette dernière ajoute son action à celle de l'angiotensine sanguine pour restaurer la pression artérielle. La soif, dans cette affaire compliquée, n'est qu'un des éléments multiples et redondants qui agitent l'état central lorsque celui-ci, cessant de fluctuer, menace de sombrer.

Mais qu'en est-il dans les circonstances ordinaires de la vie ? La sensibilité de l'organisme aux variations de la pression osmotique et du volume sanguin lui permet de réagir avant même que l'équilibre soit compromis. Dans les conditions normales, la déshydratation intracellulaire et l'hypovolémie vont de pair et offrent des signaux internes imperceptibles qui s'associent aux signaux externes et aux facteurs temporels pour moduler le désir de boire.

« Buvons avant que d'avoir soif », semble dire l'organisme. Mais quel plaisir procure la soif lorsqu'on dispose d'eau pour étancher celle-ci ! Il n'est de passion douloureuse que celle qui ne peut être satisfaite. Mais à trop la combler, celle-ci risque de s'éteindre. Toute l'économie du plaisir tient à cette contradiction.

Les centres et les humeurs

Centres de la faim et de la soif, nous retournons à la case départ, celle du désir et du plaisir. Les lieux que nous y avons décrits sont les mêmes que ceux impliqués également dans la faim et la soif ; ce qui a été dit alors sera répété, s'agissant ici uniquement des comportements alimentaires et de boisson.

A considérer les premiers résultats expérimentaux, les faits sont simples. La destruction de la région ventrale et médiane de l'hypothalamus entraîne chez le rat une boulimie. L'animal devient obèse. La stimulation électrique de cette même région produit un arrêt du comportement alimentaire ; on conclut qu'il s'y trouve un *centre de la satiété.* Celui-ci s'oppose à un *centre de la faim,* situé dans l'hypothalamus latéral. La stimulation électrique de cette dernière région provoque dans certains cas une prise alimentaire ; sa destruction bilatérale entraîne, en revanche, une perte du boire et du manger (aphagie, adipsie) qui ne cède qu'au bout de plusieurs jours.

Un schéma satisfaisant pour l'esprit de système peut être proposé *(figure 33).* Le stimulus excitateur (baisse du glucose cellulaire) active le centre de l'appétit. La prise alimentaire fournit un stimulus inhibiteur (la distension gastrique, par exemple) qui active le centre de la satiété ; ce dernier inhibe le centre de l'appétit, malgré la persistance du stimulus excitateur, et arrête la consommation. Ce n'est que plus tard, après régularisation des écarts métaboliques, que le stimulus excitateur disparaît. Dans ce schéma, nous retrouvons la mouche, modèle de nos passions machinales.

L'appareil gustatif très développé de l'insecte, sensible aux substances sucrées, active un ganglion nerveux qui commande l'ingestion. On peut assimiler l'effet sensoriel du sucre à un renforcement positif (plaisir !) de la prise alimentaire. Cependant, l'ingestion finit par s'arrêter : au fur et à mesure que la poche digestive se remplit, il en part en effet des influx nerveux proportionnels à sa distension. Ces messages inhibiteurs transportés par un nerf récurrent freinent l'activité du ganglion et arrêtent finalement l'ingestion. Si on coupe ce nerf, l'inhibition ne se produit plus et l'animal mange jusqu'à « mourir de plaisir ».

Les vertébrés supérieurs ne courent pas de tels risques. Les stimuli renforçateurs sont, nous l'avons vu, multiples et concurrents, les circuits inhibiteurs sont superposés et redondants, et la précision trop horlogère d'une innervation réciproque entre un centre inhibiteur et un centre excitateur se perd dans la complexité des circuits.

La notion même de centre de la faim ou de la satiété est contestable. On s'est rendu compte que la destruction de l'hypothalamus ventromédian augmentait la libération d'insuline par le pancréas et qu'à l'inverse sa stimulation en inhibait la sécrétion. Cette zone du cerveau exerce donc normalement un frein sur l'utilisation du glucose et la lipogenèse. Son action sur la faim n'est qu'indirecte, et secondaire à ses effets métaboliques. Lorsqu'on sectionne les nerfs vagues qui relient le cerveau au pancréas, la destruction de l'hypothalamus ventromédian ne produit plus d'obésité. Cette région a encore bien d'autres rôles que métaboliques. Différentes informations sensorielles et systémiques s'y intègrent pour y prendre, après passage dans les circuits limbiques, une coloration affective. Aversion, fuite et agression s'y expriment à côté de la faim. Une fois encore, l'anatomie s'efface devant l'unité de l'état central.

Les mêmes remarques concernent l'hypothalamus latéral. Nous avons étudié cette région (p. 219) à propos du désir et du plaisir ; son hétérogénéité a été soulignée. La stimulation de l'aire latérale provoque une sécrétion d'insuline qui peut être responsable de la faim. Sur cette région affluent des informations humorales (glucorécepteurs, osmorécepteurs) et sensorielles (goût, olfaction), et de cette convergence naît la spécificité du désir dirigé vers les stimuli périphériques. La soif cohabite dans l'aire latérale avec la faim, même si des territoires spécialisés intègrent les différentes informations spécifiques (volémie, osmolalité, glycémie).

La machine hypothalamique n'est que le maillon de plus vastes circuits (voir chapitre VII). L'amygdale est une sorte de doublure limbique de l'hypothalamus avec une partie latérale dont la destruction entraîne une hyperphagie-obésité et une région médiane dont la lésion produit une aphagie. Grâce aux circuits limbiques, les régions impliquées dans la faim et la soif rejoignent le cortex. Ronde verbale autant qu'anatomique qui permet de relier le cognitif à l'affectif et l'émotionnel au végétatif.

A l'imprécision qui règne sur les centres et les voies nerveuses qui les desservent s'ajoute la confusion sur les messagers chimiques utilisés. Là encore, on est loin du bel optimisme des débuts. Lorsque Grossmann, en 1960, injectait quelques microlitres d'acétylcholine dans l'hypothalamus latéral d'un rat, il observait un comportement de boisson immédiat. L'injection de noradrénaline au même endroit provoquait un comportement alimentaire. A chaque comportement son médiateur ; le centralisme chimique remplaçait le centralisme anatomique. Puis est venu le temps de la dopamine. L'empoisonnement sélectif par la 6-hydroxy-dopamine des fibres dopaminergiques qui courent dans l'hypothalamus latéral reproduit, nous l'avons vu (p. 198), le syndrome d'aphagie-adipsie provoqué par la destruction chirurgicale de cette structure. Rappelons, cependant, que la dopamine ne concerne pas uniquement les comportements alimentaires et de boisson, mais plutôt le désir et le plaisir dans leur ensemble (voir p. 229).

La noradrénaline intéresse, semble-t-il, plus particulièrement le versant sensoriel. La destruction du faisceau noradrénergique ventral en provenance du locus coeruleus et à destination des structures ventromédianes de l'hypothalamus donne les mêmes symptômes (boulimie suivie d'obésité) que les lésions de l'hypothalamus ventromédian ; on observe notamment la composante sensorielle si particulière à ce syndrome qui fait que ces animaux se goinfrent de nourriture mais se laissent mourir de faim si celle-ci a mauvais goût (voir p. 214).

La sérotonine a été impliquée dans les liens entre sommeil et comportement alimentaire (voir p. 287). Amine de la satiété, son site d'intervention et son mode d'action sont inconnus. Agit-elle, notamment, par l'intermédiaire d'un neuropeptide ?

Plusieurs neuropeptides interviennent dans les mécanismes de la faim et de la soif. Les endomorphines, bien sûr, figurent à ce nombre : leur relation avec les catécholamines a été évoquée à propos du désir et du plaisir. Leur intervention dans les mécanismes de renforcement en fait les complices privilégiées du plaisir et de la communication. Il est difficile de leur attribuer un rôle spécifique dans la faim, même si leur libération, par suite de pincements répétés et quotidiens de la queue chez un rat, stimule la faim et provoque une obésité que prévient par ailleurs l'injection simultanée de naloxone, antagoniste des morphiniques. Faut-il y voir l'explication de la gloutonnerie et de l'obésité qui accompagnent les situations de stress chez certains individus, et la raison du flot croissant d'obèses que charrient les trottoirs des grandes cités ? Une fois encore, l'amalgame est trop facile entre le rat de laboratoire et les malheureuses victimes de la société de consommation pour que nous ne le fassions pas sans réserves.

Le peptide CCK a été donné comme hormone de la satiété. Cette hormone, sécrétée par l'intestin au cours de la digestion, ne traverse pas la barrière hémato-encéphalique. Il faut donc admettre qu'une CCK est libérée sur place dans le cerveau et agit parallèlement à l'hormone systémique – cerveau à l'image du corps, une même substance étant libérée dans les centres nerveux et à la périphérie, pour concourir à la même fonction. Une autre hormone hypothalamique récemment isolée, le GRF, qui commande la sécrétion hypophysaire d'hormone de croissance – hormone impliquée dans les régulations métaboliques –, déclenche lorsqu'elle est injectée dans l'hypothalamus, un comportement alimentaire : dernier exemple de coopérativité fonctionnelle d'une substance entre le corps et le cerveau (voir chapitre IV).

A SUIVRE

Regardez ces deux amants qui trinquent, corps inclinés sur la table, verres à hauteur des yeux qui baignent dans le liquide doré. Imaginez la biologie du dessus et du dessous de table. Éros et Bacchus gambadent entre l'hypothalamus et le cerveau limbique. Pour ce moment de bonheur, quelles synapses donner en pâture aux amines et aux peptides ? Fastidieux neurones, accordez-nous pour un instant les plaisirs de l'âme...

CHAPITRE XI

L'amour, le sexe et le pouvoir

Alors, je vous le demande, quelle importance accorder à un sentiment qui dépend d'une demi-douzaine d'osselets dont les plus longs mesurent à peine deux centimètres ? Quoi, je blasphème ? Juliette aurait-elle aimé Roméo si Roméo quatre incisives manquantes, un grand trou noir au milieu ? Non ! Et pourtant il aurait eu exactement la même âme, les mêmes qualités morales ! Alors pourquoi me serinent-elles que ce qui importe c'est l'âme et les qualités morales ?

ALBERT COHEN, *Belle du Seigneur.*

En vertu d'un de ces paradoxes que seule peut inventer l'ordonnance créatrice de toutes choses, deux êtres humains, un homme et une femme, sont fondus l'un en l'autre, devenant une unité supra-personnelle du fait que ce rapport magnifie chacun des deux jusqu'au point de sa plus profonde autonomie – de son ipséité totale et éternelle.

LOU ANDREAS-SALOMÉ, *Éros.*

L'autre, les autres et l'état amoureux

Avec la faim et la soif, nous avons décrit la passion pour notre corps ; avec le sexe et le pouvoir, nous interrogerons nos rapports passionnés avec le corps de l'autre. Avant de proposer une définition de l'état amoureux, il nous a paru utile de signaler certains dangers de l'entreprise.

L'AUTRE

Face à l'autre désiré, l'homme n'a pour toute ressource que l'amour ou l'épreuve de force. Dans l'état central fluctuant, il n'y a pas de place pour l'autre en tant qu'être séparé ; pour l'avoir oublié, Narcisse s'est noyé.

Il existe un « besoin en autre », comme il existe un besoin en eau ou en protéines, besoin qu'exprime le désir amoureux. L'amour, pourquoi ? La reproduction n'intéresse vraiment que les démographes ou les sociobiologistes, et l'enfant-fruit n'est présent au cours du coït que comme un tiers mythique, une projection lointaine du désir. Seul reste l'autre, auquel nous rattachent le plaisir et le désir qui sont ici à leur degré supérieur (voir chapitres VIII et IX).

Entre le ciel et la terre, entre les instances sublimes et la congestion des muqueuses, l'homme n'a pas le choix. Il aime avec tout son être : cerveau, hormones et clair de lune compris. Le propre de l'amour est de faire cohabiter, sous leurs couleurs les plus violentes, les « élans de l'âme et les émois de la chair ». On feindra parfois d'ignorer ou les uns ou les autres : dualisme confortable mais ô combien réducteur. L'*état amoureux* n'est qu'une forme particulière de l'état central fluctuant. Il exprime la présence de l'autre dans l'espace extracorporel, cet autre auquel nous relie le langage. Toutes les complexités de l'amour viennent de ce que le langage y prend racine. Comme le dit Kristeva, « l'épreuve amoureuse est une mise à l'épreuve du langage [1] ».

Le désir est spécifié par son objet (voir p. 232) ; dans le cas de l'amour, par le partenaire sexuel que désigne l'état central. Ce dernier intègre l'autre parmi ses composants. Loin de n'être que le « contact de deux épidermes [2] » au confluent de deux espaces corporels solitaires, l'amour représente un état fusionnel dans lequel « la totalité de l'être se réalise ».

Le sexe, en ce qu'il est à la fois son contraire et le même, incarne cette unité. Nous essaierons de montrer comment la différence radicale entre le féminin et le masculin repose sur une ambivalence fondamentale et comment toute union sexuelle est le résultat de la lutte formidable que se livrent les contraires.

Finalement, l'« autre » ne peut échapper au sexe, *principe de l'unité au sein de l'altérité.* On conçoit dès lors que toute vie sociale soit réglée par le sexe. Sans aller jusqu'à désigner ce dernier comme la racine unique de tout pouvoir sur les autres, nous essaierons de montrer comment l'état central exprime dans ses humeurs la rencontre avec d'autres états centraux individuels, comment il en résulte une organisation interindividuelle et l'établissement d'une hiérarchie.

Les autres

Avant d'entrer en biologie, nous voudrions signaler deux écueils à éviter. Le premier consiste en une utilisation réductionniste de faits expérimentaux ou d'observations humaines pour la construction d'une machine sexuelle à des fins alternatives de plaisir ou de reproduction, dans le seul dessein d'en assurer le bon fonctionnement et un rendement optimal. Ces machinistes de l'amour s'intitulent sexologues ; comptables besogneux des orgasmes de la femme, ils décrivent une fonction orgasmique comme il en est de la pression artérielle ou des autres constantes de l'homéostasie [3]. Des « biologies de l'amour » nous sont proposées. Elles se contentent, le plus souvent, d'assigner le sexe à résidence dans le cerveau ou dans les glandes. C'est, par exemple, la révélation d'un *centre* de l'hypothalamus responsable du comportement sexuel ; sa destruction, assurée par des neurochirurgiens au bistouri justicier, est censée corriger les conduites déviantes de criminels sexuels [4]. D'autres confient à une substance chimique la responsabilité du désir amoureux, à l'exemple de ce biologiste américain [5] qui, ayant fait mention de la phényl-éthylamine comme de l'un des neuromédiateurs impliqués dans l'amour et signalé la présence de cette substance dans le chocolat, eut tôt fait, assisté par la presse, de redonner vigueur au vieux slogan publicitaire : amour et chocolat.

Le second écueil réside dans un choix biaisé de modèles animaux extrapolés à l'homme à des fins de démonstration dont la morale n'est jamais totalement absente. L'utilisation d'exemples empruntés à la vie des bêtes s'apparente parfois plus à des ragots qu'à la présentation de véritables hypothèses scientifiques. A ce compte, l'escargot hermaphrodite pourrait servir d'enseigne à un club de travestis et la vie sexuelle du gibbon permettrait de faire l'apologie du mariage chrétien. Étudier la sexualité des animaux pour comprendre celle des hommes ne se justifie que dans une perspective évolutionniste. Parce qu'il a quatre membres, l'homme ne marche pas pour autant à quatre pattes ; il peut même, grâce à son intelligence se déplacer sans faire usage de ses jambes. A nous de déceler dans les conduites amoureuses de l'homme ce qui reste des comportements et de leurs supports biologiques observés chez ses ancêtres – même si, grâce à son cerveau, l'homme a appris à faire l'amour sans ses organes génitaux et si, parfois, l'amour de l'autre se transforme en amour de Dieu...

Définition de l'état amoureux

Être amoureux, un état qui peut durer une heure ou une éternité – iceberg de chimie et d'imaginaire dont le comportement sexuel n'est que la partie émergée. Qui oserait prétendre que l'amour se réduit à une gymnastique copulatoire et à quelques grimaces préliminaires ? Mais ce sont les seuls phénomènes observables et – il faut bien nous y résoudre –, d'amour, il sera moins question par la suite que de comportement sexuel.

Nous retrouverons dans l'état amoureux les trois dimensions d'un état central : le corporel, l'extracorporel et le temporel. Être amoureux exige la présence – réelle ou imaginée – de l'autre en tant qu'objet de désir au sein de l'espace extracorporel. Le paradoxe de l'amour est que cet objet est lui-même constitué d'un état central, autrement dit que l'espace extracorporel de l'un est occupé par l'espace corporel de l'autre. L'autre n'est pas indifférent. L'amour exige une réciprocité et le désir de l'un est fonction du désir de l'autre. Un chien et une chienne appartenant à un même maître cohabitent dans un respect poli tout au changement d'état chez la femelle transforme l'indifférent en amant. L'état central de la femelle a induit l'état amoureux du mâle – « ce que j'aime, c'est ton amour... »

L'espace corporel

L'état amoureux s'accompagne chez les deux partenaires d'une transformation du corps ; parfois spectaculaire, celle-ci se réduit le plus souvent à des bouleversements intimes qui touchent principalement les sécrétions hormonales et le fonctionnement du système nerveux central. Le rôle des glandes génitales est évidemment déterminant, comme en témoignent les effets de la castration. Les hormones sexuelles agissent directement sur le cerveau grâce à la présence de récepteurs dans les neurones. D'autres hormones, comme la prolactine et la lulibérine, interviennent également dans la genèse de l'état amoureux. Mais des testicules ou des ovaires regorgeant de sécrétions ne suffisent pas à engendrer le désir sexuel. Le désir est universel et lié au bon fonctionnement, à l'intérieur du cerveau, de systèmes désirants dont la sexualité n'est qu'un des accomplissements. Enfin, l'appareil sexuel lui-même ne représente pas une composante indispensable de l'état amoureux ; voie finale commune, nécessaire aussi bien à la jouissance qu'à l'accomplissement de la fonction reproductrice, il n'intervient pas, ou peu, dans la reconnaissance de l'autre, qui reste chez l'homme la fonction supérieure de l'amour.

Corps désirable et corps désirant

Le corps perd parfois son apparence ordinaire : le pelage devient luisant, les yeux s'éclairent de lueurs diaphanes, les bois poussent sur le front et les fesses éclatent en feu d'artifice coloré. Mais c'est à l'intérieur, par le jeu des hormones, qu'advient l'essentiel du désir. Celui-ci diffère chez le mâle et chez la femelle. D'une seule pièce chez le premier, il est plus hétérogène – mélange d'actif et de passif – chez cette dernière. On y distingue, suivant la terminologie de Beach [6], l'*attractivité* ou pouvoir de séduction exercé sur un mâle, la *proceptivité* ou attirance éprouvée pour un mâle et la *réceptivité* ou adoption d'une posture permettant l'accouplement. Le déterminisme hormonal de ces trois composants n'est pas univoque.

L'*attractivité* consiste en un ensemble de signes déployés par la femelle et de nature à faire naître le désir chez le mâle. L'extraordinaire diversité rencontrée dans le règne animal nous renvoie aux traités spécialisés. Nous y reviendrons lorsqu'il sera question de l'espace extracorporel.

La *proceptivité* constitue la part active du désir. Elle se manifeste de façon spectaculaire dans certaines espèces, la rate par exemple, dont les départs en flèche et le frémissement des oreilles signent son désir du mâle, ou la guenon, dont les mimiques obscènes et les sollicitations pelviennes sont autant d'appel pour le singe. On peut, chez la guenon, obtenir une mesure de la proceptivité en observant la fréquence et l'empressement à déjouer des obstacles qui la tiennent éloignée du mâle : cages à double compartiment, trappes, grilles coulissantes, etc.

La *réceptivité,* enfin, se traduit par une posture permettant l'intromission du pénis. Cette incurvation du dos ou

« lordose » facilite l'accès de l'organe mâle à sa destination. Il s'agit, nous l'avons vu (p. 180), d'un véritable réflexe déclenché par une pression lombaire à la condition que la femelle soit en œstrus.

L'*œstrus* est un état hormonal particulier qui permet la ponte de l'ovule chez la femelle. Les ovaires, sous l'action des hormones gonadotrophines hypophysaires et des stéroïdes ovariens, subissent une maturation cyclique qui aboutit à la libération d'ovules dans les voies génitales. Schématiquement, la première moitié du cycle est dirigée par l'œstradiol qui permet la croissance du follicule – structure cellulaire dans laquelle se développe l'ovule – et sa rupture (ponte ou ovulation) ; la seconde moitié appartient à la progestérone sécrétée par le follicule transformé en corps jaune qui prépare la grossesse à venir *(figure 53)*. En

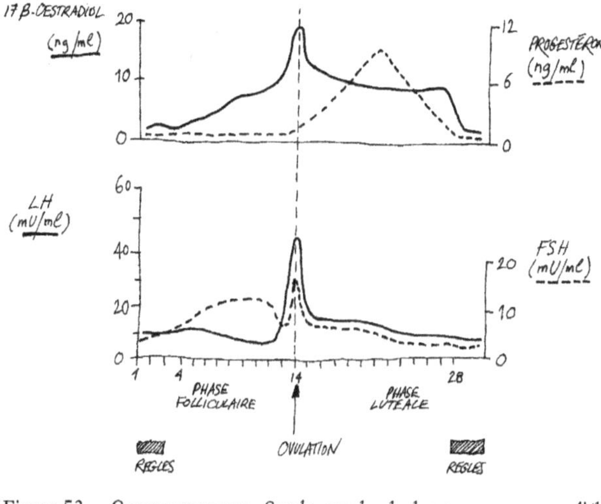

Figure 53. – CYCLE MENSTRUEL. *Sur la courbe du haut, on remarque l'élévation de l'œstradiol dans la première moitié du cycle et celle de la progestérone dans la deuxième moitié. La brusque montée d'œstradiol qui précède le milieu du cycle provoque le pic de l'hormone hypophysaire LH, qui induit à son tour la ponte de l'ovule par l'ovaire.*

l'absence de fécondation, un nouveau cycle succède au précédent. Dans la plupart des espèces, le désir sexuel (rut) n'existe qu'au moment de l'œstrus, lorsque la sécrétion d'œstradiol est maximale. C'est le temps où la femelle est désirable et accepte le mâle, le temps où s'affirme la finalité du sexe – la reproduction –, tout conspirant alors à faire se rencontrer la cellule mâle et la cellule femelle.

Chez le primate (voir p. 79), l'œstrus est moins soumis au contrôle du cerveau et le désir échappe à l'œstrus. En règle générale, la guenon ne présente pas de chaleurs. Cela ne veut pas dire qu'il n'existe pas de variation du désir au cours du cycle. Statistiquement les rapprochements sexuels sont plus fréquents à l'approche de l'ovulation, au milieu du cycle, et diminuent au cours de la période du corps jaune. Ces résultats concernent les guenons et les étudiantes d'universités américaines, chez qui les travaux de Persky [7] ont révélé que les pulsions sexuelles augmentaient lors du pic hormonal précédant l'ovulation. Chez les guenons en captivité, la permanence du désir tout au long du cycle paraît plus nette que dans les conditions naturelles. Les facteurs sociaux qui accompagnent la vie en liberté favorisent, au contraire, la proceptivité en période préovulatoire. La vie sauvage encourage tout ce qui concourt à la fécondité. La perte du rut chez le primate signifie la naissance d'Éros. La latence entre l'acte et son bénéfice – la portée – permet l'éclosion du culturel dans les rapports entre les sexes, et la fécondité cède la place à l'altérité comme but avoué de la sexualité.

L'ablation des glandes génitales qui sécrètent les hormones sexuelles se traduit, après un délai plus ou moins bref, par la perte de toute activité sexuelle dans la plupart des espèces. Chez la femelle, la disparition porte aussi bien sur la proceptivité et l'attractivité que sur la réceptivité. Une chatte castrée, avons-nous vu, grifferait le mâle qui tenterait de l'approcher si ce dernier n'était tenu éloigné par l'absence, chez elle, de toute attractivité. L'injection d'œstradiol restaure en quelques dizaines d'heures le désir et la séduction perdus. La seconde hormone sexuelle – la progestérone – a une action plus complexe et variable selon les espèces. Injectée entre trente-six et quarante-huit heures après l'œstradiol, elle potentialise les effets sur la réceptivité. Plus tardivement, la progestérone a un effet inhibiteur sur le désir et se comporte en agent de la satiété sexuelle.

Les effets des hormones sont moins contrastés chez les primates. Une guenon castrée conserve quelque temps une activité copulatoire. Chez la femme, le désir ne semble pas touché par l'ablation des ovaires. Comme pour le rut absent, le désir conservé de la femme sans ovaires témoigne que, chez l'humain, l'activité sexuelle a perdu ses liens directs avec la fonction de reproduction.

La castration chez la guenon n'affecte pas également les trois composantes du désir. Ni la proceptivité ni la réceptivité ne semblent altérées. Il existe, par contre, une chute dramatique de l'attractivité. Le singe mâle ne veut plus d'une femelle castrée, dont les avances restent vaines. Une injection d'œstradiol rend son charme à la guenon en agissant sur ses sécrétions vaginales et en modifiant l'odeur qui s'en dégage. Chez la guenon tout au moins, l'attractivité n'est pas liée à l'influence de l'œstradiol sur le cerveau, mais à une simple affaire d'odeur.

Chez la guenon et probablement chez la femme, ce ne sont pas les hormones femelles – progestérone et œstradiol – qui règlent la proceptivité et la réceptivité, mais les hormones mâles ou androgènes – testostérone et androsténédione – sécrétées également par les ovaires et par les glandes surrénales. Leur action s'exerce directement sur le cerveau. Il existe un pic de testostérone dans la période qui précède l'ovulation, au moment où le désir est le plus fort. Certaines pilules anticonceptionnelles provoquent parfois chez les femmes qui les prennent une réduction du taux d'hormones mâles dans les urines, qui coïncide avec une baisse de leur libido. Paradoxe et ambiguïté, le désir, chez la femme, repose donc sur l'action cérébrale de ses hormones mâles.

Et le désir chez le mâle ? Nous serions tentés de dire qu'il repose dans sa mémoire. L'activité sexuelle ne décline en effet que lentement après la castration. Un chien fornique encore gaillardement près d'un an après la perte de ses génitoires. Un singe castré, malgré une vigueur diminuée, conserve longtemps sa capacité de monte. Les effets de la castration sont d'autant plus sensibles que celle-ci est pratiquée avant la puberté, ou chez un animal vierge et inexpérimenté. Une pratique antérieure à la castration conserve aux souvenirs leur pouvoir sur le sexe. D'Osmin à Li Hong-tchang, la réputation de lubricité des eunuques n'est plus à faire. Des rats Brattleboro qui, pour être dépourvus de vasopressine, ont la mémoire défaillante, cessent tout activité sexuelle dès le lendemain de la castration. Ayant reçu une injection de vasopressine et recouvré ainsi la mémoire, ils conservent après castration leur activité sexuelle [8].

Il n'en est pas moins vrai que, chez tous les mâles, hommes y compris, la castration se traduit par une perte progressive de l'activité sexuelle. L'éjaculation disparaît la première, suivie de la perte de l'érection et de la possibilité d'intromission. L'injection de testostérone chez le castrat restaure dans l'ordre inverse toutes les activités sexuelles. Cette action de la testostérone s'exerce directement sur le cerveau, comme on a pu le montrer en plaçant de minuscules cristaux de cette hormone dans l'hypothalamus antérieur d'un rat castré qui retrouve alors une activité sexuelle (*figure 54*).

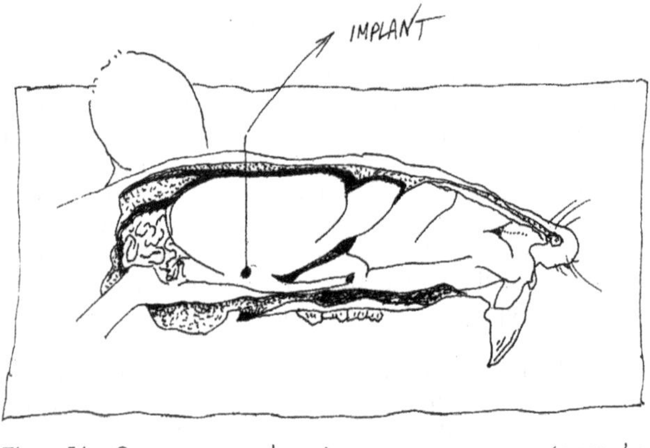

Figure 54. – Coupe sagittale d'un crâne de rat montrant la présence d'un implant d'œstradiol dans l'hypothalamus.

DES NEURONES SOUS INFLUENCE

Les hormones qui circulent librement dans le corps n'agissent qu'en des lieux précis du cerveau. Il suffit que l'implant de testostérone ait été placé à quelques millimètres de la zone où se situe normalement son action pour que ses effets ne se produisent plus. Une telle spécificité de lieu s'explique par la présence dans certaines régions du cerveau de neurones sensibles électivement aux stéroïdes.

Ces neurones sont révélés grâce à la technique d'autoradiographie (voir p. 89). L'hormone stéroïde marquée par un produit radioactif se fixe électivement sur ses sites récepteurs *(figure 9)*. Ceux-ci sont situés principalement à la base du cerveau, dans l'hypothalamus et alentour : région ventrale et médiane d'une part, région antérieure et latérale d'autre part. On trouve également des sites de fixation dans le cerveau limbique – amygdale et septum –, dans le tronc cérébral et jusque dans la moelle épinière *(figure 55)*.

Ces régions ne diffèrent pas sensiblement chez le mâle et chez la femelle. Il est difficile, nous en verrons plus loin la raison, de distinguer les régions où se fixe électivement la testostérone ou l'œstradiol. Les zones sensibles à la progestérone recouvrent celles sensibles à l'œstradiol ; les mêmes neurones peuvent posséder des récepteurs aux deux hormones [9].

Les récepteurs aux stéroïdes dans le cerveau ne sont pas différents de ceux situés dans les organes sexuels – utérus et prostate, par exemple. Le stéroïde, après avoir traversé sans encombre la membrane de la cellule, reconnaît à l'intérieur de celle-ci un récepteur auquel il s'accroche (récepteur cytosolique). Le complexe ainsi formé transporte le stéroïde jusqu'au génome. Il se fixe aux acides nucléiques (récepteur nucléaire), dont il modifie l'activité. Maître d'œuvre au sein du noyau, le stéroïde induit des synthèses d'enzymes ; ses actions sont, dans l'ensemble, complexes, multiples et mal connues. Lors du développement du cerveau, l'œstradiol, par exemple, dirige la division

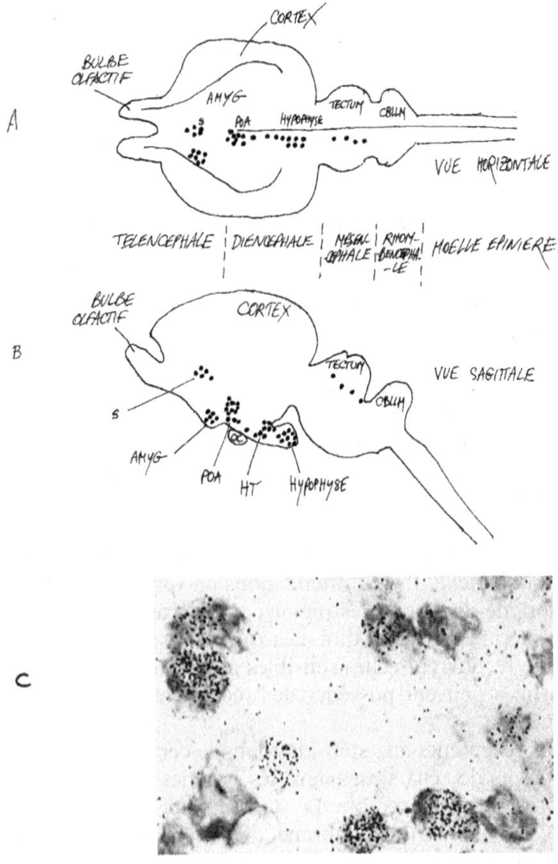

Figure 55. – EN A ET B, REPRÉSENTATION DE LA DISTRIBUTION DES NEURONES SENSIBLES AUX ŒSTROGÈNES DANS LE CERVEAU. EN C, MACROPHOTOGRAPHIE D'UN AUTORADIOGRAMME DE LA RÉGION PRÉOPTIQUE MÉDIANE D'UN CERVEAU DE COBAYE SACRIFIÉ UNE HEURE APRÈS L'INJECTION D'ŒSTRADIOL RADIOACTIF *(grossissement × 1520 ; document communiqué par M. Warembourg, INSERM, U. 156).*

cellulaire, la différenciation des neurones, la pousse des prolongements, l'établissement de contacts entre cellules et la formation de réseaux [10]. Une fois le cerveau achevé, les différents stéroïdes interviennent sur le fonctionnement de réseaux neuronaux et favorisent ou inhibent la synthèse et la libération d'hormones et de neurotransmetteurs.

Ces actions s'exercent notamment sur les régions du cerveau qui, par l'intermédiaire de l'hypophyse, règlent le fonctionnement des gonades : sécrétion des hormones d'une part, maturation et livraison des gamètes (spermatozoïdes et ovules) d'autre part. Les différents réseaux neuronaux intervenant dans les péripéties du comportement sexuel sont également, nous l'avons vu, sous l'influence des stéroïdes.

Le propre de l'action d'un stéroïde est classiquement sa longue durée (jours) en raison de la mise en jeu de la lourde et lente machinerie des synthèses d'enzymes. On attribue aujourd'hui aux hormones stéroïdes des modalités d'intervention plus rapides (minutes) sur le cerveau ; elles s'exercent directement au niveau de la membrane des neurones dont elles modifient l'excitabilité *(figure 21).*

Quelle que soit la modalité, à court ou à long terme, de leurs interventions, nous insisterons sur l'importance des stéroïdes sexuels, présents à chaque instant dans le cerveau pour en diriger d'abord la construction et en moduler ensuite l'expression.

A côté de leur affinité élective pour le cerveau, les hormones sexuelles ont aussi une action sur les versants afférents et efférents de la structure réflexe. Chez le rat mâle, il existe dans la moelle épinière des motoneurones regroupés en un noyau situé dans la région lombaire ; ils innervent les muscles bulbocaverneux qui permettent l'érection et le battement du pénis [11]. Ce noyau et ces muscles n'existent pas chez la femelle et disparaissent chez un mâle castré à la naissance. En revanche, le traitement prénatal de fœtus femelles par la testostérone provoque chez eux le développement ultérieur des muscles bulbocaverneux et du noyau moteur spinal correspondant [12]. Cet exemple montre que l'hormone mâle est capable non seulement de provoquer la mise en place de structures nerveuses spécifiques au niveau de la moelle épinière, mais également d'affecter le développement de l'organe périphérique, en l'occurrence le pénis.

Les hormones mâles qui agissent sur les sorties motrices du réflexe pénien interviennent aussi sur ses entrées. Elles augmentent la sensibilité du gland aux stimuli tactiles. Chez la rate, l'œstradiol augmente les champs récepteurs des nerfs sensitifs innervant la région périnéale [13]. L'oreille du crapaud ne devient réceptive au chant charmeur de la crapaude que sous l'influence des androgènes [14].

Venons-en à considérer les problèmes posés par la multiplicité des niveaux d'action des stéroïdes. Tinbergen [15] estimait que les stéroïdes ne pouvaient agir que sur les centres nerveux supérieurs : « L'action d'une hormone sur un muscle semble incompatible avec une action spécifique sur un comportement particulier, car aucun muscle n'est impliqué dans un seul comportement. » Faisons remarquer au grand éthologiste que les muscles du pénis sont rarement utilisés pour autre chose que pour le comportement sexuel. L'exemple des oiseaux montre bien la hiérarchie des effets périphériques et centraux des stéroïdes. Chez le pinson, les muscles de la trachée, responsables des vocalises amoureuses par lesquelles le mâle attire la femelle, sont directement imprégnés de testostérone qui met l'instrument vocal au diapason du désir amoureux de l'animal. Parallèlement, la testostérone provoque un bouleversement de certaines régions du cerveau où se trouvent les réseaux neuronaux qui commandent le chant [16]. Signalons – le fait est contraire à la règle – que l'injection de testostérone est capable de provoquer chez le serin adulte castré des divisions de neurones conduisant à une nouvelle organisation des centres qui commandent le chant.

Finalement, ce qui ressort de toutes ces observations est la redondance des systèmes de rétroactions hormonales s'exerçant aux différents niveaux hiérarchisés qui règlent les différentes composantes du comportement sexuel.

Une autre difficulté réside dans l'impossibilité d'attribuer des rôles précis à tel ou tel stéroïde au sein de telle ou telle structure nerveuse.

Ces rôles changent selon les espèces. La progestérone, par exemple, indispensable à l'activité sexuelle des rongeurs, semble peu intervenir chez le primate. Le nombre des récepteurs aux stéroïdes et leur spécificité ne sont pas, non plus, des données constantes. Une propriété de l'œstradiol est d'induire la production dans l'hypothalamus de récepteurs à la progestérone. L'action de cette dernière, précédée d'une préparation à l'œstradiol, se trouve donc renforcée par l'augmentation du nombre de ses récepteurs [17]. Ainsi peut être expliquée l'action séquentielle des deux hormones dans l'induction d'un comportement sexuel chez le rat.

Un dernier facteur de complexité réside dans la versatilité chimique des stéroïdes. Grâce à la présence d'une enzyme ou aromatase dans certaines régions du cerveau, la testostérone – hormone mâle – y est transformée en œstradiol – hormone femelle. Il existe probablement des récepteurs spécifiques des hormones mâles, mais il est difficile de dire lorsque la testostérone se lie si elle le fait sous sa forme propre ou transformée en œstradiol. Une autre transformation de la testostérone est sa réduction en 5-α-di-hydro-testostérone, forme sous laquelle elle est surtout active sur les organes génitaux (voir p. 338). Mais la progestérone sous forme réduite peut également reconnaître les récepteurs de la testostérone [18]. Hormones mâles, hormones femelles, la séparation des sexes paraît consommée et pourtant tout semble concourir à leur confusion ; déjà au niveau des hormones, la différence naît de l'ambivalence.

Autres hormones amoureuses

Les stéroïdes n'animent pas seuls l'espace corporel de l'amour. La prolactine, hormone sécrétée par l'hypophyse, a non seulement pour fonction nominale de faire fabriquer du lait par les glandes mammaires, mais bien d'autres rôles encore, notamment chez le mâle [19]. On attribue à un taux trop élevé de prolactine la responsabilité de cas d'impuissance chez l'homme [20]. Peut-être s'agit-il d'une action indirecte due à l'action inhibitrice de la prolactine sur la sécrétion de testostérone. Chez la femme, une sécrétion exagérée de prolactine est la cause de nombreux cas de stérilité. L'hormone interviendrait en bloquant les mécanismes hypothalamo-hypophysaires de l'ovulation. La prolactine participerait également à la régulation du comportement sexuel en inhibant les centres nerveux qui commandent la réceptivité de la femelle. Cette action serait due à un blocage de la libération de lulibérine dans ces centres [21].

La lulibérine a déjà été mentionnée à plusieurs reprises (p. 79). Nous rappellerons que cette hormone peptidique, injectée dans l'hypothalamus d'un rat, induit chez celui-ci un comportement sexuel (voir p. 95). Tout ce qui a été dit à propos du rôle des différents stéroïdes dans la genèse du comportement sexuel montre bien que la lulibérine n'agit pas seule et ne saurait donc prétendre, comme on l'a dit parfois, au rôle exclusif d'*hormone du désir amoureux.* Mais elle en est, semble-t-il, la *clé.* Une voie nerveuse utilisant la lulibérine comme neurotransmetteur relierait l'hypothalamus au mésencéphale [22], mettant ainsi en communication deux niveaux stratégiques essentiels dans la réalisation de l'acte sexuel. Nous avons déjà décrit (p. 227) la complexité de ces structures nerveuses où s'agitent les catécholamines. L'activité de la lulibérine est liée, au sein de ces structures, à celle de la dopamine [23]. L'action des deux substances semblent s'auto-amplifier dans une facilitation réciproque [24]. A titre d'hypothèse, nous retiendrons que la lulibérine pourrait servir à enclencher et à donner leur orientation sexuelle aux systèmes désirants aspécifiques animés, nous pourrions dire que, comme le désir est spécifié par son objet, les systèmes désirants catécholaminergiques sont spécifiés par la lulibérine. Les stéroïdes sexuels, par leur présence locale, régleraient les conditions de cet accord.

UNE HIRONDELLE NE FAIT PAS LE PRINTEMPS

La diminution du taux de testostérone n'est pas responsable chez les personnes âgées de la perte du désir et de l'impuissance. L'injection d'hormone mâle ne permet pas au vieillard de retrouver sa vigueur sexuelle perdue. C'est le désir qui a vieilli plus que les testicules. On peut y voir l'expression de la dégénérescence chez les sujets âgés des systèmes désirants – dopaminergiques, entre autres [25].

LE DÉSIR EN TÊTE

Une observation simple confirme la primauté du cerveau dans l'activité sexuelle. Il existe des lignées génétiques de cochons d'Inde qui diffèrent par leur niveau d'activité sexuelle ; appelons-les, pour les différencier, la souche Casanova et la souche Joseph. Après castration, les individus des deux souches se retrouvent à égalité pour l'impuissance sexuelle dont ils font preuve. Si, par la suite, on leur injecte une quantité massive de testostérone identique pour les deux souches, les individus de la souche Casanova retrouvent un niveau de performance très supérieur à ceux de la souche Joseph, confirmant que la différence d'activité sexuelle ne venait pas de facteurs glandulaires mais bien de facteurs nerveux. *On le savait, le désir est dans la tête, pas dans les glandes génitales.*

Dans le cerveau, des structures neuronales sont communes aux différentes expressions du désir (voir chapitre VIII). Les différentes composantes de l'état central spécifient le désir. Les hormones jouent un rôle déterminant. Ce sont elles qui, au cours du développement, tracent au sein du « cerveau flou » des réseaux neuroniques qui permettent après la puberté l'accomplissement des actes sexuels propres à chaque sexe. Ce sont elles qui déterminent les niveaux d'activation, d'excitabilité et de réponse des structures nerveuses sollicitées. Ce sont elles, enfin, qui conditionnent l'attractivité et font qu'un individu désirant devient pour l'autre un objet de désir.

Le désir attrapé par la queue [26]

Dans tout ce qui précède, il a été souvent question de désir, de cerveau et d'hormones, mais jamais de ces accessoires singuliers que sont le pénis mâle et son étui femelle. Est-ce à dire que, parlant de l'amour, nous évitions pudiquement de parler de ses instruments ? Il ne s'agit pas, en fait, de détourner notre regard de la braguette tendue du jeune Roméo, mais de reconnaître seulement que la source de son désir pour Juliette est plus proche de son bonnet que de sa culotte, et que l'échelle de soie, le balcon et le rossignol participent tout autant à son état amoureux que la dilatation de ses corps caverneux [27].

Loin de faire semblant d'ignorer l'importance de l'érection et de l'éjaculation chez l'homme, ou des turgescences, contractions et sécrétions qui animent la femme au cours du coït, nous avons délibérément choisi d'en parler peu, laissant ce domaine aux spécialistes. Une expérience récente de Stefanick (1983) montre que des rats mâles, après anesthésie de leur pénis, continuent de monter activement les femelles alors qu'ils sont incapables d'érection et d'accouplement [28]. Le désir et l'excitation sexuelle peuvent donc être nettement dissociés, chez l'animal, des mécanismes périphériques mis en jeu dans la copulation.

On ne sait, d'ailleurs, qu'assez peu de chose sur les mécanismes nerveux périphériques et centraux de l'érection et de l'éjaculation. Il s'agit de réflexes provoqués par des stimulations tactiles et par compression du pénis. L'érection met en jeu les centres parasympathiques situés dans la moelle épinière sacrée, tandis que l'éjaculation est à composante principale orthosympathique. Après section de la moelle épinière au niveau de la région dorsale, on peut encore obtenir, chez un chien, des mouvements rythmiques du pelvis suivis d'éjaculation en réponse à des pressions exercées sur le pénis. Il est important de noter que ces réflexes sont abolis chez un animal castré et sont restaurés par l'injection de testostérone ou l'implantation de cristaux de cette hormone dans la moelle épinière. Nous sommes donc en présence de réflexes neuro-endocriniens qui nécessitent pour se réaliser la présence de testostérone, dont l'action modulatrice s'exerce grâce à des récepteurs hormonaux situés sur les neurones de la moelle épinière. Comme tout acte réflexe organisé au niveau médullaire, le schéma copulatoire est intégré dans une hiérarchie de contrôles impliquant les étages supérieurs du système nerveux. Après des relais au niveau du tronc cérébral, c'est finalement dans l'hypothalamus que parviennent les afférences sensorielles d'origine sexuelle. A ce niveau, le déclenchement de la séquence copulatoire est lié à l'ensemble des composantes de l'état central. Nous reviendrons sur les régions de l'hypothalamus spécialisées chez le mâle dans la commande du comportement sexuel (voir p. 341). De même, nous ne ferons ici qu'une brève mention des structures nerveuses du cerveau intervenant dans le comportement sexuel mâle, non pour minimiser leur importance, mais en reconnaissant que ce sont celles déjà impliquées dans l'ensemble des passions animales. Nous retrouvons l'amygdale dont la stimulation provoque l'érection ou son inhibition, le lobe temporal dont l'ablation provoque le syndrome de Klüver et Bucy (voir p. 150), le septum qui faciliterait l'érection et enfin le néo-cortex dont le rôle est aussi évident que déterminant comme en témoignent les impuissances sexuelles dites psychogènes ou le fiasco cher à Stendhal [29].

Une fois encore, le concept d'état central nous conseille d'éviter de dissocier l'ensemble des structures nerveuses dont les actions se résument en influences facilitatrices ou inhibitrices sur les montages neuronaux qui exécutent la séquence copulatoire. Pour ce qui est du plaisir qui accompagne la copulation et de la satiété qui lui fait suite, nous ne reviendrons pas sur ce qui a été dit dans le chapitre traitant du plaisir. Nous dirons seulement qu'il n'est pas de centre particulier du plaisir sexuel et que l'orage neurovégétatif qui emporte l'amant dans son transport amoureux n'est qu'un embrasement paroxystique de structures nerveuses communes (peut-être le septum), explosion telle qu'elle va quelquefois jusqu'à suspendre un instant la conscience.

Pour ce qui est du comportement sexuel femelle, nous devrons reconnaître qu'il est encore plus difficile d'extrapoler de la rate à la femme que du rat à l'homme. Si ce dernier présente, comme l'animal, érection et éjaculation, il est par contre impossible de réduire les inventions posturales de la femme à la lordose stéréotypée de la rate. Dans les deux cas, il existe une composante réflexe manifeste se traduisant par l'importance des stimuli tactiles et des pressions utérovaginales dans le déclenchement des actes copulatoires. Nous ne pourrons toutefois manquer de souligner l'extrême diversité des zones érogènes chez la femme qui, comme la variété des postures d'accouplement, témoignent de la secondarisation chez l'humain des procédés de l'amour. Dès lors, nous n'évoquerons que brièvement les structures nerveuses centrales qui, chez la rate, organisent la lordose : un niveau médullaire réflexe, un niveau mésencéphalique et un niveau hypothalamique, enfin, où la zone impliquée est, nous le verrons, différente de celle concernée chez le mâle.

Et l'orgasme ? Le mot qui signifie « ardeur » en grec s'applique aussi bien à l'homme qu'à la femme, dont, toutefois, les orgasmes diffèrent en qualité et en durée. L'orgasme tend aujourd'hui, dans l'opinion commune, à devenir une propriété mythique de la femme, faisant d'une ménagère ordinaire l'égale de sainte Thérèse d'Avila. Alors que, chez l'homme, la jouissance accompagne les spasmes de l'éjaculation, l'orgasme féminin précède de quelques secondes la réponse périnéale. Quelle que soit la signification biologique – ou philosophique – que l'on attribue à l'orgasme, ce phénomène témoigne de la participation des structures nerveuses cérébrales dans le déroulement de la séquence copulatoire. L'orgasme se présente, dans sa version réductionniste, comme une variété d'épilepsie réflexe [30]. A partir d'un seuil d'excitation atteint grâce à l'afflux d'afférences sensorielles et d'influences facilitatrices d'origine cérébrale, il se produirait des décharges synchrones et auto-entretenues de neurones dans le septum, l'amygdale et les noyaux thalamiques [31].

On sait par ailleurs que des stimuli rythmiques, comme par exemple une stimulation lumineuse intermittente, peuvent provoquer des crises d'épilepsie. Les rythmes entremêlés du pénis, du pelvis et de la voix qui scandent un coït ordinaire ne seraient-ils que des stimuli intermittents destinés à déclencher l'épilepsie orgasmique ? Les très rares enregistrements électrophysiologiques réalisés pendant l'orgasme chez des sujets atteints par ailleurs de troubles nerveux ne peuvent ici que s'effacer devant des données plus subjectives. En attendant de pouvoir pratiquer des enregistrements électriques intra-cérébraux chez des sujets normaux, il est probable qu'hommes et femmes continueront de jouir sans savoir s'ils sont ou non épileptiques.

L'amour pur

Nous avons jusqu'ici confondu le sexe et l'amour. L'attitude pourrait passer pour étroitement réductionniste si elle ne proclamait l'unité de l'état central. L'amour chrétien dans toute sa sublimité passe par l'incarnation christique dans le corps de l'homme. Comme le remarque Kristeva commentant saint Bernard, « plus le mystique dépasse ce corps vache, plus il lui assigne sa place de résidu animal, plus la vache [32] s'impose dans l'affect et dans l'amour cependant gérés, dictés, implantés en nous par la grâce de l'autre » *(figure 56)*.

Pour le neurobiologiste, il serait trop facile d'assigner au néo-cortex, grâce à sa proximité du ciel, le rôle de l'ange pour reléguer ensuite la bête dans les bas-fonds de l'hypothalamus et de la moelle. Le désir implique l'homme de la tête à la queue et il n'est pas de structure nerveuse à l'abri de ses directives. Dès lors, l'espace corporel – espace du désir –, en ce qu'il est une des composantes de l'état central, participe à toute forme de l'amour.

« Le noyau de ce que nous appelons *amour* est formé

naturellement par ce qui est communément connu comme amour et qui est chanté par les poètes, c'est-à-dire l'amour sexuel, dont le terme est constitué par l'union sexuelle. Mais nous n'en séparons pas toutes les autres variétés d'amour, telles que l'amour de soi-même, l'amour qu'on éprouve pour les parents et les enfants, l'amitié, l'amour des hommes en général, pas plus que nous n'en séparons l'attachement à des objets concrets et à des idées abstraites [...], à savoir que toutes ces variétés d'amour sont autant d'expressions d'un seul et même ensemble de tendances, lesquelles, dans certains cas, invitent à l'union sexuelle, tandis que, dans d'autres, elles détournent de ce but [...] nous pensons qu'en assignant au mot *amour* une telle multiplicité de significations le langage a opéré une synthèse parfaitement justifiée, et que nous ne saurions mieux faire que de mettre cette synthèse à la base de nos considérations [33]. »

Ainsi en est-il du désir que nous aurions pu appeler *amour* et qui est au cœur de toutes nos passions.

L'espace extracorporel

L'amour est un échange d'informations entre deux corps. Il exige la réciprocité, chaque espace extracorporel étant constitué des signaux émis par le corps de l'autre. Ces informations parviennent à l'odorat, à l'ouïe et à la vue. Pour cette dernière, nous ferons une mention spéciale du visage de l'aimé, véritable signature de l'autre dans l'espace amoureux. Les facteurs d'environnement, climat, température, lumière, alimentation, si importants chez certaines espèces, apparaissent négligeables chez l'homme, capable d'aimer en toutes saisons. Il n'en est pas de même des facteurs sociaux, les amoureux – bêtes ou hommes – n'étant jamais seuls au monde.

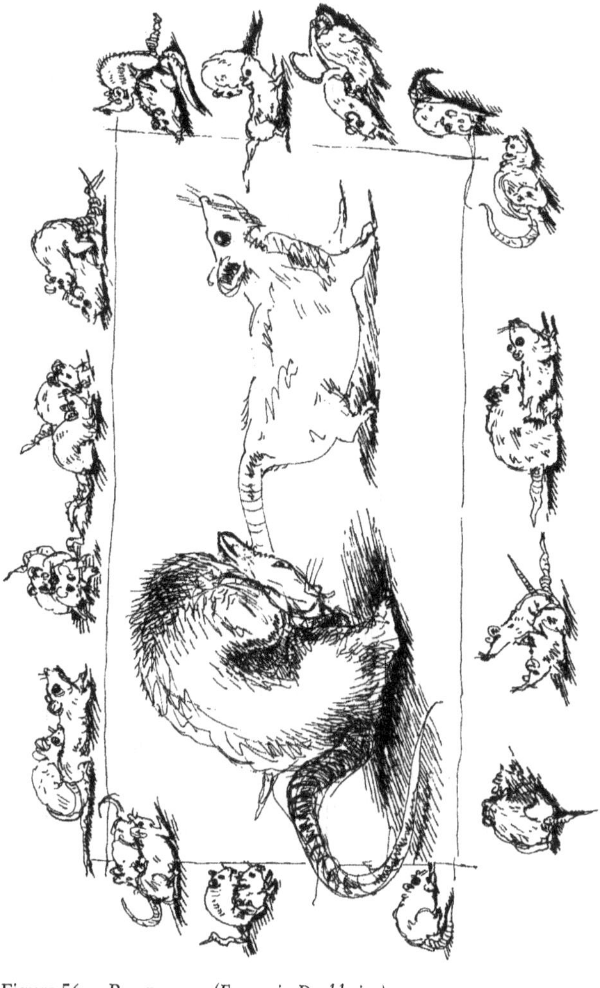

Figure 56. – Rat et rate *(François Durkheim)*.

Guidé par ton odeur vers de charmants climats

L'attraction exercée par une femelle sur un mâle est liée à la présence dans ses urines et dans ses sécrétions vaginales et préputiales de substances odorifères. Chez les humains, l'odeur de l'haleine joue, semble-t-il, un rôle d'attractant sexuel [34], observation qui est à rapprocher de l'importance du visage dans la reconnaissance amoureuse.

La destruction des bulbes olfactifs [35] abolit, chez certaines espèces, complètement (hamster) ou partiellement (rat), le comportement sexuel. Mais, chez les primates, l'olfaction, pas plus qu'aucun autre sens, n'est indispensable à l'activité sexuelle.

L'odeur n'est pas reçue seulement par l'appareil olfactif ; léchages et flairages permettent également de déceler sur le sexe de l'autre des arômes peu volatils dont les effluves âcres ou subtils viennent renforcer le désir. Le goût, au moins autant que l'odorat, participe donc au festin amoureux.

L'odeur est très souvent aussi le signe de l'œstrus qui permet au mâle de repérer la femelle féconde au sein du troupeau. On peut piéger un bélier en enduisant la région génitale d'une brebis au repos sexuel (anœstrus) de sécrétions prélevées sur une femelle en œstrus. Trompé par l'odeur, le bélier servira la brebis inféconde, au grand désagrément de celle-ci !

Nous avons déjà signalé (p. 309) que, chez la guenon, les hormones ovariennes agissaient sur son attractivité en modifiant ses sécrétions vaginales : une touche d'œstradiol sur le sexe donnera plus de charme à la belle que d'inonder d'hormones son hypothalamus.

Les parfums ne sont pas l'apanage de la femelle et jouent un rôle non négligeable dans le pouvoir de séduction du mâle. Dans certaines espèces, comme le cochon, une femelle privée d'olfaction n'est plus capable de distinguer un mâle d'une femelle et de s'orienter préférentiellement vers lui. Les glandes préputiales du verrat sécrètent divers composés que l'on retrouve dans ses urines et dont l'un au moins – la 5-androst-16ène-3one – est capable de déclencher l'immobilisation de la truie au même titre que l'odeur du verrat lui-même.

Les sécrétions préputiales de l'homme, dont la senteur évoque le bois de santal, auraient un pouvoir attractif sur la femme et au contraire répulsif sur l'homme [36]. Il convient donc de signaler que, si certaines odeurs sont attractantes, voire aphrodisiaques, d'autres ont en revanche un pouvoir de répulsion et sont des signaux de satiété. « Nous ne saurions donc trop recommander de n'utiliser les parfums à des fins de séduction qu'après une soigneuse expérimentation préalable [37]... »

Certaines substances, qui ne diffèrent pas de celles identifiées chez le verrat, ont pu être isolées en concentrations élevées dans l'urine de l'homme et dans les sécrétions de ses creux axillaires [38] ; la testostérone accroît le pouvoir de séduction du mâle probablement en augmentant le taux de ses sécrétions parfumées [39].

Dans l'étude du déterminisme odorigène du désir, nous ne manquerons pas de signaler le *parfum de l'enfance*. Des souris élevées avec des parents parfumés à l'essence de violette montrent, une fois adultes, une préférence pour les mâles marqués à la violette [40].

Est-ce trop dire, enfin, de dire que les odeurs participent dans le langage à la genèse même de l'amour ? Ne pas pouvoir « sentir » quelqu'un, c'est aussi ne pas pouvoir l'aimer, et c'est dans le comportement sexuel que l'odorat, ce sens oublié de l'homme, retrouve tout entière sa fonction de communication.

Le son d'amour

Malgré l'importance traditionnelle accordée au *chant d'amour* dans le folklore sexuel, nous devrons reconnaître, avec J. Herbert, que « la communication auditive semble beaucoup moins importante que l'odeur et la vue dans l'activité sexuelle de la plupart des mammifères [41] ». La situation est évidemment tout autre chez les oiseaux et certains invertébrés (voir p. 137). Quant aux poissons, dans l'incertitude où nous sommes de classer les sirènes dans les animaux marins ou parmi les humains, nous n'en parlerons pas.

Faute donc de pouvoir apprécier leur importance, variable selon les espèces, nous nous limiterons à souligner la présence d'informations auditives parmi le flot des signaux qui viennent déclencher et entretenir le désir. Nous n'ignorerons pas non plus l'émission d'ultrasons servant chez certaines espèces à attirer le partenaire ou à éloigner le rival [42].

Le derrière du singe et le visage de l'amour

Le train arrière du mandrill mâle arbore en période d'activité sexuelle un arc-en-ciel de couleurs qui clignote dans les prunelles de la guenon comme un appel à l'amour. La peau sexuelle de la femelle du chimpanzé, turgescente et colorée, est une invite permanente pour le mâle. Certaines postures adoptées par la femelle favorisent la présentation de ses génitoires et des signaux visuels qui s'y rapportent. Les comportements des femelles, immobilité absolue chez la truie et les bovins, ou au contraire départ en flèche chez la rate, sont autant d'invitations pour le mâle. Notons enfin que les signaux ne s'adressent pas seulement au partenaire sexuel mais éventuellement aux rivaux, annonçant la fuite ou un inévitable combat.

L'importance de la vue dans l'activation sexuelle chez l'humain est plus matière de sociologie que de biologie. Nous ne jetterons donc qu'un regard furtif aux différents aspects de la question. Kinsey [43] a insisté sur la disparité entre l'homme et la femme en ce qui concerne le rôle des stimuli visuels dans l'éveil du désir. Il remarque que les représentations du corps nu de la femme sont plus fréquentes que celles de l'homme et que les images pornographiques s'adressent surtout à l'homme, quand bien même, parfois, ces images représentent d'autres hommes. Des études plus récentes [44] ont confirmé les assertions de Kinsey : les efforts du mâle pour observer le sexe de la femme n'ont pas d'équivalent chez cette dernière. Davenport [45] rapporte que la dissimulation des organes génitaux de la femme est une pratique plus répandue dans les sociétés primitives que l'occultation des génitoires de l'homme ; elle a pour fonction immédiate d'exalter la vision et d'en réserver le privilège à l'élu. Symons note enfin que le regard de la femme sur l'homme est plus une estimation raisonnée du profit à venir – qu'il soit d'ordre économique ou voluptueux – qu'un éveil immédiat du désir, comme il advient généralement chez le mâle [46].

Mais, s'agissant des humains, nous n'aurons garde d'oublier qu'une des fonctions principales de l'amour réside dans la découverte de l'autre. Dès lors, le visage, élément majeur d'identification, prend une importance singulière. Ainsi s'explique, peut-être, la fonction du baiser qui rapproche deux visages jusqu'à n'être plus qu'un regard noyé dans le regard de l'autre. Ainsi s'éclaire aussi l'étrange face-à-face de l'accouplement de l'homme et de la femme, unique dans le règne animal. G.E. King remarque à ce propos que « l'universalité de la copulation ventroventrale peut être comprise comme une personnalisation du sexe au service de liens réciproques [...] Je suis toujours intrigué, dit-il, par le fait que la position hétérosexuelle, qui offre la plus grande probabilité d'orgasmes féminins (à ce que dit la femme), fournit aussi le maximum d'interactions visuelles entre les participants. Bien sûr, cette position est devenue rare chez nos contemporains *(sic)*, mais peut-être s'agit-il d'une nouvelle injure infligée à l'homme par la perte de son environnement naturel [47]... »

Le nombre de couples qui éteignent la lumière pour faire l'amour témoigne contre l'importance des stimuli visuels dans le désir. C'est oublier toutefois les images enfermées dans la tête par lesquelles s'anime peut-être le visage idéalisé de l'aimé...

Ô SAISONS, Ô CHÂTEAUX

Les amours de certains animaux vont avec la lumière du jour. La chose est connue depuis 1924, année pendant laquelle Rowan [48] observa que des oiseaux migrateurs maintenus en captivité sous éclairage artificiel présentaient vers Noël des testicules et des ovaires en bon état de marche, contrastant avec l'atrophie de ces organes chez des congénères laissés en lumière naturelle.

L'importance du rapport journalier entre durée d'éclairement et d'obscurité – appelé *photopériode* – dans la détermination du rythme saisonnier d'activité sexuelle a été depuis vérifiée chez de nombreuses espèces, y compris chez les mammifères. La brebis devient sexuellement active de septembre à janvier, lorsque les jours raccourcissent. On peut, en modifiant la photopériode et en exposant, grâce à un éclairage artificiel, la brebis à des jours courts à n'importe quelle période de l'année, déclencher alors une phase de procréation. Dans la nature, la durée des jours étant déterminée immuablement par le parcours des astres, il en sera de même de la saison des amours. La photopériode est ce que les chronobiologistes appellent un *zeitgeber,* un donneur de temps. Sa valeur adaptative est évidente. Les jeunes nés à une certaine époque de l'année auront davantage de chances de survivre que d'autres nés en des temps moins favorables – herbe rare, climat froid. La sélection naturelle favorisera donc les individus conçus à la période la plus appropriée de l'année. Si la réponse sexuelle photopériodique est déterminée génétiquement, ces individus tendront à leur tour à procréer au moment le plus favorable de l'année.

D'autres facteurs d'environnement ont une influence plus secondaire sur la sexualité [49]. La température, par exemple, n'affecte la libido du bélier qu'à des valeurs très élevées ; encore faut-il y voir une défaillance du système de climatisation des testicules qui, on le sait, doivent être maintenus légèrement au frais par rapport à la température du corps pour pouvoir fonctionner normalement.

Les facteurs nutritionnels affectent également la fonction de reproduction. Ils ont donné lieu à de multiples travaux, souvent contradictoires, malgré l'importance qui en découle, notamment pour l'agriculture.

Qu'en est-il de l'homme ? L'étude de l'incidence des facteurs d'environnement sur la sexualité humaine a alimenté un torrent de propos et de statistiques où la biologie n'a guère sa place. Le taux de conception est maximal, en région tempérée, à la fin du printemps et en été. Quant à la malnutrition, elle ne semble guère affecter le désir sexuel de l'homme [50].

Des souris et des hommes

L'amour n'est pas seulement la recherche de l'autre, il y a aussi la présence des autres. Des souris nous le démontrent.

Lorsque trois ou quatre souris femelles sont enfermées dans une petite cage, leur œstrus est retardé d'une semaine et l'on observe des pseudo-grossesses – présence d'un corps jaune non accompagné de gestation. Ce phénomène est appelé l'*effet Lee Boot*. Lorsqu'une plus large population – quinze à trente femelles – est réunie, le cycle œstral des individus devient irrégulier ou disparaît. L'introduction d'un mâle dans la cage déclenche des cycles synchrones chez toutes les femelles ; c'est l'*effet Whitten* : toutes les souris tombent en œstrus au même instant pour accueillir le visiteur fortuné. Un autre curieux phénomène est observé lorsqu'on éloigne le mâle de la femelle après que celle-ci a été engrossée et que l'on introduit un mâle étranger ; la femelle est furieuse, mais l'œuf fécondé ne peut se nicher dans l'utérus, et notre souris tombe à nouveau en œstrus ; c'est l'*effet Bruce*. La cause immédiate de ces phénomènes se trouve dans les urines du mâle. Celles-ci contiennent des substances hautement volatiles – des phéromones – sécrétées par un individu et provoquant, après diffusion dans l'espace, des réactions physiologiques chez d'autres individus de la même espèce.

D'autres études animales, faites notamment sur les lapins, démontrent l'importance des facteurs de population sur l'activité sexuelle. L'intérêt adaptatif de ces régulations interindividuelles est manifeste. Il serait cependant irrévérencieux, et surtout dénué de tout fondement scientifique, d'extrapoler de nos souris à quelques observations anecdotiques faites sur des communautés de femmes, couvents ou pensionnats, tant il est difficile, dans ces situations peu expérimentales, d'introduire un mâle au moment opportun ou de mesurer la venue de l'œstrus avec toute la précision souhaitable.

On pouvait s'attendre, étant donné la valeur adaptative du sexe dans l'évolution des espèces, à ce que celui-ci intéresse la sociobiologie [51]. Remarquons que, dans les données qui nous sont offertes, il y a davantage de sociologie que de biologie. Des torrents de littérature, des enquêtes sérieuses, des observations sur le terrain ne sont pas sans intérêt lorsqu'il s'agit d'enclore la sexualité de l'homme dans des lois. Mais il serait malhonnête d'utiliser des arguments biologiques obtenus chez l'animal pour conforter les « vérités » qui nous sont proposées. Nous donnerons quelques exemples de ces assertions abusives.

L'orgasme féminin, privilège des humains ? Faux ! Des animaux en captivité présentent ce phénomène [52]. Faut-il en conclure que la prison est le prix de la jouissance ? La perte de l'œstrus et la réceptivité en dehors de la seule période féconde, apanage de la femme ? Faux encore ! La femme, avons-nous vu (p. 308), a une libido variable au cours du cycle et certaines guenons acceptent le mâle tout au long de l'année. Fidélité au sein du couple ? Toutes les combinaisons nous sont offertes dans les sociétés de primates, depuis le fidèle gibbon jusqu'au macaque partouzard. Parmi les théories proposées, le comportement sexuel de la femme nous est parfois présenté comme une prestation de service. La femme, gestionnaire scrupuleuse d'un stock d'ovules, en ferait bénéficier l'homme au mieux de ses propres intérêts. L'amour d'une femme et le commerce de l'épicerie ne différeraient que par la nature des marchandises. Aucune donnée biologique ne permet de conforter une telle hypothèse fondée sur sa signification adaptative pour la survie de l'espèce. Face à la femme monogame, l'homme serait, de nature, polygame [53]. C. Lévi-Strauss (1969) suggère que la tendance universelle et naturelle de l'homme à la polygamie fait que l'on est toujours à court de femmes, et Symons de conclure que la demande l'emporte sur l'offre. La rentabilité du commerce amoureux, fondée sur la séduction du produit et la convoitise du client, laisse donc bien augurer de l'abondance de notre descendance.

On trouvera davantage de biologie pour accompagner la jalousie masculine. Dans beaucoup d'espèces animales vivant en société, comme les singes, les phoques ou les cervidés, les mâles adultes sont parfois extrêmement agressifs envers les jeunes mâles et les tiennent éloignés des femelles, bien que ceux-ci soient en mesure de se reproduire. Un éléphant de mer, capable de procréer dès l'âge de quatre ans, devra parfois attendre sa quinzième année avant de rencontrer la compagne de ses rêves. Le déterminisme hormonal de cette agressivité entre mâles n'est pas toujours évident et sa valeur adaptative est matière à spéculation. Chez la femme, la jalousie serait avant tout un phénomène culturel [54]. Ford [55], Kinsey [56] et d'autres affirment que les maris sont plus concernés par la fidélité de leur femme que les épouses par celle de leur conjoint. Cette différence est expliquée par la biologie évolutionniste : doute de l'homme sur sa paternité et risque de perdre le bénéfice de la portée, face à la certitude de la femme, pour qui l'infidélité du conjoint ne compromet pas la fertilité [57].

La biologie au service de l'amour ne pourra donc manquer de décevoir le lecteur avide d'explications. Une fois de plus, il nous faudra évoquer notre néo-cortex, notre culture proliférante et notre environnement naturel bouleversé. Mais si 700 grammes de matière nerveuse séparent notre cerveau de celui d'un chimpanzé, n'oublions pas toutefois que le poids de nos testicules n'est pas supérieur à celui de notre simiesque cousin.

La dimension temporelle

« Qu'il vienne le temps dont on s'éprenne. » Des horloges dans notre cerveau rythment pour nous le temps d'aimer.

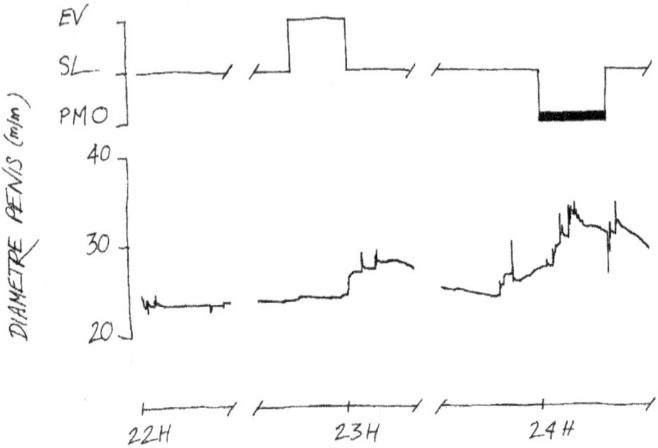

L'histoire de nos amours, c'est aussi le temps pour apprendre à aimer, l'attente qui exalte le désir, l'habitude qui flétrit les amours languissantes, l'orgasme, enfin, dans lequel s'abolit le temps. La biologie offre des analogies, sinon des mécanismes explicatifs au rôle du temps dans l'amour.

Le temps d'aimer

Nous avons déjà signalé (p. 306) l'existence de cycles biologiques dont dépend l'activité sexuelle. Les femelles de certains mammifères – rongeurs et primates – présentent une ovulation cyclique qui coïncide avec leur réceptivité sexuelle maximale (voir p. 306). Il convient, toutefois, de séparer nettement les espèces dans lesquelles l'horloge est localisée dans les régions profondes du cerveau (rongeurs) de celles, plus évoluées, chez qui la périodicité de la fonction ovulatoire semble avoir échappé au contrôle du système nerveux central.

A côté de ce système très spécialisé qu'est le cycle œstral, d'autres éléments périodiques sont susceptibles d'intervenir dans l'activité sexuelle. Tous les animaux présentent des rythmes *circadiens* qui font se reproduire à heure fixe,

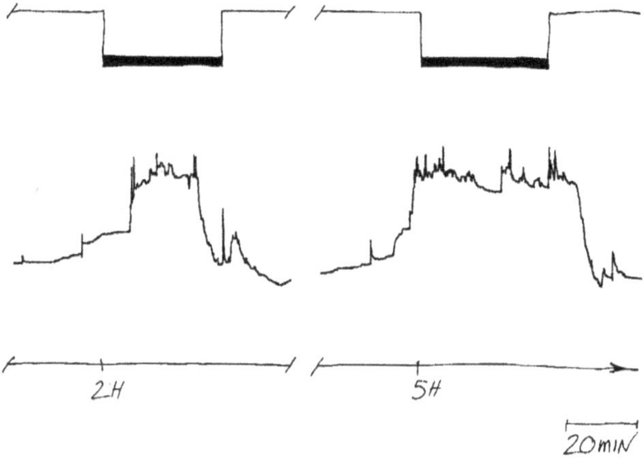

Figure 57. – ENREGISTREMENT PAR PLÉTHYSMOGRAPHIE DES VARIATIONS DE DIAMÈTRE DU PÉNIS D'UN HOMME PENDANT SON SOMMEIL. On remarque les érections qui surviennent de façon périodique pendant la nuit lors des phases de sommeil paradoxal.

chaque jour, un phénomène particulier ou qui font osciller selon une période de vingt-quatre heures une activité biologique donnée (sécrétion hormonale, comportements, etc.). Il en est ainsi pour la sécrétion de cortisol, pour l'activité locomotrice, pour les comportements alimentaires et de boisson. Une horloge maîtresse, située dans le noyau suprachiasmatique de l'hypothalamus, coiffe la direction de tous ces rythmes [58]. Existe-t-il un rythme circadien d'activité sexuelle ? Et dans l'affirmative, quel rapport entretient ce rythme avec celui de l'activité locomotrice ? Chez un rat, l'effet de l'œstradiol est fonction de l'heure de son injection [59]. Une hormone ne peut agir que si sa cible est réceptive et cette réceptivité obéit souvent à des variations cycliques circadiennes. Le rythme œstral de quatre jours observé chez les rongeurs semble être produit par l'oscillateur circadien lui-même ou être fortement couplé avec celui-ci [60].

Au cours des vingt-quatre heures, on observe des oscillations plus courtes dites rythmes *ultradiens.* L'un de ces rythmes s'exprime notamment au cours du sommeil sous la forme d'activations périodiques correspondant aux phases de sommeil avec mouvements oculaires (PMO), encore appelé *sommeil paradoxal.* Outre qu'il correspond à une phase de rêve, ce sommeil paradoxal s'accompagne chez l'homme et la femme d'une intense érection. Chez l'homme, on peut enregistrer, à l'aide d'un pléthysmographe *(figure 57)*, la survenue périodique de l'érection au cours de la nuit de sommeil. Le réveil du matin se fait le plus souvent au cours d'une phase de sommeil paradoxal, particulièrement abondant en fin de nuit. Que de désirs furtifs consommés au matin par la grâce d'une érection fugitive qui n'appartient qu'aux rythmes de la nuit !

D'autres rythmes enfin, dits *infradiens,* comme le rythme œstral dont il a été beaucoup question, sont plus longs que les vingt-quatre heures. Il y a les rythmes annuels ou pluriannuels des animaux avec le rôle variable de facteurs externes comme synchroniseurs (voir p. 328). Il y a aussi des rythmes plus mystérieux, saisons du cœur, qui livrent nos amours aux aléas du temps.

Apprendre a aimer

Éducation sentimentale ou initiation technique, l'apprentissage de l'amour se poursuit à travers l'enfance et l'adolescence dans toutes les sociétés humaines. Nous éviterons les discussions fastidieuses sur la part de l'inné et de l'acquis dans les conduites sexuelles. L'interdit des rapports sexuels avec la mère, par exemple, a été observé chez les chimpanzés et les macaques japonais [61] ; cela ne permet pas d'affirmer avec certitude l'origine biologique innée du tabou de l'inceste chez l'homme.

Des rats mâles élevés dans l'isolement ont, adultes, une activité sexuelle correcte. Mais, privés d'olfaction par destruction des bulbes, les rats élevés seuls sont incapables de reconnaître une femelle et de se comporter normalement à son égard. Des rats privés d'olfaction et élevés en présence de femelles sont, en revanche, capables, adultes, d'une conduite amoureuse satisfaisante, preuve qu'ils ont reçu de leurs petites compagnes l'éducation convenable [62]. Les rates apprennent à marquer leur territoire par leurs sécrétions vaginales, avant et pendant l'œstrus, en fonction de la présence ou non de congénères, par crainte de la concurrence ou de sollicitations intempestives des mâles [63]. Les jeux sexuels de l'enfance, fréquents chez les animaux, sont peut-être la répétition qui permet la mise au point des futures conduites amoureuses de l'adulte.

Le manque, l'habitude et la sensibilisation

« Considère, mon amour, jusqu'à quel excès tu as manqué de prévoyance. » La passion amoureuse de la religieuse portugaise est l'archétype du désir provoqué par le manque et l'absence de l'objet aimé – *rerum absentium concupiscentia* [64].

A l'opposé, la répétition, l'excès de présence et l'habitude aboutissent généralement à l'extinction du désir. Wilson [65] a montré que, par leur répétition, les stimuli liés à l'accouplement avec une seule femelle perdent chez les rats leur qualité attractive. Mais, épuisé par la répétition, le rat peut reprendre son activité copulatoire avec une nouvelle femelle, surtout lorsqu'elle n'a pas copulé avec un autre mâle.

La religieuse portugaise et le rat, deux exemples des avanies que le temps fait subir à l'amour : choix entre une passion qui se consume dans le vide et une extase qui s'étouffe dans le quotidien. On a souvent épilogué sur ce qui serait advenu de Tristan et Iseult si leur face-à-face s'était prolongé. La répétition fastidieuse des étreintes dans le confort ménager d'un castel breton aurait-elle fait naître la tendresse douillette et la routine érotique, apanage des couples fidèles et sans histoire ?

Il ne s'agit pas d'expliquer par la biologie des conduites qui sont le propre de l'homme, mais de céder pour un instant aux délices du raisonnement analogique dont nous dénoncions plus haut les méfaits (p. 24) et de montrer les équivalences entre certaines situations amoureuses et ce qui se passe au sein des systèmes de communication dans l'organisme.

Lorsqu'un messager, hormone ou neurotransmetteur, est libéré en excès ou de façon ininterrompue, les récepteurs perdent leur aptitude à répondre : il se produit une *désensibilisation.* Ainsi, les cellules de l'hypophyse, inondées de façon permanente par une hormone hypothalamique, ne répondent plus à cette dernière. Ce qui explique peut-être que les hormones soient libérées de façon pulsatile et discontinue, afin de permettre aux récepteurs de récupérer, au cours des intervalles libres, leur sensibilité à l'hormone. A l'opposé, l'absence de messager conduit à une réceptivité accrue et à une prolifération des récepteurs, phénomène appelé *hypersensibilisation* [66]. Une quantité minime de messager suffit alors à provoquer une réponse explosive.

Nous ne prétendons pas que l'amour obéit à des processus de sensibilisation, mais tant de messagers, tant d'hormones sont au service du sexe qu'il serait bien étonnant que des événements de ce type ne se produisent pas dans le cerveau et les glandes alors même qu'opère la chimie du dialogue amoureux.

Tuer le temps

A côté de la passion amoureuse qui se consomme dans la durée entre l'absence et l'habitude, nous voudrions revenir brièvement sur l'orgasme qui s'accomplit dans l'anéantissement du temps. Nous avons déjà souligné (p. 174) les liens entre l'orgasme et la mort.

L'orage cérébral de l'orgasme a pour résultat une suspension temporaire de la perception biologique de la durée comme il s'en produit lors de certaines épilepsies partielles [67]. La recherche de la synchronie entre les orgasmes de l'homme et de la femme pourrait être une tentative pour compléter la fusion des deux états centraux fluctuants dans une dimension temporelle unifiée.

Le masculin et le féminin

Comment la fonction d'altérité par différence entre mâle et femelle s'établit-elle ? Le cerveau garde-t-il une bipotentialité ou est-il marqué définitivement par les hormones sexuelles sécrétées durant la vie fœtale ? Quelle est l'étendue des différences entre le cerveau de l'homme et celui de la femme ? L'espace extracorporel et l'éducation d'un individu sont-ils seuls en cause dans l'orientation de ses goûts sexuels ou existe-t-il un déterminisme hormonal de son choix ? Sans prétendre détenir la vérité, nous pouvons essayer de répondre à ces questions.

LA NAISSANCE DU SEXE

Le sexe chromosomique permet aux gonades de se différencier en testicules ou en ovaires. La sécrétion de testostérone par les testicules transforme l'ébauche neutre en individu de sexe mâle ; la sécrétion d'œstradiol par l'ovaire ou l'absence de gonade laissent évoluer l'ébauche vers un individu de sexe femelle.

Jusqu'à l'âge de deux mois, un fœtus humain n'a pas de genre ; l'ébauche de son appareil génital présente à la fois des caractères mâles et femelles. Alfred Jost [68] a établi, entre 1947 et 1952, le dogme qui régit la différenciation sexuelle d'un mammifère. Les glandes sexuelles, ou gonades, sont les artisans de cette différenciation. Castré pendant sa vie utérine, un fœtus donnera, à la naissance, un individu de sexe féminin. Chez les mammifères, la différenciation sexuelle de la femelle répond donc à un type neutre.

Les gonades de l'embryon se développent en accord avec son sexe chromosomique – XX pour la femelle, XY pour le mâle –, ovaires chez l'une, testicules chez l'autre. Très rapidement, alors que s'amorce seulement leur différenciation, les gonades sécrètent leur hormone : œstradiol pour les ovaires, testostérone pour les testicules. Cette dernière provoque la régression de l'ébauche du tractus génital femelle et le développement de l'appareil génital et des caractères sexuels secondaires mâles. En présence d'ovaires ou en l'absence de gonades, l'ébauche de l'appareil génital mâle dégénère, l'ébauche femelle se développe et l'individu prend les caractères de type féminin.

Une fois amorcée, la sécrétion d'hormone se poursuit abondamment pendant la vie fœtale et continue quelque temps après la naissance. La testostérone surtout est active, puisqu'elle permet, sous sa forme native, le développement du tractus génital mâle interne et, sous la forme réduite dihydro-testostérone, celui de l'appareil externe. L'œstradiol, en revanche, ne paraît pas indispensable à la différenciation mâle/femelle, puisque l'appareil féminin peut se développer en son absence. Pendant l'enfance, la sécrétion d'hormones sexuelles survit, comme une braise qui couve, à la flambée de la vie fœtale, pour reprendre plus tard, au moment de la puberté, période où se met définitivement en place ce qui a été préparé avant la naissance.

Le comportement est un caractère sexuel au même titre que la crinière, la barbe ou les génitoires. Comme celles-ci, il est le résultat de l'action différenciatrice des hormones embryonnaires. Pour que le cerveau puisse plus tard « faire le mâle », il faut qu'il soit soumis, avant la naissance, à l'action *masculinisante* de la testostérone, sinon l'individu sera incapable, adulte, de se conduire en mâle avec une femelle. Immédiatement après la naissance, la testostérone complète son action en produisant une *déféminisation*. Sans cette dernière, le mâle adulte castré se comportera en femelle en réponse à une injection d'œstradiol [69]. Rappelons, enfin, que la testostérone, pour agir sur le cerveau, doit subir une aromatisation qui la transforme en œstradiol (voir p. 59).

La différenciation du comportement sexuel femelle se produit sans intervention hormonale. On peut toutefois se demander comment l'œstradiol, qui provoque la masculinisation et la déféminisation du cerveau chez le mâle, n'occasionne pas le même phénomène chez la femelle. Il semble que, chez cette dernière, l'œstradiol soit neutralisé par sa liaison à une protéine du sang, l'α-fœto-protéine [70]. Une autre hypothèse est que la progestérone sécrétée en même temps que l'œstradiol protégerait le cerveau contre l'action de celui-ci [71].

Avant de conclure sur le pouvoir absolu des hormones embryonnaires dans la différenciation mâle ou femelle du comportement sexuel, nous insisterons sur le fait qu'il s'agit, une fois encore, de rongeurs et non d'humains. Mais, chez les rats eux-mêmes, le déterminisme du comportement sexuel est loin d'être fixé de façon irréversible lors de la période périnatale. Des rates peuvent avoir, adultes, un comportement copulatoire mâle et, à l'inverse, des mâles castrés à l'âge adulte peuvent se comporter en femelles lorsqu'ils sont soumis à un traitement prolongé par l'œstradiol. Ces observations laissent entendre qu'il persiste dans le cerveau adulte une double potentialité mâle et femelle.

L'ANDROGYNE

Du Zeus Labandreus, barbu aux six mamelles, au Freud bisexuel, le mythe de l'androgyne traverse les époques et les cultures. Il traduit la double nature masculine et féminine de l'individu. La biologie retrouve la figure mythique dans l'hypothalamus de l'animal.

Selon l'hypothèse de Krafft-Ebing, le masculin et le féminin cohabiteraient à l'intérieur d'un même cerveau et permettraient aux individus des deux sexes d'exprimer une bisexualité comportementale. La psychanalyse et la biologie, chacune à des niveaux différents, tente de vérifier l'hypothèse. Nous nous limiterons aux données fournies par la seconde.

Nous avons déjà signalé (p. 311) que les régions de l'hypothalamus qui dirigent les comportements sexuels mâle et femelle sont différentes. Elles coexistent toutefois dans le même hypothalamus *(figure 58)*.

Lorsque, chez un mâle castré à l'âge adulte, on place des cristaux de testostérone (ou d'œstradiol) dans la région préoptique de son hypothalamus, l'animal, mis en présence d'une femelle réceptive, se comporte selon les usages de son sexe. L'application d'œstradiol dans la région ventromédiane de l'hypothalamus provoque au contraire un comportement femelle chez le rat mâle castré [72].

La même dualité est observée chez la rate. L'implantation d'œstradiol ou de testostérone dans la région préoptique d'une rate castrée provoque chez celle-ci un comportement mâle, tandis que l'inoculation de ces hormones dans son hypothalamus ventromédian déclenche un comportement femelle [73].

Il convient toutefois d'insister sur le fait qu'à l'état normal cette bisexualité ne s'exprime pas. Le cerveau, préparé pendant la vie fœtale et les jours qui suivent la naissance,

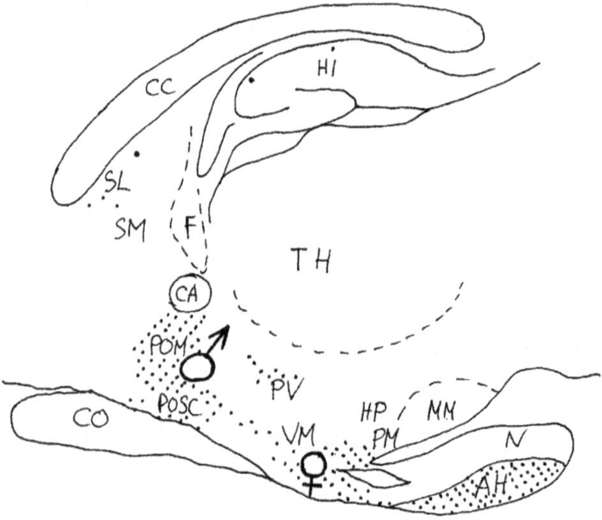

Figure 58. – Coupe sagittale de la région diencéphalique d'un cerveau de rat montrant la localisation respective du centre sexuel mâle et femelle.

met ensuite en avant l'un des centres, mâle ou femelle, selon la différenciation sexuelle périnatale. L'autre centre n'exerce vraisemblablement plus qu'un contrôle sur le centre directeur ; mais il conserve la potentialité de diriger le comportement à son tour, pour peu que l'état central de l'animal s'y prête.

Une telle labilité dans l'expression mâle ou femelle du comportement sexuel ne doit pas faire oublier, toutefois, les différences fondamentales qui séparent le masculin et le féminin.

DIFFÉRENCES

Le thème de l'androgyne est ici rejoint par celui du double, à la fois semblable et contraire. La différence entre le mâle et la femelle est l'épreuve qui permet d'affirmer l'unité profonde de l'être.

« La différence corporelle de l'homme et de la femme ! Ce luxe fabuleux m'éblouit », dit le poète Gilbert Lely. Ce qui étonne, en contraste, c'est le peu de différence entre le cerveau de l'homme et celui de la femme : un petit noyau hypothalamique, apanage du mâle, quelques neurones contenant de la vasopressine, une centaine de grammes de matière cérébrale, un développement peut-être inégal des hémisphères ; maigre bilan en regard de corps si dissemblables, de comportements si opposés et de statuts sociaux si distincts. Tout se passe comme si l'altérité se concentrait dans l'apparence corporelle et le comportement mais déléguait au cerveau l'identité profonde de l'être, masculin ou féminin.

Depuis plus d'un siècle cependant, physiologistes et anatomistes s'acharnent à débusquer les différences dans le cerveau de l'homme et celui de la femme. Le but est évident : à deux fonctionnements différents, deux machines différentes, même s'il faut, au bout du compte, marier entre elles les deux machines célibataires.

Crichton-Browne (1880), après avoir examiné les cerveaux d'une trentaine de cadavres, conclut que la différence de poids entre les hémisphères droit et gauche est moins marquée chez la femme que chez l'homme [74]. Des études plus récentes ont confirmé qu'il existe un plus grand degré d'asymétrie interhémisphérique chez l'homme que chez la femme [75], asymétrie qui est également plus marquée en ce qui concerne la vascularisation des deux hémisphères. Cette asymétrie n'est d'ailleurs pas l'apanage des humains. Elle est présente chez les primates, les chats et les rongeurs. Chez ces derniers, à l'inverse de ce qui est observé chez l'homme, l'asymétrie paraît plus marquée chez la femelle.

Nous avons déjà évoqué la différence fonctionnelle entre les deux hémisphères. Aucune donnée récente n'est venue confirmer le modèle de Buffery et Gray [76] selon lequel le cerveau mâle serait organisé de façon plus symétrique que le cerveau femelle. C'est le contraire qui semble se produire [77]. La dominance de chaque cortex dans leur domaine respectif serait en effet plus marquée chez l'homme que chez la femelle [78].

Des différences dans les capacités cognitives des deux sexes ont été démontrées. L'aptitude à verbaliser semble plus développée chez la femme, au contraire de la perception spatiale, meilleure chez l'homme [79]. Avec des tests appropriés, ces différences ont été bien établies en milieu scolaire, confirmant notamment que la maturation de l'hémisphère droit pourrait être retardée ou inhibée chez les filles [80]. Il faut bien, toutefois, se représenter que ces différences n'apparaissent qu'après études statistiques et portent sur des variations minimes. Cela nous évitera le ridicule d'opposer sur des bases scientifiques le portrait de la femme bavarde, habile de la langue et manipulatrice de mots, à celui de l'homme au cortex droit penseur abstrait, musicien, poète et explorateur de l'espace.

Au niveau des structures sous-corticales du cerveau, des différences anatomiques ont été décrites récemment. Elles sont encore relativement peu nombreuses et fragmentaires. Raismann et Field ont, les premiers, montré une différence entre mâle et femelle dans l'organisation synaptique de la région préoptique du rat – différence qui pouvait être inversée par une manipulation appropriée du taux de testostérone néo-natale. Chez le rat également, Gorski (1978) a décrit un noyau dans la région préoptique dont la taille est plus élevée chez le mâle [81]. Nous avons déjà signalé l'existence d'un noyau moteur pour le pénis dans la moelle épinière du rat mâle. Van Leeuwen a observé une abondance particulière de neurones contenant de la vasopressine dans le septum du rat mâle [82].

Il est, enfin, une différence dans l'hypothalamus mâle et femelle que nous voudrions relever ; elle ne concerne pas, toutefois, l'anatomie des centres qui cohabitent dans le même individu, mais leur signification fonctionnelle. Le « centre masculin » est situé chez le rat dans l'aire préoptique. Cette région fait partie (voir chapitre IX) d'un ensemble de structures antérieures et latérales qui gouverneraient les fonctions parasympathiques, seraient impliquées dans la genèse des comportements d'approche et d'autostimulation et représenteraient finalement le versant plaisir du couple plaisir/aversion [83]. A ce propos, nous remarquerons que le comportement sexuel du mâle se traduit par une forte composante parasympathique, dont l'érection est la manifestation la plus visible.

Au contraire, le « centre féminin », situé dans l'hypothalamus ventromédian, appartient à un ensemble de structures médianes et postérieures qui seraient impliquées dans les fonctions orthosympathiques et dans les comportements de fuite et d'aversion. Pfaff fait remarquer que le comportement sexuel de la rate présente, tout au moins dans sa phase préparatoire, une séquence de fuites et de réactions de défense avec une forte composante orthosympathique qui contribuent finalement à faciliter la pénétration du pénis [84]. En dehors de la phase de réceptivité, les stimuli sensoriels en provenance du mâle ont un caractère franchement aversif et ne manquent pas de provoquer l'hostilité de la femelle. L'action conjointe de l'œstradiol et de la progestérone aurait pour résultat d'abolir le caractère douloureux et aversif de ces messages sensoriels. Il est difficile, une fois encore, d'extrapoler du rat à l'homme, mais une femme violée ne niera pas le caractère franchement désagréable, douloureux, pour ne pas dire intolérable, des stimuli sexuels perçus sans que le désir leur soit associé.

Nous ne saurions conclure à partir de ces remarques faites à propos du rat que le plaisir sexuel est le propre de l'homme, et l'aversion, l'apanage de la femme. Celle-ci pourrait alors se présenter comme la victime de ses hormones et d'une conspiration ourdie par l'homme afin de lui faire prendre pour du plaisir ce qui ne serait, après tout, qu'une corvée douloureuse. Notre propos est seulement de montrer que, dans le couple mâle/femelle, nous retrouvons le même affrontement entre les contraires que celui qui existe au sein de l'individu même. Ce qui nous ramène à la fonction essentielle de l'amour qui est la découverte de soi dans la confrontation avec l'autre, différent. Mais comment expliquer, dans ces conditions, que des individus choisissent pour faire l'amour d'autres individus tout pareils à eux, quand ce n'est pas d'eux-mêmes qu'il s'agit ?

Corydon et les hormones

Nous en venons à parler de l'homosexualité. Notre condition de biologiste nous invite à rechercher les causes de cette pratique dans quelques sécrétions hormonales qui seront qualifiées d'anormales et de l'illustrer d'exemples animaux tendant à montrer la commune bestialité des choses sexuelles. Mais, oubliant notre condition, nous pourrions au contraire proclamer que l'homosexualité n'appartient qu'à l'homme, qu'elle est le produit de son inconscient et la fleur « vénéneuse » de sa culture. Dans l'un des cas, il s'agira de soigner cette « anomalie » ; et dans l'autre, de reconnaître à travers ses errements la toute-puissance de l'esprit – deux attitudes qui nous paraissent tout autant condamnables. L'homosexualité, variété de la passion amoureuse, n'est qu'une modalité parmi d'autres de l'état central fluctuant. Dès lors, les composantes de son espace corporel, sécrétions hormonales et activités neuronales, ne comptent pas davantage que les objets de son espace extracorporel, papa, maman et milieu social compris. Bien plus, dans la mesure où l'état central fluctuant représente un être en devenir qui commence dès la rencontre des deux gamètes mâle et femelle, chaque événement, qu'il s'inscrive dans les neurones du sujet ou dans son environnement culturel, contribue à l'édification de cet état central.

L'homosexualité traduit une *orientation sexuelle* dirigée sur un partenaire du même sexe et aboutit généralement à un comportement sexuel dit *hétérotypique,* par opposition au comportement sexuel *homotypique,* accompli avec un partenaire de sexe différent. Le règne animal offre de nombreux exemples de comportements sexuels hétérotypiques. Ils se produisent spontanément, surtout chez la femelle. Beach a recensé treize espèces « coupables » de pratique hétérotypique, allant des lionnes, chiennes et chattes aux indolentes vaches, tribades de nos prairies. Chez le mâle, un comportement hétérotypique spontané est, en revanche, rare, à l'exception de quelques macaques en captivité ou d'une souche particulière de rats [85].

Il convient, avant tout, de distinguer une orientation sexuelle atypique, choix d'un partenaire du même sexe, et un trouble de la *différenciation sexuelle.* Cette dernière aboutit normalement à un dimorphisme sexuel qui porte aussi bien sur l'apparence corporelle que sur certains comportements. Chez l'homme comme chez l'animal, il existe en effet, en dehors des conduites copulatoires proprement dites, un dimorphisme comportemental – dépense musculaire, jeux violents, agressivité physique et verbale, jeux d'imitation parentale, choix du compagnon, caractère garçonnier ou efféminé, etc. – qui différencie le petit mâle de la jeune femelle.

La différenciation sexuelle est, nous venons de le voir, sous la dépendance des stéroïdes sexuels. Des expériences chez le rongeur ont montré que la bipotentialité du fœtus pouvait être orientée vers l'un ou l'autre sexe selon le programme de sécrétions hormonales [86]. Une anomalie dans la réalisation de ce dernier conduit à une différenciation sexuelle atypique. Dörner a montré, par exemple, que des rates exposées pendant leur grossesse à des stress de contrainte ou à des stimulations nocives, donnaient naissance à des petits mâles insuffisamment masculinisés ou imparfaitement déféminisés. Ceux-ci, castrés à l'âge adulte, montreront plus fréquemment que des mâles d'une autre portée un comportement hétérotypique en réponse à une injection d'œstradiol [87]. Dörner, sur la base de ces observations, a ensuite entrepris une étude rétrospective sur des hommes, en recherchant dans leurs antécédents l'incidence d'un stress subi par leur mère pendant sa grossesse sur leur orientation sexuelle. Les résultats de ces travaux, quel que soit le sérieux de leur réalisation, ne peuvent être acceptés sans réserve. Dans une population de 1 000 sujets mâles nés en 1934 et 1948, la fréquence de l'homosexualité est plus grande chez les sujets conçus pendant la guerre [88]. Par ailleurs, dans une population de 100 homosexuels mâles, le nombre de ceux nés d'une mère ayant subi un traumatisme – viol, deuil... – pendant la grossesse est plus élevé que dans la population témoin [89]. Chez les rats comme chez les hommes, le comportement hétérotypique ou l'homosexualité seraient l'expression d'une différenciation comportementale anormale et seraient dus à une insuffisance de la sécrétion de testostérone chez les fœtus et les nourrissons nés d'une mère stressée. Ces observations appuient l'opinion de ceux qui refusent de séparer différenciation et orientation sexuelles. L'homosexualité humaine, équivalente du comportement hétérotypique de l'animal, relèverait, selon eux, d'un désordre de la nature lié à des troubles de la différenciation comportementale sexuelle et donc d'un déterminisme intrinsèque.

De nombreuses observations conduisent à des conclusions opposées. Dans l'espèce humaine, une différenciation sexuelle anormale ne conduit pas nécessairement à une orientation sexuelle atypique. Réciproquement, une orientation sexuelle atypique ne s'accompagne pas toujours d'anomalies de la différenciation. Il convient également, s'agissant des humains, d'introduire la notion d'*identité de genre* à côté de celles de différenciation et d'orientation sexuelles.

L'identité de genre est le sexe dans lequel se reconnaît le

sujet. Elle n'a rien à voir avec l'homosexualité : un homosexuel ne cherche pas à nier, bien au contraire, le sexe auquel il appartient.

La théorie défendue par Money [90] et la plupart des auteurs anglo-saxons soutient que l'identité de genre est formée dans les premières années de l'enfant, parallèlement à l'acquisition du langage, et qu'elle est soumise presque exclusivement à la pression éducative des parents : le sexe adopté par l'enfant est donc celui qui lui est *assigné* par son entourage. Cette théorie est fondée principalement sur l'observation d'enfants dont les mères ont reçu, pendant leur grossesse, un traitement hormonal et sur l'étude de cas d'hyperplasie surrénalienne congénitale.

Il y a une trentaine d'années, la vogue était de traiter les femmes enceintes menacées d'avortement par des progestagènes à action androgénique, c'est-à-dire comparable à celle de la testostérone. Il en résultait, pour les nourrissons femelles, une masculinisation plus ou moins marquée de leurs organes génitaux externes au point que certains pouvaient être pris pour des petits garçons. Lorsque l'erreur était plus tard reconnue, ces faux hermaphrodites avaient d'autant plus de difficultés à accepter leur nouvelle identité sexuelle que la découverte en avait été plus tardive. Finalement, il ressortait de ces observations que l'identité sexuelle du futur adulte dépendait presque exclusivement de la conviction des parents sur le sexe de leur enfant dans les deux ou trois premières années de sa vie [91].

L'hyperplasie surrénalienne congénitale offre une situation quasi expérimentale puisque les sujets qui en sont atteints présentent une sécrétion exagérée d'androgènes surrénaliens aux dépens des autres hormones corticosurrénaliennes. Un fœtus femelle présentant cette affection est donc soumis à une imprégnation trop forte par les androgènes, qui provoque sa masculinisation. A la naissance, la petite fille a des organes génitaux mâles. Un traitement par la cortisone permet toutefois une normalisation de la sécrétion d'androgènes et une chirurgie précoce redonne au nourrisson une apparence conforme à son sexe. Le nourrisson sera donc élevé comme une petite fille ; sa sexualité et sa fertilité à l'âge adulte ne seront pas compromises. Ces cas traités sont particulièrement intéressants car ils permettent d'établir la responsabilité des androgènes fœtaux dans l'identité, la différenciation et l'orientation sexuelle. Ces enfants, élevés comme des filles, se reconnaissent pour des filles. Ils présentent toutefois une certaine déviation dans la différenciation du dimorphisme comportemental : l'activité musculaire, le caractère, les jeux et l'imitation parentale sont davantage ceux d'un garçon que d'une fille. En revanche, leur orientation sexuelle n'est pas atypique : une majorité de ces filles sont hétérosexuelles, une minorité sont bisexuelles et aucune d'entre elles homosexuelle, qu'il s'agisse du comportement ou des fantasmes érotiques. Dans ces cas, nous pouvons donc tout au plus évoquer une certaine inversion de la différenciation comportementale, à l'exclusion de toute déviation de l'identité de genre et de l'orientation sexuelle.

Ces observations nous confortent dans l'opinion qu'il est illusoire de rechercher dans les gonades de fœtus ou dans ses glandes surrénales la source exclusive de l'homosexualité de l'adulte, même s'il est impossible d'exclure tout à fait le rôle d'un taux d'androgènes insuffisant ou en excès au cours de la vie fœtale dans la genèse de l'homosexualité mâle ou du lesbianisme. Les hormones, il est utile de le rappeler, ne sont qu'un élément d'un état central fluctuant, global et qui ne peut être dissocié.

Faute d'expérience personnelle ou de connaissance approfondie de l'homosexualité, nous ne pourrons en parler que comme d'une planète inconnue. Les variétés d'homosexualité semblent d'ailleurs aussi nombreuses que les étoiles de la Voie lactée. Ce qui est certain, c'est qu'aucune anomalie endocrinienne ne peut être attribuée à cette conduite. Les tentatives de « traitement » hormonal de l'homosexualité ont échoué, sans exception. L'homosexualité chez de vrais jumeaux ne permet pas non plus de conclure à une origine génétique [92]. Il n'y a aucune preuve d'une anomalie des chromosomes sexuels chez les homosexuels, pas plus qu'il n'est possible de montrer que des aberrations de ces chromosomes conduisent nécessairement à un comportement sexuel déviant. On nous pardonnera enfin de faire silence sur les interprétations psychanalytiques de l'homosexualité. Le rôle des parents ne sera retenu qu'en tant qu'élément de l'espace extracorporel interférant avec la bipotentialité sexuelle de l'espace corporel. Cette attitude laisse toute liberté à la théorie psychanalytique de s'exprimer. Il n'existe pas actuellement à notre connaissance de théorie plus satisfaisante pour rendre compte des interactions entre la bisexualité de l'enfant et son environnement affectif [93].

Une nouvelle offensive est venue récemment d'un chercheur homosexuel militant, Simon Le Vay, dont les travaux histologiques montrent qu'il n'existe qu'à l'état atrophique dans l'hypothalamus des « gays » une petite zone appelée INA H3, qui est normalement trois fois plus développée chez l'homme que chez la femme [94]. Ces résultats et l'interprétation qui en est donnée sont très discutables. Nous n'en dirons pas plus d'un soi-disant gène de l'homosexualité. Ces travaux veulent démontrer qu'il existe, dans la région Xq 28 du bras long du chromosome X, des marqueurs concordants chez des frères homosexuels. Là encore, l'analyse des résultats, trop orientée dans le sens d'une origine génétique de l'homosexualité, ne tient pas suffisamment compte de l'ensemble des données.

Nous voudrions revenir enfin sur l'opinion commune qui voit dans l'homosexualité un excès d'ambivalence : trop de féminin chez l'homosexuel mâle et trop de masculin chez la femme. Il nous semble que c'est le contraire qui se produit. L'homosexuel mâle, par exemple, se caractérise par un excès de masculin et non l'inverse. Une injection de testostérone ne fait d'ailleurs que renforcer ses pulsions homosexuelles [95]. L'homosexualité mâle se présente souvent comme une exaltation de la virilité : importance de l'érection chez les partenaires actifs ou passifs, exaltation du phallus, utilisation du cuir et autres attributs de l'agressivité mâle, etc. On nous objectera l'attitude souvent efféminée de certains. Mais la population des homosexuels ne se résume pas à la cohorte glorieuse des « folles ». Il conviendrait à ce propos de faire la part du regard sur soi-même que porte l'homosexuel à travers le regard des autres. Ce sont les deux visages successifs de M. de Charlus, incarnation de la virilité guerrière ou mondain au visage fardé de vieille femme. L'homosexualité résulterait, en fin de compte, d'un déficit de la fonction d'altérité. Dans la reconnaissance de l'autre qui est fonction principale de l'amour, l'homosexuel choisirait le *même,* Narcisse ou sa copie conforme, enlevant alors à l'amour ce risque qui lui donne tout son sens : affronter la différence.

Le texte de Lou Andreas-Salomé que nous citerons en conclusion nous paraît résumer cette fonction essentielle de l'amour :

« [...] Lorsque au contraire nous nous comportons amoureusement, c'est-à-dire lorsque notre agitation créatrice requiert, pour réaliser une œuvre corporelle qui lui soit extérieure, sa moitié complémentaire, venue du dehors, non seulement il n'y a en cela aucune atténuation de l'antithèse entre sexes, mais c'est même ce qui l'accentue, jusqu'à sa totale opposition. Tout ce qui en nous-mêmes, sous l'influence de l'affect érotique, se concentre, se noue, se marie, semble ne le faire qu'à cette fin, la plus partielle qui soit : et l'individu lui-même semble franchement surchargé de sens, en tant que représentant de son sexe : c'est seulement comme le complément, le monde " autre ", qu'il s'élève à la dignité du " Seul qui " et du " Tout " bien-aimé [...]

« [...] S'il est vrai que tout amour est fondé sur la capacité à faire en soi-même l'expérience vivante d'une nature autre, en participant à elle, et si l'on peut dire sans crainte de ses manifestations les plus violentes que l'expérience des deux amants est à cet égard identique, l'amour possède déjà ainsi un double visage humain : il s'intègre, un peu comme il le fait physiquement, dans la conception, le sexe de l'autre, en son expression affective. Ce qui le rend capable, malgré l'accentuation du caractère sexuel, d'acquérir, à côté de celui-ci, des traits en lesquels il reflète, pour ainsi dire, son propre contraire sexuel [96]. »

Le pouvoir

> Pour ce coup, je ne voudrais sinon entendre comment il se peut faire que tant d'hommes, tant de bourgs, tant de villes, tant de nations endurent quelque fois un tyran seul, qui n'a pouvoir de leur nuire, sinon tant qu'ils ont vouloir de l'endurer.
>
> LA BOÉTIE,
> *Discours de la servitude volontaire.*

Lorsque l'autre n'est pas un objet de désir, il est un étranger et un concurrent. Les relations de dominance et de soumission permettent d'anticiper la solution des conflits entre les individus et de répartir entre chacun la possibilité de satisfaire ses désirs selon son rang. Nous n'évoquerons pas ici les problèmes généraux et théoriques soulevés par les notions de dominance et de rang dans les sociétés animales ; il s'agira seulement, à propos de quelques exemples de dominance, de montrer la place que celle-ci occupe dans l'état central fluctuant. Il apparaîtra que, si le rang et la hiérarchie sociale s'intègrent dans l'espace extracorporel et à ce titre influencent l'espace corporel de l'individu – en l'espèce ses sécrétions hormonales –, réciproquement ces dernières jouent un rôle non négligeable dans l'établissement de la hiérarchie.

La biologie n'apporte pas de réponse à La Boétie, sinon de remarquer que la dominance représente une universelle tendance chez les animaux dès lors que ceux-ci sont organisés socialement [97]. Il ne reste alors qu'à inventorier et manipuler quelques facteurs qui accompagnent, sinon expliquent le pouvoir que des individus exercent sur d'autres. Parmi ces facteurs, ceux qui sont liés au sexe ont probablement la part la plus importante.

En avoir ou pas

Une structure sociale fortement hiérarchisée caractérise la plupart des espèces de primates. Elle est un déterminant majeur des comportements individuels.

La composition et la structure d'un groupe de singes affecteraient le comportement de l'individu en agissant d'abord sur ses sécrétions hormonales. De nombreuses études insistent sur le fait que l'agressivité et les activités sexuelles des chefs sont presque toujours associées à un taux élevé de testostérone dans le sang [98]. Il est difficile d'affirmer *a priori* si la position sociale détermine le taux élevé de testostérone ou si l'inverse se produit.

Nous retrouvons à l'échelle du groupe social la réciprocité d'échange entre les composantes corporelles et extracorporelles qui caractérise un état central individuel. Là encore, le temps intervient, en tierce composante, pour régler la nature des relations entre les deux premières. La position hiérarchique de quatre singes A, B, C et D est, en effet, liée à la résolution de conflits antérieurs. Lorsque A a battu B qui a battu C qui a battu D, il est apparemment aisé de comprendre qui est le dominant et le dominé, et quel rang A, B, C et D occupent dans la hiérarchie. Ni la taille, ni la force, ni même la grosseur des testicules ou le taux de testostérone ne sont seuls et directement responsables du rang. Celui-ci est déterminé par ce que nous pourrions appeler un véritable état central collectif qui intègre tous ces facteurs à la lumière du passé de la communauté.

Nous ne voudrions pas être accusé d'avoir cédé à la fâcheuse tendance, s'agissant du pouvoir, de ne parler que des mâles. Il existe une hiérarchie comparable à celle des mâles chez les femelles et des rapports de forces s'exercent, même chez les singes, entre mâles et guenons...

Sexe et position sociale

Les observations faites dans une colonie de singes talapoins par le groupe de Cambridge [99] nous fourniront la matière de quelques remarques. Dans les expériences qui seront rapportées, les singes étaient logés par groupes de quatre mâles pour quatre femelles. Les femelles étaient castrées et rendues désirables à intervalles variables par la pose d'implants d'œstradiol.

Lorsque les femelles reçoivent de l'œstradiol, le désir des mâles s'allume, traduit par des inspections répétées des parties génitales des guenons – inspections nombreuses et soutenues de la part des chefs, brèves et furtives de la part des dominés. La copulation et l'éjaculation sont toutefois le privilège des singes de haut rang. Quant aux femelles, leurs invitations s'adressent aux dominants, bénéficiaires presque exclusifs des manèges séducteurs des guenons énamourées. Il ne reste d'autre ressource aux mâles dominés que la masturbation.

Un dominé, lorsqu'il est seul mâle, mis en présence de femelles réceptives, montre alors une intense activité sexuelle et se révèle aussi puissant géniteur que ses collègues dominants. Le retour en société ramène chacun à sa place dans la hiérarchie.

Hormones et position sociale

La castration d'un mâle dominant supprime son comportement sexuel, mais ne le prive pas de son rang. En retour, l'injection de testostérone redonne sa vigueur sexuelle au chef castré. Le dominé, en revanche, n'a rien à perdre ni à gagner de la castration et de l'injection d'hormone. Une forte administration de testostérone augmente toutefois l'intérêt que les femelles lui portent, sans autre résultat que d'exaspérer ses tendances onanistes et de multiplier les raclées qu'il reçoit.

Les femelles ont aussi leur hiérarchie, qui diffère profondément de celle observée chez les mâles. L'injection d'œstradiol chez une dominante castrée restaure son pouvoir attractif et augmente les hommages des mâles. Le seul bénéfice d'une injection d'œstradiol pour une dominée est d'être plus copieusement rossée qu'à l'ordinaire par ses consœurs dominantes.

A l'inverse, la hiérarchie sociale a, semble-t-il, une influence sur l'état interne de l'animal. Le taux sanguin de testostérone n'est pas un reflet absolu du rang. Il semble en revanche que la prolactine, hormone qui inhibe la fertilité, et le cortisol, hormone libérée au cours du stress, soient à un niveau plus bas chez les mâles et les femelles de rang élevé. Fertilité et sérénité seraient donc, dans la société des singes, des attributs du pouvoir [100].

En utilisant un langage anthropomorphique pour parler de la société des singes et des rapports qu'y entretiennent le sexe et le pouvoir, nous n'avons pas voulu céder à la facilité de dénoncer chez l'homme le singe qui survit en lui. Mais...

Ce n'est pas seulement l'admiration littéraire qui nous fait placer en exergue de ce chapitre une citation de Lou Andreas-Salomé et un texte d'Albert Cohen. « Babouinerie partout, babouinerie et admiration animale de la force [...] babouines les foules passionnées de servitude, frémissantes foules en orgasme d'amour lorsque paraît le dictateur au menton carré, dépositaire du pouvoir de tuer [...] babouines adoratrices de la force les jeunes Américaines qui ont pris d'assaut le compartiment du prince de Galles, qui ont caressé les coussins sur lesquels il a posé son postérieur et qui lui ont offert un pyjama dont chacune a cousu un point [...] Ce qu'ils appellent péché originel n'est que la confuse, honteuse conscience que nous avons de notre nature babouine et de ses affreux affects [101]. » Babouines, pourrions-nous ajouter, les bandes de jeunes banlieusards rassemblés autour de petits chefs au gros pénis ; babouines les réunions d'amis où les décorations et les portefeuilles remplacent les génitoires dans l'adoration désirante de femelles endiamantées. On ne peut nier que le pouvoir et la hiérarchie interviennent en toute circonstance et à tout moment chez l'homme et le singe pour régler leurs rapports avec les autres. Il ne s'agit pas de discuter la valeur adaptative de la dominance ou de méconnaître sa nécessité pour la survie de l'espèce, mais seulement de souligner ce qui différencie le pouvoir et l'amour.

Le premier dirige l'homme au sein du troupeau, il lui permet de mourir riche et puissant, ou le maintient, sa vie durant, dans l'esclavage et la pauvreté ; le second, à travers la reconnaissance de l'autre, conduit à la découverte de soi et permet de pouvoir dire – bulle perdue dans le tourbillon des humeurs – *moi*, je t'aime.

CHAPITRE XII

Le sourire au pied de l'échelle

> Il était un grand mur blanc – nu, nu, nu,
> Contre le mur une échelle – haute, haute, haute,
> Et, par terre, un hareng saur – sec, sec, sec.
>
> CHARLES CROS, « Le coffret de santal ».

Grimper, attendre ou rebrousser chemin : trois possibilités pour un être au pied d'une échelle – représentation du monde –, promesse de liberté ou obstacle chargé de terreur. Nous en venons à l'ultime passion ; après la passion du corps qui s'exprime dans la faim et la soif, la passion de l'autre qui vit dans l'amour et le pouvoir, la passion du monde. Un monde hostile ou bienveillant auquel est confronté l'état central fluctuant.

Sourire au pied de l'échelle, quand ce n'est pas pleurer ou trembler de peur, autant de mots pour désigner ce que l'on appelle une émotion. Celle-ci n'est que le visage changeant de l'état central. Un regard, un masque, une coloration de la peau, le cœur qui s'emballe, les vaisseaux dilatés ou spasmés sont les manifestations d'un corps ému composant la liste fastidieuse des émotions : aussi intéressante, dit William James, que la description des cailloux d'une ferme du New Hampshire [1].

De même que la description, aussi parfaite soit-elle, du galop d'un cheval ne nous dit pas ce qu'est un cheval, le tableau d'une émotion ne peut nous renseigner sur la nature de l'être ému. Si l'on considère que l'émotion représente une manifestation de l'être au monde, on doit accepter que « l'émotion n'existe pas en tant que phénomène corporel puisqu'un corps ne peut être ému faute de pouvoir conférer un sens à ses propres manifestations [...] L'émotion exprime à sa manière le tout de la conscience humaine ou, si nous nous plaçons sur le plan existentiel, de la réalité humaine ». L'émotion ne peut alors être abordée que par la voie de la phénoménologie psychologique. Elle échappe à l'étude du biologiste et à ses systématisations fondées sur la seule observation des mouvements du corps. La psychologie recherchera « tout de suite un au-delà aux troubles vasculaires ou respiratoires, cet au-delà étant le sens de la joie ou de la tristesse. Mais comme ce sens n'est précisément pas une réalité posée du dehors sur la joie ou la tristesse, comme il n'existe que dans la mesure où il apparaît, c'est-à-dire où il est " assumé " par la réalité humaine, c'est la conscience même qu'elle interrogera, puisque la joie n'est joie qu'en tant qu'elle s'apparaît comme telle [2] ».

Une telle position, toute fondée qu'elle puisse être par ailleurs sur le plan anthropologique, est évidemment intenable pour un biologiste. A ne citer qu'une tentative récente pour concilier l'introspection et la biologie des comportements, celle-ci ne nous paraît guère convaincante [3]. Elle est basée sur la conviction que « l'étude des émotions chez l'homme et chez l'animal est appauvrie par notre incapacité de relier les deux sources de connaissance [...] Des progrès récents de la neurobiologie, poursuit Panksepp, autorisent l'anthropomorphisme à devenir une stratégie utile pour comprendre les processus psychologiques fondamentaux chez l'animal ».

Les résultats d'une aussi optimiste position de principe conduisent à la description de quatre émotions fondamentales, l'attente, la rage, la peur et la panique, supportées chacune par un *circuit neuronal exécutif* câblé dans l'hypothalamus. Il ne s'agit pas de nier l'existence de tels circuits et leur importance dans la régulation des passions, mais de réfuter l'excès d'une telle systématisation, qui n'aboutit qu'à la construction d'une machine célibataire de plus, aussi stérile que toutes celles qui l'ont précédée.

Mais si l'on se borne à considérer les émotions, tristesse, peur, joie, dégoût, surprise, etc., comme un message spécifique du corps, elles ne sont alors qu'un élément partiel d'un état central fluctuant tout entier engagé dans sa passion du monde. A ce propos, nous ne croyons pas utile de revenir sur l'opposition traditionnelle entre la théorie « périphérique » de James-Lange, qui considère les émotions comme des états de conscience secondaires aux manifestations physiologiques du corps, et la théorie « centrale » qui fait des émotions le produit de l'activité cérébrale (voir p. 237).

Est-ce à dire enfin, comme le note Mandler, que la meilleure façon d'étudier l'émotion est de l'ignorer [4]. Nous ne le pensons pas. Toutefois, le sens biologique de l'émotion doit rester subordonné au sens biologique de la passion adaptative dans laquelle elle intervient. Nous retiendrons donc principalement des émotions leur expression sur le visage du sujet ; elles sont alors une modalité communicative de l'espace extracorporel au sein de l'état central fluctuant.

L'état central fluctuant et le monde

> Each basic emotion has a background of nervous and hormonal changes peculiar to it.
>
> J.P. HENRY ET STEPHENS,
> *Stress, Health and the Social Environment.*

Le monde n'est pas pris ici dans le sens d'une réalité extérieure meublée de stimuli propres à déclencher les réponses de l'individu. Il ne s'agit pas d'ignorer une telle réalité qui fournit un substrat au monde associatif des réflexes et des apprentissages ; nous n'en séparerons pas le monde cognitif, qui est celui de la réalité organisée par le savoir. Ce que nous appelons le monde passionné *est une projection du désir sur l'étendue ; il représente l'espace où se meut la subjectivité.*

Par subjectivité, *nous désignons l'état central fluctuant en tant qu'il est à la fois créateur et créature de l'être désirant. Nous ne reviendrons pas sur le désir comme source des sentiments primordiaux (voir p. 174), mais nous rappellerons seulement que ceux-ci évoluent selon un continuum positif-négatif qui permet de considérer secondairement les couples joie/tristesse, surprise/ennui, goût/dégoût, sérénité/angoisse, fierté/honte, etc., comme des modalités de la subjectivité.*

Le monde passionné est d'abord celui de la mère, départ de toute subjectivité ultérieure. Viennent ensuite le territoire et ses occupants, famille et congénères, les divers types d'organisations sociales et enfin tout un univers objectal, source d'agressions, de frustrations ou de récompenses.

La subjectivité se manifeste dans les trois dimensions de l'état central. Dans l'espace corporel, elle accompagne les mouvements des organes, les sécrétions des glandes et le jeu des circuits neuronaux par lesquels l'organisme s'adapte aux contingences du monde. Dans l'espace extracorporel, la subjectivité s'exprime sous forme de mimiques et de gestes qui constituent la base des systèmes de communication entre individus et l'origine de l'intersubjectivité. Nous consacrerons (p. 379) un développement particulier à cette dimension de l'état central. La dimension temporelle, enfin, représente les fluctuations adaptatives de l'état central dans le courant de la vie. Certaines modalités peuvent être apprises, comme la peur ou la résignation, d'autres s'inscrivent dans le fonctionnement même des organes et aboutissent à des maladies. Cet immense domaine, qui couvre toute la pathologie psychique et/ou somatique, sera délibérément ignoré plutôt que d'être mal traité.

Le monde de la mère

Le petit connaît sa mère avant même de l'avoir rencontrée. Dès la mise bas, un raton rampant et aveugle se dirige, avec la détermination de quelqu'un qui sait, vers les mamelles maternelles. Enlever un petit rat à sa mère donne une sensation comparable à celle d'arracher un fruit de l'arbre ; il faut exercer une traction assez forte pour l'en détacher. Nous connaissons les facteurs biologiques de cet attachement : un raton dont la muqueuse olfactive a été détruite à la naissance par l'injection intranasale de sulfate de zinc est incapable de téter et meurt rapidement d'inanition, à moins que sa mère ne le croque. Si les mamelles de la mère sont lavées au détergent, les petits ne sont plus capables de les trouver et de s'y crocher. Mais, en badigeonnant ces mamelles trop propres avec du liquide amniotique prélevé lors de l'accouchement, les petits peuvent alors téter. L'accrochage des petits aux mamelles n'est pas le seul fait de ceux-ci. La mère lèche le liquide amniotique qui recouvre les nouveau-nés et se lèche ensuite les mamelles ; les petits, par l'odeur attirés, se dirigent vers elle et s'y accrochent. La substance responsable, ou phéromone, a été isolée ; il s'agit du bisulfite de méthyle, que l'on trouve également dans la salive de la mère et des petits, d'où les léchages réciproques qui renforcent l'attachement [5].

On peut masquer l'odeur naturelle par celle, synthétique, du citrol. Lorsque l'on injecte cette essence dans la corne utérine de la mère, quelque temps avant la mise bas, les petits vont se fixer électivement sur des mamelles citrolées et, à choisir entre plusieurs mères, ils adopteront celles dont les mamelles ont été accommodées au citrol [6]. L'histoire ne s'arrête pas là. Devenus grands, les rats noueront des affinités électives avec des rates dont le vagin a été parfumé au citrol. Des animaux ayant eu l'expérience du citrol dans leur plus jeune âge mettront deux fois plus de temps à éjaculer avec des femelles sans citrol qu'avec des femelles citrolées. Nous ne faisons que rappeler l'importance de ce parfum d'enfance dans l'attachement sexuel de l'adulte (voir p. 324), sans toutefois nous autoriser à conclure que tout mâle cherche à retrouver dans la femelle l'image – ici olfactive – de sa mère [7].

Les petits font la mère, comme la mère fait ses petits. Si l'on présente de façon répétée et pendant plusieurs jours de suite des nouveau-nés frais à une rate vierge ou à une mère désaffectée, celles-ci refuseront d'abord à plusieurs reprises puis finiront par adopter un comportement maternel, suivi bientôt d'une montée de lait [8]. Dans les conditions normales, c'est-à-dire après la mise bas, le comportement maternel naît spontanément de la rencontre, dans l'état central maternel, d'une dimension corporelle représentée par l'ocytocine et la progestérone [9] et d'une dimension extracorporelle apportée par les petits. Le comportement maternel est donc toujours le produit d'une interaction mère-enfant dans laquelle le léchage réciproque tient, nous l'avons vu, une part prépondérante. L'attirance d'une rate pour ses petits vient de leur odeur, dégagée par les sécrétions des glandes préputiales : senteur plus forte chez le raton que chez la ratonne, d'où peut-être l'attraction plus grande de la mère pour les petits mâles et la source possible du futur dimorphisme comportemental.

Cet attachement mère-enfant est présent dans toutes les espèces de mammifères. Chez les primates [10] et chez l'homme, il se construit dans les dizaines de minutes qui suivent la naissance et s'étale ensuite sur des mois et des années dans une extraordinaire complexité d'échanges entre le petit et sa mère. L'odeur cède en importance au regard et au palper. Tout un répertoire d'interactions programmées à l'avance dans le cerveau de la mère et dans celui de l'enfant se déroule avec le caractère inéluctable d'un destin qui se joue en quelques heures.

Klauss [11] et, plus récemment, De Chateau [12] ont observé la mère et son nouveau-né dans les premières heures du post-partum, puis de façon périodique pendant les premiers mois de la vie de l'enfant. Premières minutes de la rencontre – l'enfant et la mère sont seuls –, la mère se couche sur le côté et place son enfant à hauteur de son regard ; leurs yeux sont dans le même plan vertical de rotation – premier face-à-face, premiers regards, premières expressions échangées : à suivre... Puis les embrassements, peau contre peau, les paumes des mains sur le corps du petit, un monde qui se crée, à deux – pour deux –, fait de sons, de regards, de palpers. Plus le contact sera intense dans les quarante-cinq premières minutes, plus solide sera l'attachement au sein lors de la première tétée [13]. Plus la rencontre sera précoce et prolongée, plus seront attentifs et incessants les soins, les baisers que la mère donnera à l'enfant dans les mois à venir. En retour, un bébé qui aura bénéficié de contacts maternels précoces et excédentaires par rapport à d'autres criera moins et sourira davantage. Klauss remarque que cette différence est plus apparente encore lorsque le bébé est un petit garçon.

Dans la façon de la mère de tenir son enfant sur le côté gauche de sa poitrine (80 % des cas), le contact des premières heures est également déterminant. Une mère privée de son nourrisson pendant vingt-quatre heures après la naissance le portera, le plus souvent, anormalement à droite. Ce « bébé de droite » nécessitera deux fois plus d'aide médicale par la suite qu'un « bébé de gauche ». De Chateau conclut qu'il existe dans les cerveaux de la mère et de l'enfant une « biogrammaire » qui fixe – à la façon dont les règles de syntaxe déterminent le langage – le comportement d'attachement entre la mère et l'enfant. Les séquences d'actes innés seraient modulées par ce qui se passe effectivement entre les deux partenaires au cours d'une période qui couvre les premières heures du post-partum.

Avec l'attachement mère-enfant, le désir inaugure la relation du sujet au monde, première épreuve dont la suite dépend. Ce désir naissant est spécifié par son premier objet : la mère. Deux désirs qui entrent en résonance et fondent les bases de la communication intersubjective, dont il sera question plus loin. Bowlby, dans son traité sur l'attachement et la perte, a magistralement défini cette expression primordiale du désir [14].

Le lien mère-enfant s'étend ensuite aux frères et sœurs, puis aux membres du groupe social. Pour Harlow [15] et pour Hamburg [16], les liens d'une mère et de son enfant, des frères, des sœurs, des amants et des épouses, et, plus lointains mais tout aussi forts, les dévotions à une institution ou à une idéologie, les croyances, les partis et les patries ne sont que les bourgeonnements d'un seul et même comportement d'attachement. On en retrouve les traces vivantes dans les contacts corporels qui matérialisent le lien : poignée de main, accolade ou *abrazo* des Méditerranéens, baisers, lit partagé, câlins et caresses inventés pour assurer confort et protection au cours de la « traversée ». Au contraire, toute rupture d'attachement représente l'agression la plus sévère qu'aura à supporter l'individu et celle dont les conséquences seront les plus grandes sur sa santé et son économie générale. Dans l'échelle des événements de l'existence [17] qui affecte d'un coefficient de gravité les différentes épreuves d'une vie, on trouve au premier rang la mort d'un conjoint (100), un divorce (79), une séparation maritale (65), la mort d'un proche (63), qui chacun représentent, à un degré variable, un arrachement.

On comprend mieux ici que la passion du monde soit avant tout la gestion des liens qui nous unissent aux autres. Mais le monde est aussi le territoire où s'expriment ces liens.

Le monde du père

Comme l'attachement est à la mère, le territoire est au père. Il lui revient la charge d'élargir le cercle de famille et de quadriller l'espace où s'aventure progressivement l'enfant. Mais le territoire n'est pas seulement le terrain d'exercice du père. Il existe aussi pour chaque individu, mâle ou femelle, avec ses zones privilégiées, ses points d'eau, ses champs moissonnés, ses restaurants, ses passages cloutés et ses chambres à coucher, avec ses régions dangereuses, encombrées d'objets menaçants, d'abîmes et de murs ; territoire encore, la société des autres avec la hiérarchie qui désigne les chefs et les subordonnés ; territoire enfin, l'univers physique du froid, du chaud et du bruit. Face à ce monde, tout à la fois quadrillé ou fusionnel, menaçant ou protecteur, l'état central fluctue : il *s'adapte*.

La passion adaptative

Une glande est au cœur des mécanismes adaptatifs, la paire de surrénales *qui coiffent le sommet des deux reins. Chacune est en réalité une glande double qui résume dans sa dualité deux modes possibles de l'être au monde : au centre, la* médullo-surrénale, *glande de l'agression, du combat ou de la fuite ; à la périphérie, la* cortico-surrénale, *glande de la soumission et de la résignation. Une glande pour gagner et une autre pour perdre, deux solutions à la négociation existentielle qui aboutit en fait le plus souvent à un compromis. Ce manichéisme endocrinologique ne doit pas masquer la complexité des données. La glande surrénale n'est qu'un relais dans des systèmes de rétroactions impliquant l'hypophyse et les différents niveaux hiérarchisés du système nerveux central. D'autres hormones que les hormones surrénaliennes sont impliquées dans l'adaptation. Enfin, à l'intérieur même du cerveau, le jeu des neurohormones reproduit la complexité des phénomènes périphériques.*

La *médullo-surrénale* fait partie intégrante du système nerveux orthosympathique dont elle représente une différenciation sous forme de glande. Chaque fois que l'individu passe à l'acte, le système sympathique intervient sous forme de soutien logistique de l'action. Ce système libère des catécholamines – *adrénaline* et *noradrénaline* –, la première surtout sécrétée par la médullo-surrénale, la seconde par les terminaisons des nerfs sympathiques. Il est sollicité chaque fois qu'une situation d'urgence nécessite une riposte immédiate de l'organisme. Face à une menace – ennemi ou adversité sous toutes ses formes –, un individu a le choix entre combattre et fuir. Dans les deux cas, il s'agit d'une réplique active : accepter de combattre, c'est, en effet, estimer possible la victoire immédiate ; fuir, c'est seulement différer l'éventualité de ce succès.

La *noradrénaline* fait se contracter les vaisseaux de la peau et détourne le sang vers les muscles ; l'*adrénaline* fait battre le cœur plus vite et plus fort, elle mobilise le sucre en réserve dans le foie. Grâce à l'action des deux hormones, combustible et oxygène affluent dans le foie. Grâce à l'action des deux hormones, combustible et oxygène affluent vers les cellules pour soutenir une dépense énergétique accrue. Elles concourent donc de façon complémentaire à une riposte énergique de l'organisme. Mais leur signification passionnelle apparaît différente et elles sont libérées en proportions variables selon la situation à laquelle l'individu est confronté. C'est ce qui ressort, par exemple, des travaux de Frankenhaeuser et Gardell [18]. Des ouvriers d'une scierie livrés à la tyrannie de leur machine qui les oblige à des mouvements alternés aussi rapprochés que dangereux ont un taux d'adrénaline sanguine supérieur à celui des ouvriers chargés de l'entretien. Au contraire, la noradrénaline est libérée massivement chaque fois que le sujet est victime d'une crampe ou d'un sursaut d'irritation. Ces données vont dans le sens de l'hypothèse ancienne et très contestée de Funkestein (1956) selon laquelle l'adrénaline serait associée à la peur et la noradrénaline à l'irritation. On peut poursuivre l'analyse psychologique en observant, par exemple, que des joueurs de basket-ball sécrètent de la noradrénaline lorsqu'ils sont engagés dans la phase active du jeu et libèrent de l'adrénaline lorsqu'ils sont sur la touche sans la possibilité d'intervenir. En bref, l'adrénaline serait libérée aux dépens de la noradrénaline chaque fois que l'incertitude et l'absence de contrôle de la situation l'emporteraient sur la détermination dans l'engagement. Remarquons que cette situation de peur/fuite adrénalinique s'apparente assez à ce qui sera décrit plus loin à propos de la cortico-surrénale, et notons que le cortisol sécrété par cette dernière favorise la transformation de la noradrénaline en adrénaline. Mais une différence essentielle existe : l'adrénaline représente une perte de contrôle tout en continuant néanmoins de privilégier l'action, la fuite par exemple, alors qu'il n'en sera pas de même avec le cortisol.

La libération de *cortisol* par la *cortico-surrénale* sanctionne chez l'individu son incapacité à réagir dans l'immédiat – une acceptation de la défaite. On observe une sécrétion accrue de cortisol lors des situations de *stress*. Celui-ci reconnaît une infinité de facteurs physiques ou psychologiques et se caractérise par l'impuissance à agir qui aboutit à la dépression, contraire de l'activation. Le cortisol aurait-il alors le triste privilège de signifier dans l'espace corporel le monde de la déprime ? L'interprétation est abusive dans la mesure où la dépression et la résignation ne sont pas toujours l'expression d'une perte existentielle, mais au contraire le moyen le plus adapté de survivre devant l'évidence de la perte ou de l'échec [19]. Le cortisol permet une adaptation à long terme en reconstituant le stock hépatique de sucre, en favorisant l'action des catécholamines et en freinant les défenses immunitaires de l'organisme, se payant, en contrepartie, de l'éclosion d'ulcérations gastriques.

Chaque fois qu'une situation nouvelle apparaît – cage pour un singe ou bureau pour un fonctionnaire –, chaque fois qu'il y a frustration – un singe privé de nourriture au milieu de congénères qui mangent [20] –, chaque fois que l'incertitude est grande ou au contraire la certitude désespérante *(figure 59)*, le cortisol sécrété en abondance témoigne de l'état de stress. Weiss a montré que la possibilité d'intervenir empêche, au contraire, le stress de se développer. Lorsque deux rats reçoivent simultanément une décharge électrique, mais que l'un d'eux a la possibilité d'arrêter la stimulation en manœuvrant une roue, seul le rat passif présente un taux élevé de cortisol sanguin et des ulcérations gastriques. Deux rats placés sur une grille électrifiée développent rapidement un stress avec un taux élevé de cortisol. Curieusement, si on permet aux deux animaux de se battre entre eux, leur taux de cortisol s'effondre [21]. La possibilité d'action, même si celle-ci est violente et n'intervient pas directement sur l'agent stressant, freine donc la réponse cortisolique. Les facteurs sociaux, enfin, sont un déterminant majeur du taux de cortisol. Les dominés, incertains de leur sort, ont, d'une manière générale, un taux plus élevé que celui des dominants. Cela est vrai dans toutes les espèces où le pouvoir est synonyme de sécurité. Mais chez les singes-écureuils, où l'initiative appartient aux dominés et où le dominant doit sans cesse réaffirmer son statut, le taux de cortisol de ce dernier est plus élevé que celui des premiers. Qu'en est-il chez l'homme ?

Ce que nous venons de décrire à propos de l'opposition entre les fonctions adaptatives respectives de la médullo- et de la cortico-surrénale ne s'entend pas seulement limité aux deux glandes mais à l'ensemble de leurs systèmes de régulation, impliquant les différents niveaux de la hiérarchie neuro-endocrine. Au sommet de la pyramide, le cortex frontal, confronté à une situation menaçante, déciderait d'une stratégie en accord avec les données du problème et la personnalité du sujet [22]. Selon qu'il contrôle ou non la situation, le cortex préfrontal mettrait préférentiellement en jeu l'axe sympathico-médullo-surrénalien par l'intermédiaire de l'amygdale et de l'hypothalamus postérieur, ou l'axe cortico-surrénalien par l'intermédiaire de l'hippocampe, de l'hypothalamus et de l'adénohypophyse. Le premier système obéit à un scénario où la situation est parfaitement maîtrisée ; l'amygdale intervient pour décider de la valeur du stimulus qu'il convient de fuir ou de s'approprier dans un concert d'activation sympathique [23]. Le deuxième scénario confie la vedette à l'hippocampe. Celui-ci est le spécialiste du territoire et l'arbitre des conventions sociales. Mémoire du sujet dans le monde, l'hippocampe détient les cartes et les modes d'emploi. Il exerce un contrôle permanent sur la sécrétion de CRH par l'hypothalamus. Cette hormone commande à son tour la sécrétion d'ACTH ou hormone corticotrope hypophysaire qui règle finalement la libération du cortisol par la corticosurrénale. Nous rappellerons brièvement que des rétrocontrôles s'exercent à chacun des étages nerveux et endocrinien de cet axe cérébro-cortico-surrénalien. Il existe dans l'hippocampe des récepteurs pour les glucocorticoïdes situés dans les neurones. Il suffit que ces contrôles soient perturbés pour que l'équilibre du système soit compromis. Carroll [24] a proposé l'hypothèse que, dans la dépression nerveuse primaire, l'hippocampe n'exercerait plus son action normale de freinage sur la réponse corticosurrénalienne par suite de la défaillance des rétroactions. Même si l'explication est contredite par de nombreuses données, on peut cependant retenir le schéma général faisant d'une maladie le produit d'un mécanisme adaptatif qui dépasse ses propres limites par ruptures de ses autocontrôles. Le mauvais fonctionnement des rétrocontrôles peut venir de la disparition des récepteurs. Ceux-ci, sollicités par une quantité excessive de cortisol au cours de stimulations prolongées de stress répétés, diminuent en quantité [25]. A la longue, il se pourrait même que la survie des neurones hippocampiques privés de récepteurs corticostéroïdiens soit compromise. On assisterait alors au passage de la passion adaptative à la sénescence et à la mort cellulaire.

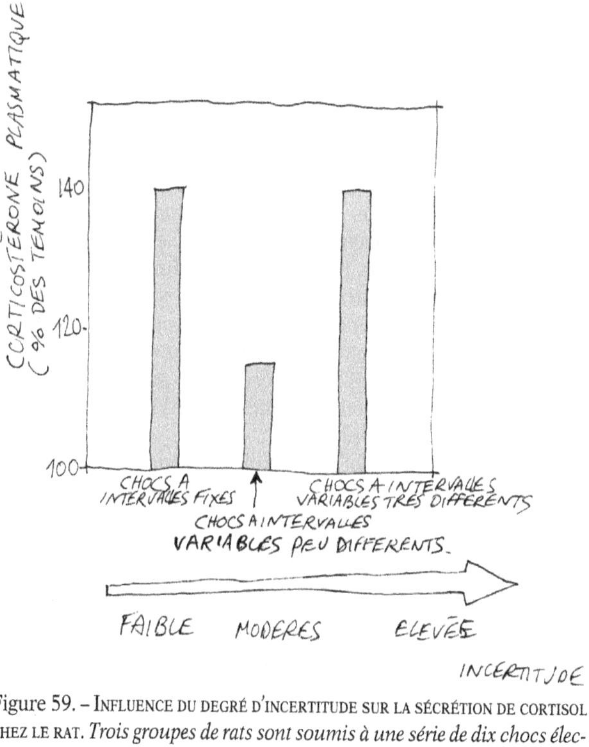

Figure 59. – INFLUENCE DU DEGRÉ D'INCERTITUDE SUR LA SÉCRÉTION DE CORTISOL CHEZ LE RAT. *Trois groupes de rats sont soumis à une série de dix chocs électriques arrivant de façon régulière toutes les trois minutes (incertitude minimale), de façon totalement aléatoire (incertitude maximale), ou encore de façon irrégulière mais avec des écarts peu variables entre les différents intervalles (incertitude modérée). La sécrétion de cortisol est maximale dans les cas d'incertitude nulle ou extrême, minimale dans les cas d'incertitude modérée. (Cité par R. Dantzer, « Physiologie des émotions », in J. Delacour, éd.,* Neurobiologie des comportements, *Paris, Hermann, 1984.)*

A suivre ce long exposé de données, on pourrait croire le monde des passions régi seulement par deux axes neuro-endocrines dont l'équilibre subtil désignerait, par exemple, les vainqueurs et les vaincus. Nous savons bien en réalité qu'il est impossible de réduire les dimensions d'un être passionné à l'affrontement de deux hormones. Il n'est probablement pas une sécrétion hormonale qui ne participe de près ou de loin à l'ensemble des fonctions adaptatives. L'opinion classique selon laquelle l'activation de l'axe neuro-hypophyso-cortico-surrénalien a pour corollaire une mise en repos des autres systèmes endocriniens n'est presque jamais vérifiée. Sans qu'il nous soit loisible de donner des détails, nous signalerons que l'axe thyroïdien, l'axe gonadique, l'hormone de croissance, la prolactine, l'insuline, sont diversement sollicités au cours de différentes situations. Nous remarquerons également que les endomorphines, dont le rôle s'avère particulièrement important au sein du cerveau, sont également libérées à la périphérie par l'adénohypophyse sous forme de β-endorphines et par la médullo-surrénale sous forme d'enképhalines.

La cortico-surrénale et la médullo-surrénale ne sont donc pas les acteurs exclusifs de drames passionnels qui se déroulent parallèlement à la périphérie et dans l'intérieur du cerveau. L'adrénaline et la noradrénaline d'origine surrénalienne ne traversent pas la barrière hémato-encéphalique, mais sont libérées à la fois à la périphérie et dans le système nerveux central, où elles sous-entendent l'activation des systèmes désirants (voir p. 225). L'hormone corticotrope hypophysaire ou ACTH qui stimule la sécrétion du cortisol est aussi, nous l'avons vu (p. 107 et *figure 16)*, fabriquée dans le cerveau à partir d'un précurseur commun à plusieurs endomorphines. Ses actions intracérébrales, peut-être en intervenant dans les phénomènes de mémoire et d'apprentissage [26], s'intègrent dans l'ensemble de ces actions systémiques et hormonales qui, avons-nous vu, sont capables en retour de retentir sur le fonctionnement du cerveau.

Il est facile également d'imaginer la complexité d'intervention des endomorphines, neuronales ou hormonales, dans les passions adaptatives. Il suffit pour cela de considérer la liste non exhaustive des neuropeptides opiacés formés à partir de seulement trois précurseurs *(annexe 5)*. Les endorphines pourraient, entre autres rôles, constituer un véritable système de protection contre la méchanceté du monde. A la suite d'une stimulation douloureuse, par exemple, la libération d'endorphines dans le cerveau empêcherait la douleur de se prolonger au-delà de son rôle de système d'alerte. La peur serait, selon Bolles, la traduction émotionnelle d'un état d'origine endorphinique qui inhiberait la douleur pour mieux permettre la fuite [27]. De même, les endorphines empêcheraient les comportements d'aversion de s'établir trop facilement et rendraient l'individu endurant à l'épreuve du monde [28]. Avec, comme toujours en matière d'adaptation, des excès ou des dérives pouvant conduire à la pathologie [29]...

Finalement, à chacune des versions passionnées de l'état central fluctuant correspondrait un profil de sécrétions hormonales et d'activités cérébrales qui permettraient théoriquement de les différencier. Ces données neuro-endocriniennes évolueraient sur un même continuum, entre un pôle positif agréable et un pôle négatif désagréable, qui ferait osciller, par exemple, le taux de cortisol plasmatique entre des valeurs très élevées correspondant à un profond désespoir et des valeurs basses accompagnant l'état d'euphorie caractéristique d'une situation exaltante et bien contrôlée [30].

Mais il ne s'agit surtout pas de remplacer une machine faite de rouages anatomiques par une potion magique, tout aussi célibataire, dont la composition chimique suffirait à rendre compte des fluctuations passionnées de l'être. Une hormone ne fait pas la passion ; il suffit pour s'en rendre compte d'observer les effets d'une injection d'adrénaline chez un volontaire. Une même quantité d'hormone injectée à différents volontaires provoque euphorie ou colère, selon la situation dans laquelle est plongé le sujet [31]. C'est donc l'ensemble de l'état central du sujet, espace extracorporel compris, qui confère au taux circulant de l'hormone sa valence particulière. Dans ce contexte, le visage des émotions prend sa véritable signification.

Le visage de l'état central fluctuant

L'expression faciale des émotions constitue un répertoire inné de signes par lesquels s'établit la communication entre les individus. Il existe une correspondance étroite entre les différents visages des émotions et les signes biologiques de ces dernières. Plutôt que de décider si les uns sont la conséquence des autres, il est préférable de dire qu'ils sont les éléments indissociables d'un état central fluctuant dont ils manifestent le caractère unitaire.

La tête des autres

Pour expliquer l'expression faciale des émotions, Darwin écrit dans son traité [32] que « l'on doit comprendre pourquoi différents muscles sont activés lors des différentes émotions ; pourquoi, par exemple, les extrémités internes des sourcils sont relevées et les angles de la bouche abaissés, chez une personne souffrant de chagrin ou d'anxiété ». Darwin a raison de penser qu'un certain nombre de contractions musculaires suffit à dépeindre avec précision l'état émotionnel d'un sujet. Il s'appuie sur les travaux contemporains de Duchenne de Boulogne (1862), dont la préface de son livre *Mécanisme de la physionomie humaine ou Analyse électrophysiologique de l'expression des passions* [33] s'achève ainsi : « Je ferai connaître par l'analyse électrophysiologique et à l'aide de la photographie l'art de peindre correctement les lignes expressives de la face humaine, que l'on pourrait appeler orthographe de la physionomie en mouvement » *(figure 60)*.

Sans qu'il puisse en donner la signification biologique, Darwin établit que les émotions constituent un bagage universel de l'homme indépendant de sa race ou de sa culture, qu'elles sont innées et qu'on peut en retrouver les traces dans l'évolution des espèces. La théorie de Darwin a été très contestée lorsque les chercheurs en sciences sociales ont commencé d'accréditer l'hypothèse que ce qui se lit sur le visage d'un homme y est inscrit par la culture. Comme le remarque Ekman [34] : « A une époque où triomphaient les théories de l'apprentissage des comportements humains, la thèse darwinienne qui soutenait l'universalité et l'innéité des expressions faciales avait quelque chose d'indécent. » Malgré le « sourire cruel » des Asiatiques appelés en renfort pour soutenir les thèses culturalistes, plus personne ne doute aujourd'hui de l'universalité des expressions des émotions. Les mêmes contractions musculaires traduisent la colère, la surprise ou le dégoût chez les différents peuples. La lecture de l'émotion est la même quels que soient le visage ou la culture concernés. Des Papous qui n'avaient jamais vu d'Américains auparavant ont contracté les mêmes muscles que ces derniers lorsqu'il leur fut demandé à quoi leur face ressemblerait s'ils venaient à perdre un enfant [35]. Leur visage photographié, présenté ultérieurement à des étudiants américains, fut parfaitement identifié comme celui du chagrin. Ces résultats n'éliminent pas totalement l'influence de la culture sur l'expression des émotions. Il est bien évident que l'éducation, les rites et les conventions peuvent venir atténuer, déguiser ou au contraire exagérer l'expression d'une émotion [36].

Le masque ému

> Les passions ont un langage particulier. Les expressions qui sont les caractères des passions sont appelées figures.
>
> Bernard Lamy, *L'art de parler avec un discours dans lequel on donne une idée de l'art de persuader* (1676).

On demande à des acteurs professionnels maîtrisant parfaitement leur musculature faciale de représenter selon des instructions précises six expressions émotionnelles classiques : la colère, la peur, la tristesse, la joie, le dégoût et la surprise. La fréquence cardiaque, la température et la résistance cutanée sont mesurées pendant la représentation. On observe alors des différences remarquables selon les expressions représentées. La fréquence cardiaque s'élève lorsque le sujet représente la colère, la peur ou la tristesse, elle diminue lorsque la face exprime la joie, le dégoût ou la surprise. Bien plus, il est possible de faire une différence entre la tristesse et d'autres émotions négatives d'après la température cutanée, témoin de l'afflux de sang dans la peau *(figure 61)*. Ces résultats, dus aux travaux de Paul Ekman, contredisent les théories cognitives qui prétendent qu'une activation neurovégétative non spécifique accompagne indifféremment les émotions quelle qu'en soit la nature.

Dans ces expériences, nous remarquons que les sujets *sont émus* parce qu'ils *ont l'air ému*. Selon Ekman, l'activité des muscles faciaux déclencherait directement les réactions

Figure 60. – L'EXPRESSION DES ÉMOTIONS VUE PAR DUCHENNE DE BOULOGNE. Cet anatomiste du XIXe siècle cherchait à obtenir l'expression d'émotions spécifiques en faisant se contracter divers muscles de la face à l'aide d'électrodes appliquées sur la peau. Nous donnons les commentaires du chercheur accompagnant les photographies des résultats obtenus par différentes stimulations.
En A, figure « destinée à l'étude comparative des lignes expressives différentielles du petit zygomatique et du grand zygomatique [...] A gauche, contraction [...] du petit zygomatique : *pleurer modéré, attendrissement*. A droite, contraction modérée du grand zygomatique : *rire faux, incomplet* ».
En B, figure « destinée à l'étude de la contraction combinée, à un degré modéré, du frontal et des abaisseurs du maxillaire inférieur. Abaissement volontaire et modéré de la mâchoire inférieure et contraction électrique proportionnelle des frontaux : *surprise*. On sent [...] que le sujet vient d'apprendre une nouvelle inattendue ou qu'il aperçoit un sujet qui le surprend [...] Les abaisseurs de la mâchoire inférieure et leurs filets nerveux moteurs étant recouverts par le peaucier ne peuvent être électrisés sans que ce dernier muscle se contracte [...] Aussi ai-je dû engager le sujet à ouvrir la bouche ».

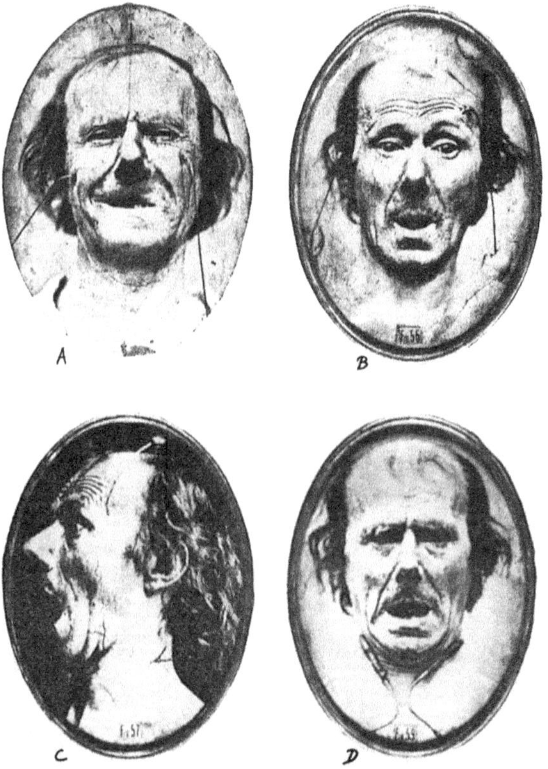

En C, figure « destinée à l'étude de la contraction combinée au maximum des frontaux et des abaisseurs du maxillaire inférieur. Abaissement volontaire au maximum de la mâchoire inférieure et contraction électrique énergique des frontaux : *étonnement, stupéfaction, ébahissement* ».

En D, contraction des deux peauciers du cou : inexpressive. « Ces muscles soulèvent et tendent la peau, à la manière d'un rideau derrière lequel disparaissent les reliefs des sternomastoïdiens. » (G.B. Duchenne de Boulogne, *Mécanisme de la physionomie humaine*, Paris, Baillière, 1862.)

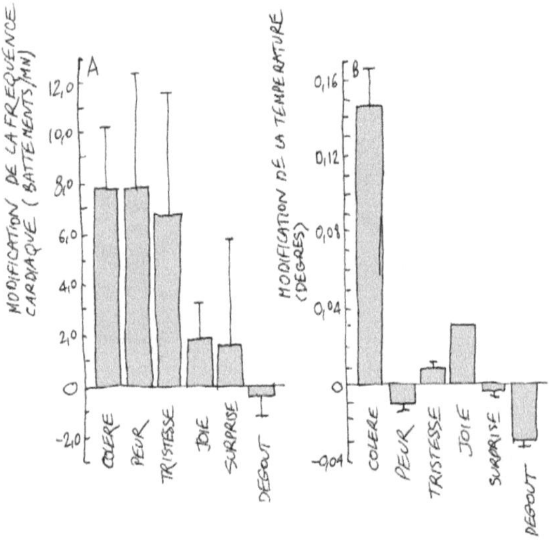

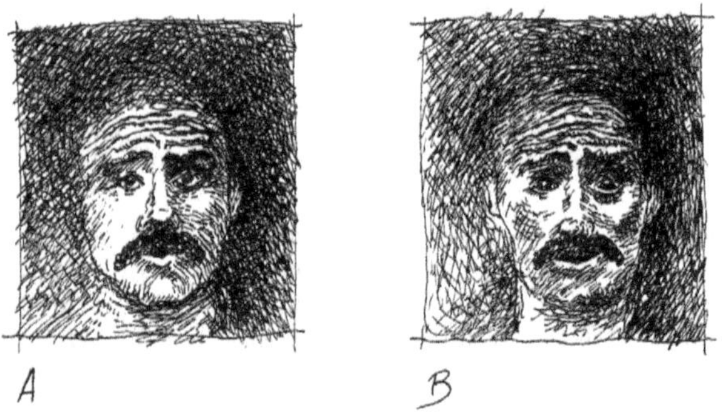

A B

Figure 61. – *Il est demandé à un sujet de suivre les instructions suivantes : En A, « soulevez les sourcils et tirez-les ensemble ». En B, « maintenant, soulevez les paupières supérieures ». En C, « puis étirez les lèvres horizontalement vers les oreilles ». Les résultats des*

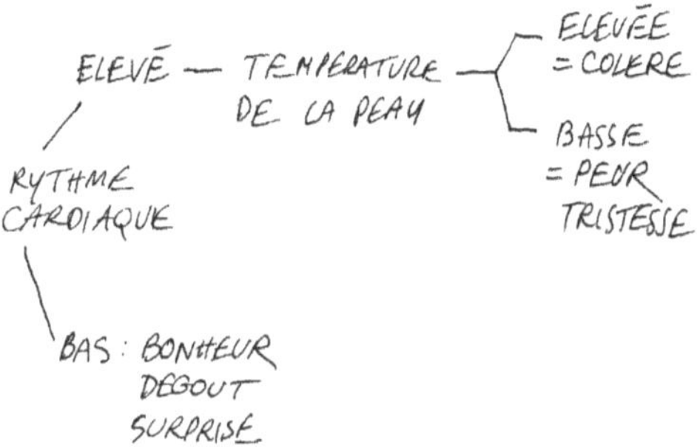

C

mesures végétatives sont représentés dans la partie basse de la figure. A gauche sont portées les modifications de la fréquence cardiaque et de la température cutanée au cours des différentes expressions. A droite, diagramme permettant de discriminer les expressions faciales selon les critères végétatifs. (D'après P. Ekman et al., Science, *221, 1983, p. 1208-1211.)*

neurovégétatives spécifiques, soit par des rétroactions d'origine périphérique, soit par une connexion entre les programmes moteurs du cortex cérébral et l'hypothalamus [37]. Nous rapprocherons ces observations récentes d'une théorie oubliée, développée par le Français Waynbaum (1907). Selon ce médecin, les contractions des muscles de la face, par les modifications de débit qu'elles entraînent dans la circulation sanguine de la tête, provoqueraient un afflux variable de sang aux régions du cerveau et seraient responsables des différentes sensations ressenties lors des émotions [38]. Ce que nous devons surtout retenir des travaux d'Ekman, c'est qu'au répertoire musculaire des émotions correspond un clavier de modifications humorales et neurovégétatives. Une fois encore, la dimension extracorporelle apparaît indissociable de la dimension corporelle. Est-il plus bel exemple de l'unité de l'état central fluctuant ?

La passion partagée

Premier face-à-face : l'enfant regarde sa mère. Son acuité visuelle, contrairement à la légende, n'est pas nulle – au moins 20/150. Le bébé est capable de reconnaître la structure d'un visage. Lorsqu'on lui présente une face simplifiée avec deux yeux, des sourcils, un nez et une bouche, il tourne la tête. Ses mouvements de rotation sont proportionnels au degré de ressemblance du modèle avec un visage. Ils diminuent lorsque les yeux sont à la place de la bouche et cessent quand les traits caractéristiques sont supprimés [39].

A la reconnaissance innée chez l'enfant du visage de sa mère répond un comportement également inné de la mère. Il n'est pas excessif de dire que l'enfant et la mère sont génétiquement préparés pour échanger des sourires. Selon Henry [40], le regard souriant est le ciment par lequel la mère et l'enfant scellent une « unité sociale ». Tout un répertoire de mimiques programmées avant la naissance anime le visage de l'enfant. Le nouveau-né aveugle devra se contenter, comme réponse à ses sourires, de la voix de sa mère et de ses caresses. Un enfant de moins d'un mois est en effet capable de discriminer les sons de la parole. Le développement du langage, avec ses phonèmes universels, et l'organisation des mots, semblable d'une culture à l'autre, montrent que l'enfant est programmé pour parler avec des structures nerveuses innées qui déterminent l'acquisition de la syntaxe [41] et font, par exemple, qu'un enfant utilisera correctement les pronoms en dépit des erreurs grammaticales entendues chez ses parents [42]. L'attente de la réponse est également programmée, au même titre que l'expression elle-même. Brazelton [43] a montré que, lorsque cette attente n'était pas satisfaite par une mère impassible, l'enfant était perturbé et cessait rapidement de sourire.

Les expressions faciales ne résument d'ailleurs pas le langage du corps. Eibl-Eibesfeldt a montré que quantité d'autres gestes sont innés et forment l'ossature de la communication entre sujets [44]. L'enfant, dans son interaction avec la mère, possède une variété de processus cérébraux capables d'exprimer les fonctions de communication affective et référentielle. Les émotions programmées, au même titre que le langage et les gestes, forment donc la base de ce que les sociolinguistes appellent l'*intersubjectivité*. Les théories fonctionnalistes du langage reconnaissent « qu'on ne peut comprendre comment celui-ci fonctionne si on n'est pas capable de percevoir plus que les choses objectives dénotées par les mots [45] ». Finalement, à quoi serviraient les passions si elles ne pouvaient être dites ? *Je suis parce que je suis ému et parce que tu le sais.*

Épilogue

Figure 62. – SOURIRE ARCHAÏQUE : TÊTE D'UNE SCULPTURE GRECQUE DU VIe siècle, dite « cavalier Rampin » *(musée du Louvre, photographie Bulloz).*

Cet ouvrage s'achève sur le visage énigmatique du cavalier Rampin. Sur ses traits est inscrit le sourire dit primitif, expression qui parcourt la statuaire de toutes les civilisations naissantes. Comme si cette représentation était inscrite dans les programmes génétiques de l'artiste au même titre que le sourire sur la figure de l'enfant qui vient de naître. Manifestation de l'état central de l'artiste, le visage sculpté dans la pierre illustre l'équilibre miraculeux de l'être au sein d'un monde en devenir.

ANNEXES

ANNEXE 1

Les principales hormones chez l'homme (à l'exclusion des neurohormones hypothalamiques)

Glandes	Hormones	Cibles ou fonctions
Adénohypophyse (ou hypophyse antérieure)	Prolactine (PRL) *	Glandes mammaires
	Hormone de croissance ou somatotrope	Croissance-métabolisme
	Hormone corticotrope * (ACTH)	Cortex surrénal
	Hormone lutéotrope (LH)	Gonades (ovaires, testicules)
	Hormone folliculo-stimulante (FSH)	Gonades (ovaires, testicules)
	Hormone thyréotrope (TSH)	Tyroïde
	β-endorphine *	
Neurohypophyse (ou hypophyse porteuse)	Vasopressine * ou hormone antidiurétique (ADH)	Rein et vaisseaux
	Ocytocine *	Glandes mammaires, utérus
Thyroïde	Thyroxine (T_3, T_4)	Développement et métabolisme
	Calcitonine	Rein, squelette
Parathyroïde	Parathormone	Métabolisme du phosphore et du calcium
Cortex surrénal (ou cortico-surrénale)	Glucocorticoïdes	Métabolisme des sucres, protéines et graisses
	Minéralocorticoïdes	Équilibre de l'eau et des sels dans l'organisme
	Androgènes	
Médullo-surrénale	Adrénaline *	Cœur
	Noradrénaline *	Vaisseau, libération de glucose

Glandes	Hormones	Cibles ou fonctions
Ovaires :		
- follicules	Œstrogènes	Développement et maintien des caractères sexuels, fonction de reproduction, comportement
- corps jaunes	Progestérone	*Idem*
Testicules	Testostérone	*Idem*
Pancréas :		
- cellules α	Glucagon	Libération de glucose
- cellules β	Insuline *	Utilisation du glucose
- cellules δ	Somatostatine	
Estomac et intestin	Peptide vasoactif intestinal (VIP) *	
	Cholécystokinine (CCK) *	
	Gastrine	
	Substance P *	
	Neurotensine *	
	Bombésine	
	Sécrétine	
	Motiline	
Tissus divers	Angiotensine *	Vaisseaux, cortico-surrénale
	Bradykinine *	Vaisseaux
	Facteur natriurique atrial *	Rein
	CGRP *	
	Peptide Y *	

N.B. Les hormones marquées d'un astérisque * sont aussi présentes dans le système nerveux central.

ANNEXE 2

Principales substances hormonales dérivant de la modification d'une molécule d'acide aminé

Acides aminés		**Hormones**
Tryptophane	→	Sérotonine
Tyrosine	→	Dopamine ↓ Noradrénaline ↓ Adrénaline
(Tyrosine)	→	Thyroxine (T_4) Triiodothyronine (T_3)
Histidine	→	Histamine

ANNEXE 3

Évolution des éléments biochimiques des systèmes nerveux et endocrines *

<table>
<tr><th rowspan="2">Plantes supérieures
ALFALFA</th><th rowspan="2">Plantes unicellulaires
CHAMPIGNONS
LEVURES</th><th rowspan="2">Animaux unicellulaires
PROTOZOAIRES
AMIBES</th><th colspan="4">Invertébrés</th><th rowspan="2">Vertébrés</th></tr>
<tr><th>ÉPONGES</th><th>VERS</th><th>MOLLUSQUES</th><th>INSECTES</th></tr>
<tr><td></td><td></td><td></td><td></td><td></td><td></td><td></td><td>glandes</td></tr>
<tr><td></td><td></td><td></td><td colspan="5">neurones</td></tr>
<tr><td colspan="8">peptides hormonaux et molécules messagères</td></tr>
<tr><td colspan="8">molécules neurotransmettrices</td></tr>
</table>

* D'après D. Le Roith, J. Shiloach et J. Roth, *Peptides*, 3, 211, 1982.

ANNEXE 4

Facteurs hypothalamo-hypophysaires

Ensemble des facteurs hypothalamiques reconnus sur le plan biologique

1. *Hormones identifiées sur le plan structural*

TRH, LH-RH, SRIF, CRH, GH-RH.

2. *Hormones reconnues sur le plan fonctionnel mais non identifiées sur le plan structural*

PIF, PRF.

3. *Hormones possibles mais non démontrées*

MSH-IF, MSH-RF.

4. *Hormones dépourvues d'effet primaire*

Substance P, neurotensine, angiotensine, endorphines et enképhalines

5. *Neurotransmetteurs classiques*

Dopamine, sérotonine, GABA, noradrénaline, etc.

Hormones hypothalamiques identifiées sur le plan structural

Les syllabes His, Pro, etc., désignent des acides aminés. Par convention, F désigne un facteur reconnu sur le plan biologique (IF, facteur inhibiteur, RF, facteur de libération). H désigne un facteur identifié sur le plan structural (hormone). Les lettres-préfixes T, LH, P, GH, MSH désignent respectivement la thyroïde, les gonades, la prolactine, l'hormone de croissance et l'hormone mélanostimulante.

1. Thyréolibérine (THR)

   Pyroglu-His-Pro NH_2

2. Lulibérine (LH-RH)

   Pyroglu-His-Try-Ser-Tyr-Gly-Leu-Arg-Pro-Gly NH_2

3. Somatostatine (SRIF)

```
H-Ala-Gly-Cys-Lys-Asn-Phe-Phe
          |               |
          S              Trp
          |               |
          S              Lys
          |               |
     HO-Cys-Ser-Thr-Phe-Trh
```

4. Corticolibérine (CHR)
   41 acides aminés

5. Somatolibérine (somatocrinine) ou GH-RH

ANNEXE 5

Les endomorphines

Les endomorphines regroupent des substances distinctes qui possèdent les propriétés analgésiantes de la morphine, des caractéristiques structurales communes, et sont fabriquées par l'organisme, dans le système nerveux central en particulier (origine endogène). On les regroupe en trois catégories selon le précurseur dont elles sont issues.

1. *Les dérivés de la proopiomélanocortine*

Le clivage de ce gros précurseur donne naissance à la *β-endorphine,* peptide de 31 acides aminés, dans certaines cellules de l'hypophyse et dans l'hypothalamus exclusivement.

2. *Les dérivés de la proenképhaline A*

Les mieux connus sont la *leu-* et la *met-enképhaline,* petits peptides de 5 acides aminés. Ces peptides sont largement distribués dans le cerveau et la moelle épinière, où ils assurent une fonction de neurotransmission.

3. *Les dérivés de la proenképhaline B*

Ce sont surtout la *dynorphine* et la *β-néo-endorphine*. Présents dans de nombreuses structures cérébrales, ils sont localisés dans des neurones distincts de ceux qui renferment les dérivés de la proenképhaline A.

Les différentes endomorphines sont libérées par les neurones qui les synthétisent et agissent sur leurs cibles, dans le cerveau ou en périphérie, par l'intermédiaire de récepteurs spécifiques des opiacés dont il existerait trois types au moins, κ, μ et δ. La classification des récepteurs est établie sur leur affinité préférentielle pour certaines molécules opiacées et un antagoniste de la morphine, la naloxone, et sur la prévalence de certains effets pharmacologiques selon les conditions expérimentales.

ANNEXE 6

L'oreiller de la belle Aurore

Ce n'est qu'un pâté, mais quel pâté ! Si l'on en croit la chronique, Aurore Récamier, la mère de Brillat-Savarin, à laquelle est dédié ce pâté, était aussi gourmande que belle. Nous n'avons rien pu connaître de la vie et des amours de cette bourgeoise de Vieu-en-Bugey. Il est vraisemblable que Brillat tenait de sa mère sa passion du bien-manger. Les hommes qui n'ont pas eu la chance de naître d'une mère cuisinière souffrent d'un manque qu'aucun exercice du pouvoir ne viendra jamais combler. Ernest Trochu reconnaît qu'il n'aurait pas survécu dans les tranchées de Verdun si le parfum des soupes de sa mère ne lui était revenu de temps à autre pour faire naître en lui l'espoir d'un repas chaud. C'est là une forme tardive de l'attachement qui passe par les narines, comme il est signalé dans le chapitre 12. Fanny Deschamps, qui possède entre autres mérites celui d'être la tante d'Alain Chapel, raconte dans *Croque en bouche* (Paris, Albin Michel, 1976) comment son oncle a accepté de refaire, pour quelques fortunés convives, le mirifique pâté. Elle nous donne, sans entrer dans les détails de la fabrication, la liste des produits nécessaires au rembourrage du coussin d'Aurore Récamier. On pourra, selon ses goûts, rêver de la belle ou de l'oreiller, l'association des deux paraissant au biologiste la solution la meilleure :

Une noix de veau, deux perdreaux rouges, le râble d'un lièvre, un poulet de Bresse, un canard de Barbarie, une demi-livre de filet de porc, deux ris de veau ; le tout ayant été mariné dans une huile d'olive aromatisée de vinaigre de vin blanc et de rouelles d'oignons. Ajoutez à cela deux farces : l'une de maigre de veau, de porc et de jambon ; l'autre de foies blonds de poulardes et foies de perdreaux, moelle de bœuf, mie de pain cuite dans un bouillon de bœuf, champignons des bois, gros dés de truffes noires et pistaches, le tout lié à l'œuf battu et à la fine champagne. Pour la gelée d'aspic qui sera coulée en fin de cuisson par les cinq cheminées du pâté, il faudra un jarret de veau, un jarret de bœuf, deux pieds de porc noir, deux pieds de veau, oignons, échalotes, ail, carottes de sable, zeste d'orange, thym, laurier, cerfeuil, persil, clous de girofle, grains de poivre et de sel ; tout cela ayant frémi cinq heures dans un court-bouillon au vin blanc sec parfumé à la fine. Cette symphonie de saveurs, bien parsemée de noix de beurre frais, est enfin enveloppée dans une pâte feuilletée de Jeannot[1].

1. L'auteur remercie Jean Laforgue de lui avoir prêté son oreiller.

NOTES

1. Nous conserverons l'anonymat à ce philosophe dans le souci de ne pas profaner son tombeau.

2. Thomas d'Aquin définit les passions comme les actes de l'appétit sensitif en tant qu'elles sont liées à des modifications corporelles : « Actus appetitus sensitivi, in quantum habent transmutationem corporalem annexam » (*Somme théologique*, I, 20, 1 à 10).

3. Chrysippe, *SVF*, III, 456, cité par J. Hengelbrock, « Affect », *in* J. Ritter (éd.), *Historisches Wörterbuch der Philosophie*, Darmstadt, Wissenschaftliche Buchgesellschaft, 1971.

4. Dans ce paragraphe, nous citons W. Riese, *La Théorie des passions à la lumière de la pensée médicale du XVIIe siècle*, Bâle, S. Karger, 1965.

5. R. Descartes, *Les Passions de l'âme*, Paris, Librairie philosophique J. Vrin, 1970.

6. T. Ribot, *Essai sur les passions*, Paris, Félix Alcan, 1907. « Le terme de *passions* est pour ainsi dire sans emploi dans la psychologie contemporaine, remarque Ribot. Je me suis livré à de minutieuses recherches sur ce point. J'ai consulté une vingtaine de traités, écrits dans diverses langues, jouissant à des titres divers de la faveur du public, et j'ai constaté que c'est à peine si deux ou trois consacrent quelques courtes pages aux passions. Le lecteur me dispensera de lui présenter une énumération de noms qui serait oiseuse. Chez beaucoup d'auteurs, le mot *passions* ne se rencontre pas même une seule fois (Bain, W. James, etc.). D'autres l'inscrivent en passant, mais pour le confondre avec les termes *émotions* ou *sentiments* en général, et ils

soutiennent qu'on peut dire indistinctement *émotions* ou *passions.* D'autres se contentent de remarquer, avec raison d'ailleurs, que c'est une expression vague et élastique : ils ne semblent pas supposer qu'elle puisse être précisée. Il n'y a que de très rares exceptions à cet abandon universel. »

7. J. Müller, *Handbuch der Physiologie des Menschen für Vorlesungen,* Coblence, J. Hölscher, 1840. Traduction A.J.L Jourdan, *Manuel de physiologie,* Paris, 1845, 2 vol.

8. Ce texte offre, comme le remarque Jean Starobinski, une première approximation de la « libido » dans le langage de la biologie scientifique. Il n'est pas inutile de rappeler que Johannes Müller fut le maître d'Ernst Brücke, dont on sait la place qu'il tint dans les premiers travaux de Freud. (J. Starobinski, « Le passé de la passion », *Nouvelle Revue de psychanalyse,* numéro sur *la Passion,* Paris, Gallimard, 21, 1980, p. 51-82.)

9. Bossuet, « De la connaissance de Dieu et de soi-même », *Sermons* I, VI.

10. J.-F. Sénault, R.P.I.F., *De l'usage des passions,* Paris, 1641. Nous citons d'après J. Starobinski, *op. cit.* (note 8 de cette introduction).

11. J. Bowlby, *Attachment and Loss,* Londres, Hogarth Press, t. I, 1970, et t. II, 1973.

12. C. Bernard, *Lettres beaujolaises,* Villefranche-en-Beaujolais, Éditions du Cuvier, 1950.

13. W. Riese, *op. cit.* (note 4 de cette introduction), « La thèse spinoziste ».

14. *Ibid.*

15. R.B. Livingston, « Sensory Processing, Perception and Behavior », *in* R.G. Grenell et S.Gabay (éd.), *Biological Foundations of Psychiatry,* New York, Raven Press, 1976.

16. R. Descartes, *op. cit.* (note 5 de cette introduction).

CHAPITRE PREMIER : Humeur, humeurs

1. J. Delay, *Les Dérèglements de l'humeur,* Paris, Presses universitaires de France, 1961.

2. G. Bachelard, *La Formation de l'esprit scientifique,* Paris, Librairie philosophique J. Vrin, 1980.

3. G. Canguilhem, « La constitution de la physiologie comme une science », *in* C. Kayser (éd.), *Physiologie,* Paris, Flammarion, 1970, t. I.

4. J.N. Langley, « On Nerve-Endings and on Special Excitable Substances in Cells », *Proc. Roy. Soc. London,* série B, 78, 1906, p. 170-194.

5. R. Guillemin, « Biochemical and Physiological Correlates of Hypothalamic Peptides. The New Endocrinology of the Neuron », *in*

S. Reichlin, R.J. Baldessarini et J.B. Martin (éd.), *The Hypothalamus*, New York, Raven Press, 1978.

6. L'école de Pythagore définissait dix principes au nom desquels tout se produit ; ce sont les *énantioses* qui s'opposent l'un à l'autre par coordonnées binaires : fini/infini, pair/impair, unité/pluralité, droit/gauche, mâle/femelle, fixe/mobile, rectiligne/courbe, lumière/obscurité, bon/mauvais, régulier/irrégulier. Empédocle réduisit ces dix énantioses à deux : chaud/froid, sec/humide.

7. A.A. Phylactos, *Les Doctrines des philosophes physiologues présocratiques grecs mises par Hippocrate avec profit au service de la médecine*, Athènes, faculté de médecine, 1979. La plupart des citations que nous donnons sont empruntées à l'ouvrage de A.A. Phylactos. Sur Empédocle, on consultera également Y. Battistini, *Trois Présocratiques*, Paris, Gallimard, 1968.

8. On pourrait rapprocher cette proposition de notre définition du concept d'*état central fluctuant* qui englobe dans une nature semblable les dimensions extracorporelles et corporelles du sujet.

9. On trouve ici, clairement formulée, la théorie de la *réduction de tension* (*reduction drive theory*) qui lie la motivation d'un comportement à la satisfaction d'un besoin, lui-même à l'origine de la tendance ou tension. Cette théorie est exposée dans le chapitre 8.

10. G. Baissette, « La médecine grecque jusqu'à la mort d'Hippocrate », *in* M. Laignel-Lavastine (éd.), *Histoire générale de la médecine, de la pharmacie, de l'art dentaire et de l'art vétérinaire*, Paris, Albin Michel, 1936, t. I.

11. A. A. Phylactos, *op. cit.* (note 7 de ce chapitre).

12. *Ibid.*

13. *Ibid.*

14. L'école de médecine de Cnide était voisine et rivale de celle de Cos où exerça Hippocrate. Elle s'adonna surtout à l'étude des organes et des maladies qui y correspondent. Elle créa une pathologie d'organes qui rattache le trouble à la lésion ; en ce sens, elle s'oppose à la médecine hippocratique qui considère l'organisme comme un tout indissociable du milieu qui l'entoure et de la durée – importance de l'évolution et du pronostic par exemple.

15. L'école méthodiste a connu un développement important à Rome dans les premiers siècles de l'empire ; Soranos en fut le plus brillant représentant. Sa « méthode » était simple et consistait à rattacher l'affection à l'un ou l'autre de deux états morbides : tension (*status strictus*) ou au contraire relâchement (*status laxus*).

CHAPITRE II : Le milieu intérieur

1. Un compartiment est le volume de répartition d'une substance dans un secteur défini de l'organisme. Les compartiments liquidiens

constituent les volumes de répartition de l'eau dans le corps. L'eau contenue à l'intérieur de l'ensemble des cellules forme le *comparti-ment intracellulaire* et représente environ 40 % de la masse totale de l'organisme. L'eau contenue à l'extérieur des cellules, ou *compartiment extracellulaire,* représente 20 % de la masse totale.

2. C. Bernard, *Pensées. Notes détachées,* Paris, L. Delhoume, 1937.

3. W.B. Cannon, *La Sagesse du corps,* trad. fr., Paris, Éditions de la Nouvelle Revue critique, 1946.

CHAPITRE III : Les hormones

1. C. Brown-Séquard, « Des effets produits chez l'homme par des injections sous-cutanées d'un liquide retiré des testicules frais de cobaye et de chien », *C.R. Soc. Biol.,* séances du 1er et 15 juin 1889. On trouvera ces communications et une analyse critique *in* F. Dagonet, *La Raison et les Remèdes,* Paris, Presses universitaires de France, 1964.

2. C.S. Peirce, *Collected Papers of Charles Sanders Peirce* (C. Hartshorne et P. Weiss, éd.), Cambridge (Mass.), Harvard University Press, 1931.

3. E. Canseliet, *Alchimie,* Paris, Jean-Jacques Pauvert, 1964.

4. F. Engels, *Dialectique de la nature,* Paris, Éditions sociales, 1952.

5. G. Kolata, « Unique Enzyme Target Neuropeptide », *Science,* 224, 1984, p. 14-17.

6. H. Valtin et H.A. Schroeder, « Familial Hypothalamic Diabetes Insipidus in Rats (Brattleboro Strain) », *Amer. J. Physiol.,* 206, 1964, p. 425-530.

CHAPITRE IV : Le milieu cérébral

1. P. Ehrlich, *Das Sauerstoff Bedürfnis des Organismus, Eine farbenanalytische Studie,* Berlin, Hirschwald, 1985. Pour une revue générale sur la barrière hémato-encéphalique, voir J.M. Lefauconnier et J.J. Hauw, *Rev. Neurol.* (Paris), 140, 1984, p. 89-109.

2. E. Knobil, « Neuroendocrine Control of the Menstrual Cycle », *Recent Progress in Hormone Research,* 36, 1980, p. 53-88 ; E. Knobil, T.M. Plant, L. Wildt, P.E. Belchetz et G. Marshall, « Control of the Rhesus Monkey Menstrual Cycle : Permissive Role of Hypothalamic Gonadotropin-Releasing Hormone », *Science,* 207, 1980, p. 1371-1373.

3. Rémy Colin, bien que sa contribution soit plus tardive, peut être considéré comme un pionnier de la neurosécrétion à côté de ses découvreurs Ernst et Berta Scharrer. Colin proposait l'existence à l'intérieur du cerveau d'une sécrétion endocrine par les neurones eux-mêmes ou *neurocrinie.* Il en venait à supposer l'existence de véritables synapses neurosécrétrices, idée reprise par Barry et aujourd'hui géné-

ralement admise grâce à la découverte des neuropeptides. A côté du transport des produits de sécrétion par les neurones, il existerait également une voie de diffusion à l'intérieur du système nerveux utilisant le liquide céphalo-rachidien, d'où le nom d'*hydrocrinie*. Finalement, les hormones pourraient diffuser dans l'organisme grâce à trois moyens de transport : le sang (hémocrinie), le liquide céphalo-rachidien (hydrocrinie) et les neurones (neurocrinie). Il est inutile de souligner le modernisme de cette classification. (R. Colin et J. Barry, « Histophysiologie de la neurosécrétion », *Annales d'endocrinologie*, 1957, p. 153-192.)

4. M.J. Dennis et R. Miledi, « Electrically Induced Release of Acetylcholine From Denervated Schwann Cells », *J. Physiol. London*, 237, 1974, p. 431-452.

5. P. Rakic, « Neuron-Glia Relationship During Granule Cell Migration in Developing Cerebellar Cortex. A Golgi and Electromicroscopic Study in *Macacus Rhesus* », *J. Comp. Neurol.*, 141, 1971, p. 283-312. R.L. Sidman et P. Rakic, « Neuronal Migration, With Special Reference to Developing Human Brain : a Review », *Brain Res.*, 62, 1973, p. 1-35.

6. J.P. Kelly et D.C. Van Essen, « Cell Structure and Function in the Visual Cortex of the Cat », *J. Physiol. London*, 238, 1974, p. 515-547. Pour une revue générale sur la physiologie de la glie, on consultera S.W. Kuffler et J.G. Nicholls, *From Neuron to Brain*, Sunderland, Sinauer, 1984.

7. D.T. Théodosis, D.A. Poulain et J.D. Vincent, « Possible Morphological Bases for Synchronisation of Neuronal Firing in the Rat Supraoptic Nucleus During Lactation », *Neuroscience*, 6, 1981, p. 919-929.

CHAPITRE V : Les humeurs du cerveau

1. J.T. Fitzsimons, *The Physiology of Thirst and Sodium Appetite*, Cambridge University Press, 1979.

2. C.A. Pedersen, J.A. Ascher, Y.L. Monroe et A.J. Prange Jr., « Oxytocin Induces Maternal Behavior in Virgin Female Rats », *Science*, 216, 1982, p. 648-649.

3. C.F. Ferris, H.E. Albers, S.M. Wesolowski, B.D. Goldman et S.E. Luman, « Vasopressin Injected Into the Hypothalamus Triggers a Stereotypic Behavior in Golden Hamsters », *Science*, 224, 1984, p. 521-523.

4. E.A. Kravitz, B.S. Beltz, S. Glusman, M.F. Goy, R.M. Harris-Warrick, M.F. Johnston, M.S. Livingstone, T.L. Schwarz et K.K. Siwicki, « Neurohormones and Lobsters : Biochemistry to Behavior », *Trends Neurosci.*, 6, 1983, p. 345-349.

5. On trouvera une somme très complète d'informations sur les

peptides du cerveau et notamment sur le facteur d'accouplement des levures *in* D.T. Krieger, « Brain Peptides : What, Where and Why », *Science,* 222, 1983, p. 975-985.

6. R.H. Scheller, J.F. Jackson, L.B. MacAllister, J.H. Schwartz, E.R. Kandel et R. Axel, « A Family of Genes That Codes for ELH, a Neuropeptide Eliciting a Stereotyped Pattern of Behavior in *Aplysia* », *Cell,* 28, 1982, p. 707-719.

7. Sur le concept de neurones et de paraneurones appartenant à la grande famille des cellules endocrines, on consultera T. Fujita, S. Kobayashi et T. Uchida, « Secretory Aspect of Neurons and Paraneurons », *Biomed. Res.,* 5, suppl., 1984, p. 1-8.

8. J.M. Lundberg et T. Hökfelt, « Coexistence of Peptides and Classical Neurotransmitters », *Trends Neurosci.,* 6, 1983, p. 325-332.

9. G. Simonnet, P. Legendre, A. Carayon, M. Allard, F. Cesselin et J.D. Vincent, « Angiotension II in the Central Nervous System in the Rat », *J. Physiol.* (Paris), 79, 1984, p. 453-460.

10. On trouvera un historique et une vue des approches modernes de la neurotransmission dans J. Glowinski, *Leçon inaugurale,* Collège de France, 1983. Consulter également le numéro spécial sur les neurotransmetteurs in *Trends Neurosci.,* 6, n° 8, 1983.

11. P. Legendre, G. Simonnet et J.D. Vincent, « Electrophysiological Effects of Angiotensin II on Cultured Mouse Spinal Cord Neurons », *Brain Res.,* 293, 1984, p. 287-296 ; J.D. Vincent et J.L. Barker, « Substance P : Evidence for Diverse Roles in Neuronal Function From Cultured Mouse Spinal Neurons », *Science,* 205, 1979, p. 1409-1411.

« Le Grand Verre »

1. Comte de Lautréamont, *Les Chants de Maldoror,* Paris, José Corti, 1953.

2. M. Carrouges, *Les Machines célibataires,* Paris, Le Chêne, 1976.

3. A partir de 1913, Marcel Duchamp abandonne la peinture olfactive et visuelle – une peinture qui sent la térébenthine et qui se contemple – pour la « peinture-idée » ou peinture sans peinture dont *le Grand Verre* représente l'œuvre « la plus inachevée ». L'incompréhension qui naît de cette œuvre « absente » est encore accrue par les documents qui ont servi à son élaboration. Ils nous ont été légués par Duchamp dans *la Boîte en valise* (1941) et *la Boîte verte* (1934). La première contient des reproductions miniatures de toutes ses œuvres. La seconde des documents préparatoires, photos, dessins, calculs ayant servi à la réalisation du *Grand Verre ;* ils constituent, selon Duchamp, « un catalogue genre Armes et Cycles de Saint-Étienne ».

4. R. Lebel, *Sur Marcel Duchamp,* Paris, Trianon, 1959.

5. O. Paz, *Deux Transparents : Marcel Duchamp et Lévi-Strauss*, Paris, Gallimard, 1970.
6. F. Kafka, *La Colonie pénitentiaire et autres récits*, Paris, Gallimard, 1953.
7. R. Roussel, *Locus Solus*, Paris, J.-J. Pauvert, 1965.

CHAPITRE VI : La mouche voyeuse et la boîte à neurones

1. K. Hausen, « The Lobula Complex of the Fly : Structure, Function and Significance in Visual Behaviour », *in* M.A. Ali (éd.), *Photo Reception and Vision in Invertebrates*, New York, Plenum, 1984.
2. D.H. Hubel et T.N. Wiesel, « Brain Mechanisms of Vision », *Sci. Amer.*, 241, 1979, p. 150-162.
3. J. Scholes, « The Electrical Responses of the Retinal Receptors and the Lamina in the Visual System of the Fly *Musca* », *Kybernetik*, 6, 1969, p. 149-162.
4. N. Franceschini, « Sampling of the Visual Environment by the Compound Eye of the Fly : Fundamentals and Applications », *in* A.W. Snyder et R. Menzel (éd.), *Photoreceptors Optics*, Berlin, Springer-Verlag, 1975.
5. Ce comportement, d'un point de vue béhavioriste, n'est pas très différent de celui d'un « vieux marcheur suivant une grisette ». Tout au plus le regard qui s'exerce de haut en bas pour le vieux marcheur s'exerce-t-il de bas en haut pour la mouche ! Voir N. Franceschini, R. Hardie, W. Ribi et K. Kirschfeld, « Sexual Dimorphism in a Photoreceptor », *Nature*, 291, 1981, p. 241-244.
6. L'inhibition latérale dans les systèmes sensoriels a été décrite par E. Mach (1964). Une zone de sensation produite par un stimulus local est entourée d'une zone d'inhibition qui a pour effet d'augmenter le contraste et la focalisation du stimulus.
7. N. Franceschini, « Aspects du traitement de l'information dans l'œil composé d'un insecte », in *Bilan et Perspectives des neurosciences* (colloque national du Touquet 1980), Paris, La Documentation française.
8. H.T. Spies, « Courtship Behavior in *Drosophila* », *Annu. Rev. Entomol.*, 19, 1974, p. 385-405.
9. G. Hoyle, « Exploration of Neural Mechanisms Underlying Behavior in Insects », *in* R.F. Reiss (éd.), *Neural Theory and Modelling*, Palo Alto (Calif.), Stanford University Press, 1964.
10. J.C. Hall, W.M. Gelbart et D.R. Kankel, « Mosaic Systems », *in* M. Ashburner et E. Novitski (éd.), *Genetics and Biology of Drosophila*, New York, Academic Press, 1976.
11. D.R. Kankel et J.C. Hall, « Fate Mapping of Nervous System and Other Internal Tissues in Genetic Mosaics of *Drosophila melanogaster* », *Develop. Biol.*, 48, 1976, p. 1-24.

12. J.C. Hall, « Control of Male Reproductive Behavior by the Central Nervous System of *Drosophila* : Dissection of a Courtship Pathway by Genetic Mosaics », *Genetics,* 92, 1979, p. 437-457.

13. N.J. MacLusky et F. Naftolin, « Sexual Differentiation of the Central Nervous System », *Science,* 211, 1981, p. 1294-1302.

14. J.M. Belote et B.S. Baker, « Sex Determination in *Drosophila melanogaster* : Analysis of Transformer-2, a Sex-Transforming Locus », *Proc. Nat. Acad. Sci. USA,* 79, 1982, p. 1568-1572.

15. T.W. Cline, « Positive Selection Methods for the Isolation and Fine-Structure Mapping of Cis-Acting, Homeotic Mutation at the Sex Lethal (S × 1) Locus of *D. melanogaster* », *Genetics,* 97, 1981, p. 323.

16. Dans ce modèle, le comportement sexuel inapproprié est potentiellement possible mais bloqué en permanence (*cf.* J.C. Hall *et al., Soc. Neurosc. Symp.,* 4, 1979, p. 1-42). Nous rappellerons à ce propos le comportement sexuel mâle de la mante religieuse, qui est inhibé par le système nerveux céphalique ; seule la décapitation lui permet de se dérouler. Il serait dangereux d'extrapoler cette observation à l'homme en se fondant sur l'exemple du pendu. Le comportement sexuel de l'homme ne nécessite généralement pas une décapitation – même symbolique – pour s'exprimer ! (Voir chapitre 11.)

17. W.G. Quinn et R.J. Greenspan, « Learning and Courtship in *Drosophila* : Two Stories With Mutants », *Annu. Rev. Neurosci.,* 7, 1984, p. 67-93.

18. J.M. Jallon, C. Antony et O. Benamar, « Un anti-aphrodisiaque produit par les mâles de *Drosophila melanogaster* et transféré aux femelles lors de la copulation », *C.R. Acad. Sci.,* série III, 292, 1981, p. 1147-1149.

19. L. Tompkins, R.W. Siegel, D.A. Gailey et J.C. Hall, « Conditioned Courtship in *Drosophila* and its Mediation by Association of Chemical Cues », *Behav. Genet.,* 13, 1983, p. 565-578.

20. R.W. Siegel et J.C. Hall, « Conditioned Responses in Courtship Behavior of Normal and Mutant *Drosophila* », *Proc. Nat. Acad. Sci. USA,* 76, 1979, p. 3430-3434.

21. Zénon (vers 500 av. J.-C.) est un des principaux représentants de l'école d'Élée. Selon les philosophes éléates, si les choses paraissent se mouvoir, c'est que l'expérience nous trompe. Zénon utilise l'argument d'« Achille et la tortue » pour démontrer l'inexistence du mouvement : Achille aux pieds légers ne peut rattraper la tortue qu'il poursuit. « Un mobile plus lent ne peut être rejoint par un plus rapide ; car celui qui poursuit doit toujours arriver au point qu'occupait celui qui est poursuivi et où celui-ci n'est plus quand le second y arrive » (Aristote, *Physique,* VI, 9). Voir encore l'argument célèbre de la flèche.

22. E.R. Kandel, *Cellular Basis of Behavior : an Introduction to Behavioral Neurobiology,* San Francisco (Calif.), Freeman, 1976.

23. C.G. Simpson, *The Meaning of Evolution,* New Haven (Conn.), Yale University Press, 1949.
24. W. Hodos et C.B.G. Campbell, « *Scala naturæ :* Why There Is no Theory in Comparative Psychology », *Psychol. Rev.,* 76, 1969, p. 337-350.
25. A. Tixier-Vidal, A. Nemeskeri et A. Faivre-Bauman, « Primary Cultures of Dispersed Fetal Hypothalamic Cell. Ultrastructural and Functional Features of Differentiation », *in* J.D. Vincent et C. Kordon (éd.), *Biologie cellulaire des processus neurosécrétoires hypothalamiques,* Paris, CNRS, 1978.
26. M.J. Gibson et D.T. Krieger, « Neuroendocrine Brain Grafts in Mutant Mice », *Trends Neurosci.,* 8, 1985, p. 331-334.

CHAPITRE VII : Les trois cerveaux

1. C. Blakemore, *Mechanics of the Mind,* Cambridge University Press, 1977.
2. F.J. Gall, *Sur les fonctions du cerveau et sur celles de chacune de ses parties,* Paris, Ballière, 1851.
3. H. Klüver et P.C. Bucy, « Preliminary Analysis of Functions of the Temporal Lobes in Monkeys », *Arch. Neurol. Psych.,* 42, 1939, p. 979-1000.
4. L'« activité » de l'encéphale humain peut être mise en évidence à l'aide d'une caméra à positrons qui enregistre les variations locales du débit sanguin ou de la consommation de glucose (matériel énergétique) par les cellules nerveuses. On peut ainsi obtenir des cartes du cerveau montrant les niveaux instantanés d'activité des différentes régions. Ingvar a pu parler, à propos de ces données objectives, d'« idéographie », en montrant des différences de répartition du débit sanguin dans les différentes régions cérébrales selon l'activité mentale du penseur. On consultera utilement à ce sujet J.P. Changeux, *L'Homme neuronal,* Paris, Fayard, 1983, et D.H. Ingvar, « L'idéogramme cérébral », *Encéphale,* 3, 1977, p. 5-53.
5. J.H. Jackson, « De la nature de la dualité du cerveau », traduit et reproduit par H. Haecan, *La Dominance cérébrale. Une anthologie,* Paris, Mouton, 1978. Sur la théorie de Jackson, on consultera également M. Jeannerod, *Le Cerveau-Machine,* Paris, Fayard, 1983.
6. J. Konorski, *Integrative Activity of the Brain,* University of Chicago Press, 1967.
7. C.L. Hull, *Principles of Behavior,* New York, Appleton, 1943.
8. D.M. Riley et J.J. Furedy, « Psychological and Physiological Systems. Modes of Operation and Interaction », *in* S.R. Burchfield (éd.), *Stress. Psychological and Physiological Interactions,* Washington, Hemisphere Publishing Corporation, 1981.

9. R.W. Sperry, « Mental Unity Following Surgical Disconnection of the Cerebral Hemispheres », *The Harvey Lectures Series,* 62, 1968, p. 293-323.

10. P.D. MacLean, « Sensory and Perceptive Factors in Emotional Functions of the Triune Brain », *in* L. Levi (éd.), *Emotions. Their Parameters and Measurement,* New York, Raven Press, 1975.

11. La maladie de Parkinson atteint habituellement des sujets de plus de cinquante ans. Elle s'installe progressivement avec une contraction permanente des muscles, un ralentissement des mouvements qui deviennent rares et figés, et un tremblement. Les lésions de la substance noire, qui est une partie du striatum, sont la règle avec une destruction des neurones à dopamine. Un traitement par la L. DOPA, précurseur de la dopamine, fait régresser les troubles transitoirement. La chorée de Huntington est une affection dégénérative et héréditaire du système nerveux central. Elle se traduit cliniquement par l'apparition progressive chez l'adulte de mouvements anormaux involontaires et d'une démence. Les lésions touchent principalement le noyau caudé et le cortex frontal.

12. P.D. MacLean, « A Triune Concept of the Brain and Behavior Lecture I. Man's Reptilian and Limbic Inheritance », *in* T. Boag et D. Campbell (éd.), *The Hincks Memorial Lectures,* University of Toronto Press, 1973.

13. M. Snyder et I.T. Diamond, « The Reorganisation and Function of the Visual Cortex in the Three Shrew », *Brain Behav. Evol.,* 1, 1968, p. 244-288.

14. Leibniz définit sous le nom de *monade* une substance simple, inétendue, invisible, active, douée de perception et d'appétition, et qui constitue l'élément dernier des choses. On en rapprochera la notion d'*entéléchie,* qui désigne « la suffisance qui rend les monades sources de leurs actions internes, et pour ainsi dire des automates incorporels » (*la Monadologie,* 18). On ne peut manquer de souligner la parenté du système leibnizien avec certaines conceptions actuelles de la neurobiologie (voir chapitre V).

15. J.M. Fuster, *The Prefrontal Cortex : Anatomy, Physiology and Neuropsychology of the Frontal Lobe,* New York, Raven Press, 1980.

16. J. Seal, C. Gross et B. Bioulac, « Activity of Neurons in Area 5 During a Simple Arm Movement in Monkeys Before and After Deafferentation of the Trained Limb », *Brain Res.,* 250, 1982, p. 229-243.

17. Z. Weiskrantz, « The Interaction Between Occipital and Temporal Cortex in Vision : an Overview », *in* F.D. Schmitt et F.G. Worden (éd.), *The Neurosciences Third Study Program,* Cambridge (Mass.), MIT Press, 1974.

CHAPITRE VIII : Le désir

1. Cité par A. Lalande, in *Vocabulaire technique et critique de la philosophie,* Paris, Presses universitaires de France, 1980, 13e édition.
2. G. Bataille, *Les Larmes d'Éros,* Paris, Jean-Jacques Pauvert, 1964.
3. C.L. Hull, *Principles of Behavior,* New York, Appleton, 1943.
4. S. Freud, *L'Interprétation des rêves,* trad. fr. de I. Meyerson, Paris, Presses universitaires de France, 1967.
5. Stendhal, *De l'amour* (édition H. Martineau), Paris, Garnier, 1959.
6. On trouvera, dans R.J. Herrnstein et E.G. Boring, *A Source Book in the History of Psychology,* Cambridge (Mass.), Harvard University Press, 1965, une sélection de textes concernant notamment l'activité réflexe et l'apprentissage. Watson a donné une synthèse des théories béhavioristes dans J.B. Watson, *Behaviorism,* New York, Norton, 1930. Consulter également l'excellent ouvrage de M. Reuchlin, *Psychologie,* Paris, Presses universitaires de France, 1977.
7. K. Lorenz et N. Tinbergen, « Taxis und Instink Handlung in der Eirollbewegung der Graugans », *Z. Tierpsychol.,* 2, 1938, p. 1-29. En français, on lira sur le problème de l'instinct le chapitre intitulé « Le grand parlement des instincts », in *L'Agression. Une histoire naturelle du mal,* Paris, Flammarion, 1969.
8. W. Craig, « Appetites and Aversions as Constituents of Instincts », *Biological Bulletin,* 34, 1918, p. 91-107.
9. T.C. Schneirla, « The Process and Mechanism of Ant Learning. The Combination Problem and the Successive-Presentation Problem », *J. Comp. Psychol.,* 17, 1934, p. 309-328.
10. Heinrich Heine, « Lorelei », *Livre des chants,* Paris, Aubier, 1947, t. II.
11. Sur la question du renforcement et des associations, consulter le texte original de B.F. Skinner, « The Generic Nature of the Concepts of Stimulus and Response », *Journal of General Psychology,* 12, 1935, p. 40-65. Brinda a tenté une synthèse des approches cognitivistes et éthologiques pour la compréhension des réponses comportementales : voir D. Brinda, « How Adaptative Behavior Is Produced : a Perceptual-Motivational Alternative to Response-Reinforcement », *Behav. Brain Sci.,* 1, 1978, p. 41-91.
12. Voir une critique du concept de *drive* dans M.J. Morgan, « The Concept of Drive », *Trends Neurosci.,* 2, 1979, p. 240-244.
13. N.H. Spector, « The Central State of the Hypothalamus in Health and Disease. Old and New Concepts », *in* P.J. Morgane et J. Panksepp (éd.), *Handbook of the Hypothalamus,* New York, Marcel Dekker, 1980, t. II.
14. Sur la représentation et l'action, voir le chapitre « Représenta-

tion programme », *in* M. Jeannerod, *Le Cerveau-machine,* Paris, Fayard, 1983.

15. U. Ungerstedt, « Stereotaxic Mapping of Mono-Amine Pathways in the Rat Brain », *Acta Physiol. Scand.*, suppl. 367, 82, 1971, p. 1-48.

16. La stéréotaxie est une technique qui permet d'implanter une électrode (pour stimuler ou détruire) dans une région déterminée du cerveau. Il est nécessaire de disposer d'un atlas où sont représentées, sur des planches divisées en coordonnées verticales et horizontales, les principales structures occupant un plan frontal déterminé. La tête du sujet (animal ou homme) étant immobilisée à l'intérieur d'un cadre permettant un repérage précis dans l'espace, il est possible d'introduire les électrodes à l'intérieur du cerveau selon les coordonnées de l'atlas.

17. Voir J.J. Schildkraut, « Current Status of the Catecholamine Hypothesis of Affective Disorders », *in* M.A. Lipton, A. Di Mascio et K.F. Kilam (éd.), *Psychopharmacology : a Generation of Progress,* New York, Raven Press, 1978. E. Zarifian, « Hypothèses mono-aminergiques dans la dépression », *Ann. Biol. Clin.* (Paris), 37, 1979, p. 21-26.

18. Sur la question des neurones dopaminergiques, voir J. Glowinski, J.P. Tassin et A.M. Thierry, « The Mesocortico-Prefrontal Dopaminergic Neurons », *Trends Neurosci.*, 7, 1984, p. 415-418 ; H. Simon et M. Le Moal, « Mesencephalic Dopaminergic Neurons : Functional Role », *in* E. Usdin, A. Carlsson, A. Dahlström et J. Engel (éd.), *Catecholamines.* Part B : *Neuropharmacology and Central Nervous System : Theoretical Aspects. Neurology and Neurobiology,* New York, Alan R. Liss Inc., 1984, t. VIII, p. 293-307 ; H. Simon et M. Le Moal, « Influence des neurones dopaminergiques du mésencéphale sur les processus d'attention et d'intention », *Psychologie médicale,* 17, 1985, p. 939-945 ; H. Simon, B. Scatton et M. Le Moal, « Dopaminergic A10 Neurones Are Involved in Cognitive Functions », *Nature,* 286, 1980, p. 150-151.

19. G. Blanc, D. Hervé, H. Simon, A. Lisoprawski, J. Glowinski et J.P. Tassin, « Response to Stress of Mesocortico-Frontal Dopaminergic Neurones in Rats After Long-Term Isolation », *Nature,* 284, 1980, p. 265-267 ; D. Hervé, H. Simon, G. Blanc, M. Le Moal, J. Glowinski et J.P. Tassin, « Opposite Changes in Dopamine Utilization in the Nucleus Accumbens and the Frontal Cortex After Electrolytic Lesion of the Median Raphe in the Rat », *Brain Res.*, 216, 1981, p. 422-428.

20. J.P. Herman, D. Nadaud, K. Choulli, K. Taghzouti, H. Simon et M. Le Moal, « Pharmacological and Behavioral Analysis of Dopaminergic Grafts Placed Into the Nucleus Accumbens », *in* A. Björklund et U. Stenevi (éd.), *Neural Grafting in the Mammalian CNS,* Elsevier Science Publish, 1985, p. 519-527 ; S.B. Bunnet, A. Björklund, R.H. Schmidt, U. Stenevi et S.D. Iversen, « Behavioral Recovery in Rats With Unilateral 6-OHDA Lesions Following Implantation of

Nigral Cell Suspensions in Different Brain Sites », *Acta Physiol. Scand.*, suppl., 522, 1983, p. 29-37.

21. H. Simon, *Les Neurones dopaminergiques du tegmentum mésencéphalique ventral. Étude anatomique et comportementale chez le rat*, thèse à l'université de Bordeaux II, 1982.

22. D.O. Hebb, *Psychophysiologie du comportement*, trad. fr. de M. King, Paris, Presses universitaires de France, 1958.

23. P. Teitelbaum, T. Schallert et I.Q. Whishaw, « Sources of Spontaneity in Motivated Behavior », *in* E. Satinoff et P. Teitelbaum (éd.), *Handbook of Behavioral Neurobiology*, t. VI : *Motivation*, New York, Plenum Press, 1983.

24. H. Szechtman, H.I. Siegel, J.S. Rosemblatt et B.R. Komisaruk, « Tail-Pinch Facilitates Onset of Maternal Behavior in Rats », *Physiol. Behav.*, 19, 1977, p. 807-809.

25. On trouvera de nombreuses informations sur les « états comportementaux » dans P. Karli, « Complex Dynamic Interrelations Between Sensorimotor Activities and So-Called Behavioural States », in *Modulation of Sensorimotor Activity During Alterations in Behavioral States*, New York, Alan R. Liss, 1984.

26. H.S. Phillips, G. Hostetter, B. Kerdelhue et G.P. Kozlowski, « Immunocytochemical Localisation of LH-RH in the Central Olfactory Pathways of Hamster », *Brain Res.*, 193, 1980, p. 574-579 ; M.N. Lehman, J.B. Powers et S.S. Winans, « Stria Terminalis Lesions After the Temporal Pattern of Copulatory Behavior in the Male Golden Hamster », *Behav. Brain Res.*, 8, 1983, p. 109-128.

27. A propos du rôle de l'acétylcholine dans le cortex et de son éventuelle implication dans certaines démences, voir Y. Lamour et P. Davous, « Démences de type Alzheimer : données récentes », *La Presse médicale*, 12, 1983, p. 1415-1420.

28. M.E. Lewis, M. Mishkin, E. Bragin, R.M. Brown, C. Pert et A. Pert, « Opiates Receptor Gradients in Monkey Cerebral Cortex : Correspondence With Sensory Processing Hierarchies », *Science*, 211, 1981, p. 1166-1169.

29. M. Proust, *A la recherche du temps perdu*, t. I : *Du côté de chez Swann*, Paris, Gallimard, « Bibliothèque de la Pléiade », 1954.

30. J. Garcia, B.K. MacGowan et K.F. Green, « Biological Constraints on Conditionning », *in* A.H. Black et W.F. Prokasy, *Classical Conditionning*, II. *Current Research and Theory*, New York, Appleton, 1972.

31. J. Garcia, W.G. Hankins et K.W. Rusiniak, « Behavioral Regulation of the Milieu Intérieur in Man and Rat », *Science*, 185, 1974, p. 824-831.

CHAPITRE IX : Le plaisir et la douleur

1. Sur l'impossibilité de définir le plaisir, voir l'article « Plaisir » dans A. Lalande, *Vocabulaire technique et critique de la philosophie,* Paris, Presses universitaires de France, 1980, 13e édition.

2. R. Descartes, *Les Passions de l'âme,* Paris, Librairie philosophique J. Vrin, 1970.

3. H. Cureau de La Chambre, *Les Caractères des passions : où il est traité de la nature et des effets des passions courageuses,* Paris, P. Rocolet, 1650.

4. J. Maisonneuve, *Les Sentiments,* Paris, Presses universitaires de France, 1948.

5. M. Scheler, *Le Sens de la souffrance,* trad. fr. de P. Klossowski, Paris, Aubier-Montaigne, édition non datée.

6. A. Bain, *L'Esprit et le Corps,* trad. fr. de P.L. Le Monnier, Paris, Félix Alcan, « Bibliothèque scientifique internationale », 1885.

7. *Op. cit.* (note 6 du chapitre 8).

8. J. Lacan, *Écrits,* Paris, Le Seuil, 1966.

9. B. Spinoza, *L'Éthique,* trad. fr. de R. Caillois, Paris, Gallimard, 1954.

10. « La joie est la passion par laquelle l'esprit passe à une perfection plus grande. » *Lætitia* et *tristitia* ont, chez Spinoza, un sens de plaisir et de douleur plus général que celui de joie et de tristesse retenu chez d'autres philosophes (*cf.* G. Dumas et T. Ribot).

11. Se rapporter à la note 11 du chapitre 8. Sur la « loi de l'effet », voir également le livre de E. Thorndike, *Animal Intelligence,* New York, MacMillan, 1911.

12. La valeur incitative du plaisir dans l'apprentissage a suscité une abondante littérature, de laquelle nous retiendrons L.C. Crespi, « Quantitative Variation of Incentive and Performance in the White Rat », *Amer. J. Physiol.,* 55, 1942, p. 467-517, et F.A. Logan, *Incentive,* New Haven (Conn.), Yale University Press, 1960.

13. N.E. Miller, C.J. Bailey et J.A.F. Stevenson, « Decreased Hunger but Increased Food Intake Resulting From Hypothalamic Lesions », *Science,* 112, 1950, p. 256-259.

14. P. Teitelbaum, « The Use of Operant Method in the Assessment and Control of Motivational States », *in* W.K. Honig (éd.), *Operant Behavior : Areas of Research and Application,* Englewood Cliffs (New Jersey), Prentice-Hall, 1966.

15. *Op. cit.* (note 14 du chapitre 8).

16. H. Bergson, *Matière et Mémoire,* in *Œuvres* (édition du centenaire), Paris, Presses universitaires de France, 1959.

17. On désigne sous ce terme l'appréciation subjective du caractère attractif ou répulsif d'un aliment en fonction de l'état interne du sujet. Ce néologisme est formé du grec *alliosis,* « altération », et *esthesis,*

« qualité sensorielle ». Voir à ce sujet l'article de M. Cabanac, « Physiological Role of Pleasure », *Science,* 173, 1971, p. 1103-1107.

18. M. Cabanac et J. Leblanc, « Physiological Conflict in Humans : Fatigue vs. Cold Discomfort », *Amer. J. Physiol.,* 244, 1983, p. 621-628.

19. J.D. Corbit et T. Ernits, « Specific Preference for Hypothalamic Cooling », *J. Comp. Physiol. Psychol.,* 86, 1974, p. 24-27.

20. J. Olds, « Self Stimulation of the Brain », *Science,* 127, 1958, p. 315-324. Sur l'autostimulation du système nerveux central et la notion de « centres du plaisir », voir H.J. Campbell, *The Pleasure Areas,* New York, Methuen, 1973. On trouvera une excellente revue critique sur le « comportement d'autostimulation », dans B. Cardo, in *Confrontations psychiatriques,* 6, 1970, exposant notamment la contribution de l'école française sur le sujet.

21. J. Olds et M.E. Olds, « Drives, Rewards and the Brain », *in* T.M. Newcombe (éd.), *New Directions in Psychology,* New York, Holt, Rinehart & Winston, 1965, t. II.

22. J.S. Deutsch et C.I. Howarth, « Some Tests of a Theory of Intracranial Self Stimulation », *Psychol. Rev.* 70, 1963, p. 349-553.

23. J. Panksepp, « Hypothalamic Integration of Behavior », *in* P.J. Morgan et J. Panksepp (éd.), *Handbook of the Hypothalamus,* t. III, part. B, *Behavioral Studies of the Hypothalamus,* New York, Marcel Dekker, 1981.

24. J.M.R. Delgado, W.W. Roberts et N. Miller, « Learning Motivated by Electrical Stimulation of the Brain », *Amer. J. Physiol.,* 179, 1954, p. 587-593.

25. A. Sclafani, « Appetite and Hunger in Experimental Obesity Syndromes », *in* D. Novin, W. Wyrwicka et G. Bray (éd.), *Hunger, Basic Mechanisms and Clinical Implications,* New York, Raven Press.

26. P. Schmitt, G. Di Scala, F. Jenck et G. Sandner, « Periventricular Structures, Elaboration of Aversive Effects and Processing of Sensory Information », in *Modulation of Sensori-Motor Activity During Alteration on Behavioral States,* New York, Alan R. Liss, 1984.

27. J.M.R. Delgado, « New Orientation in Brain Stimulation in Man », *in* W. Wauquier et E.T. Rolls (éd.), *Brain Stimulation Reward,* Amsterdam, North Holland, 1976.

28. C.W. Sem-Jacobsen, « Electrical Stimulation and Self Stimulation in Man With Chronic Implanted Electrodes : Interpretation and Pitfalls of Results », *ibid.*

29. *Op. cit.* (note 23 de ce chapitre).

30. *Op. cit.* (note 4 du chapitre 7).

31. *Op. cit.* (note 3 du chapitre 8).

32. M. Leiris, *Miroir de la tauromachie,* Paris, GLM, 1938.

33. N.E. Miller, « Studies of Fear as an Acquirable Drive. I : Fear as Motivation and Fear Reduction as Reinforcement in Learning of New Responses », *J. Exp. Psychol.,* 38, 1948, p. 89-101.

34. K. Lewin, *Psychologie dynamique des relations humaines*, Paris, Presses universitaires de France, 1959.

35. Nous ne pouvons instruire le procès de la psychochirurgie dans une courte note. Nous nous bornerons à raconter brièvement la carrière de E. Moniz (1875-1955) – prix Nobel de médecine 1949 – dans laquelle le grotesque le dispute au monstrueux. Neuropsychiatre portugais, élégant et disert, Egas Moniz eut l'occasion d'entendre le grand physiologiste Fulton exposer devant un congrès de neurologie le cas d'une guenon nommée Becky dont le caractère émotif avait été amélioré par une ablation partielle de ses lobes frontaux. Impressionné par cette observation et sur les bases de cette unique information, Moniz alla, dès son retour au Portugal, trouver son ami Almeida Lima, chirurgien de son état. Les deux compères décidèrent d'intervenir sur le lobe frontal de tout ce que les asiles portugais voulaient bien leur offrir de malades dérangés mentalement. A aucun moment, il ne fut fait mention d'un bilan scientifique rigoureux des résultats, comme si la gravité de l'atteinte suffisait seule à justifier la pratique. En 1950, plus de 20 000 personnes dans le monde, des prisonniers et des enfants, avaient bénéficié de cette « thérapeutique ». Un an après l'attribution du prix Nobel, Moniz reçut également une balle de revolver dans la colonne vertébrale de la part d'un de ses patients, reconnaissant. Depuis, les méthodes se sont perfectionnées, grâce notamment à la stéréotaxie, dont a surtout bénéficié le traitement des épilepsies ; ce qui, soulignons-le, n'a rien à voir avec la psychochirurgie. Les indications de la psychochirurgie restent toujours aussi dépourvues de bases scientifiques malgré la proclamation de la renaissance de la psychochirurgie par Gösta Rylander, in *Proceedings of the Third International Congress of Psychosurgery. Surgical Approaches in Psychiatry*, Cambridge, 1972.

36. S. Freud, « Au-delà du principe de plaisir », in *Essais de psychanalyse*, Paris, Payot, 1927.

37. H.F. Harlow et M.K. Harlow, « The Affectional Systems », *in* A.M. Schrier, H.F. Harlow et F. Stollnitz (éd.), *Behavior of Non-Human Primates : Modern Research Trends*, New York, Academic Press, 1965.

38. *Op. cit.* (note 11 de l'introduction).

39. R. Halperin et D.W. Pfaff, « Brain-Stimulated Reward and Control of Autonomic Function : Are They Related ? », *in* D.W. Pfaff (éd.), *The Physiological Mechanisms of Motivation*, New York, Springer-Verlag, 1982.

40. R.L. Solomon, « The Opponent-Process Theory of Acquired Motivation : the Costs of Pleasure and the Benefits of Pain », *Amer. Psychol.*, 35, 1980, p. 691-712.

41. C. Olievenstein, *Destin du toxicomane*, Paris, Fayard, 1983.

42. On trouvera une revue bien documentée sur la biologie de la toxicomanie dans C. Kornetsky et G. Bain, « Effects of Opiates on

Rewarding Brain Stimulation », *in* Smith et Lane (éd.), *The Neurobiology of Opiate Reward Processes,* Amsterdam, Elsevier Biomedical Press, 1983. Consulter également l'article de R. Solomon dont le sous-titre « Le coût du plaisir et le bénéfice de la douleur » illustre bien le caractère des processus opposants à l'œuvre chez le toxicomane (*op. cit.,* note 40 de ce chapitre).

43. Y.F. Jacquet, « ß-Endorphin and ACTH-Opiate Peptides With Coordinated Roles in the Regulation of Behavior ? », *Trends Neurosci.,* 2, 1979, p. 140-142. Pour le Hyde et Jekyll endorphinique, consulter R.G. Hammonds, P. Nicolas et Choh Hao LI, « ß-Endorphin-(1-27) Is an Antagonist of ß-Endorphin Analgesia », *Proc. Nat. Acad. Sci. USA,* 81, 1984, p. 1389-1390.

44. R. Melzack et P.D. Wall, « Pain Mechanisms : a New Theory », *Science,* 150, 1965, p. 971-979.

45. J.M. Besson, G. Guilbaud, M. Abdelmoumene et A. Chaouch, « Physiologie de la nociception », *J. Physiol.* (Paris), 78, 1982, p. 7-107.

46. P.D. Wall et W.H. Sweet, « Temporary Abolition of Pain in Man », *Science,* 155, 1967, p. 108-109.

47. D. Le Bars, A.H. Dickenson et J.M. Besson, « Opiate Analgesia and Descending Control System », in *Advances in Pain Research and Therapy,* New York, Raven Press, 1982, t. IV.

48. G. Guilbaud, J.M. Besson, J.C. Liebeskind et J.L. Oliveras, « Analgésie induite par stimulation de la substance grise péri-aqueducale chez le chat : données comportementales et modifications de l'activité des interneurones de la corne dorsale de la moelle », *C.R. Acad. Sci.* (Paris), 275, 1972, p. 1055-1057. Pour une revue générale, voir D.J. Mayer, « Endogenous Analgesia Systems : Neural and Behavioral Mechanisms », in *Advances in Pain Research and Therapy,* New York, Raven Press, 1979, t. III.

49. B.P. Roques, M.C. Fournié-Zaluski, E. Soroca, J.M. Lecomte, B. Malfroy, C. Llorens et J.C. Schwartz, « The Enkephalinase Inhibitor Thiorphan Shows Antinociceptive Activity in Mice », *Nature* (Londres), 288, 1980, p. 286-288.

CHAPITRE X : La faim et la soif

1. E. Trochu, « Ma vie », *Bulletin de l'amicale des charbonniers de Paris,* 8, 1937, p. 2-8.

2. J. Hanoune, « Les régulations métaboliques », *in* P. Meyer (éd.), *Physiologie humaine,* Paris, Flammarion, 1977.

3. R.A. Hawkins, A.L. Miller, J.E. Cremer et R.L. Veech, « Measurement of the Rate of Glucose Utilization by Rat Brain *in vivo* », *J. Neurochem.,* 23, 1974, p. 917-923.

4. L'opposition entre les deux seconds messagers GMP et AMP cycliques proposée par Nelson Goldberg n'a pas été vérifiée ; l'hypo-

thèse d'une dualité de systèmes se vérifie toutefois à d'autres niveaux métaboliques et a le mérite d'apporter un peu de clarté dans la complexité des régulations métaboliques.

5. En pratique médicale, on peut déceler la tendance à l'obésité par la mesure de la cellularité du tissu adipeux qui est donnée par le nombre de cellules graisseuses par millimètres cube et leur volume moyen. Cet indice est une caractéristique fixe de l'individu.

6. Brillat-Savarin, *Physiologie du goût,* Paris, Flammarion, 1982.

7. J. Le Magnen, « Bases neurobiologiques du comportement alimentaire », *in* J. Delacour (éd.), *Neurobiologie des comportements,* Paris, Hermann, 1984.

8. J. Louis-Sylvestre et J. Le Magnen, « Palatability and Preabsorbtive Insulin Release », *Neurosci. Biobehav. Rev.,* 4, 1980, p. 43-46.

9. W. Wundt, *Grundzüge der physiologischen Psychologie,* Leipzig, Englemann, 1874.

10. L'oralité se rapporte, dans le jargon d'inspiration freudienne, au stade oral, premier stade de l'évolution libidinale du sujet. La cavité buccale fournit le terrain où s'exprime la première expérience de satisfaction : le prototype de la fixation du désir à un certain objet est donc une expérience orale. La théorie psychanalytique fait l'hypothèse que le désir et la satisfaction sont à jamais marqués par cette première expérience. (*Cf.* J. Laplanche et J.B. Pontalis, *Vocabulaire de la psychanalyse,* Paris, Presses universitaires de France, 1981.)

11. M. Rouff, *Vie et Passion de Dodin-Bouffant,* Paris, Stock, 1984.

12. *Brillat-Savarin, « Physiologie du goût », avec une lecture de Roland Barthes,* Paris, Hermann, 1975.

13. J.E. Steiner, « The Gusto-Facial Response : Observation on Normal and Anencephalic Newborn Infants », *in* J.F. Bosmas (éd.), *4th Symposium on Oral Sensation and Perception,* Washington (D.C.), US Government Printing Office, 1973.

14. *Ibid.*

15. *Op. cit.* (note 7 de ce chapitre).

16. J. Danguir et S. Nicolaïdis, « Feeding, Metabolism and Sleep : Peripheral and Central Mechanisms of Their Interaction », *in* D.J. MacGinty (éd.), *Brain Mechanisms of Sleep,* New York, Raven Press, 1985.

17. F.J. Vaccarino, F.E. Bloom, J. Rivier, W. Vale et G.F. Koob, « Stimulation of Food Intake in Rats by Centrally Administered Hypothalamic Growth Hormone Releasing Factor », *Nature* (Londres), 314, 1985, p. 167-168.

18. R. Dantzer, « Psychobiologie des émotions », *in* J. Delacour (éd.), *Neurobiologie des comportements,* Paris, Hermann, 1984.

19. E. Arnauld et J. Dupont, « Vasopressin Release and Firing of Supraoptic Neurosecretory Neurones During Drinking in the Dehydrated Monkey », *Pflügers Arch. Eur. J. Physiol.,* 394, 1982, p. 195-201.

20. J.D. Vincent, E. Arnauld et B. Bioulac, « Activity of Osmosensi-

tive Single Cells in the Hypothalamus of the Behaving Monkey During Drinking », *Brain Res.*, 44, 1972, p. 371-384.

CHAPITRE XI : L'amour, le sexe et le pouvoir

1. J. Kristeva, *Histoires d'amour,* Paris, Denoël, 1983.
2. Chamfort, *Maximes et Pensées,* VI, 359.
3. G. Zwang, *Abrégé de sexologie,* Paris, Masson, 1976, *La Fonction érotique,* Paris, Laffont, 1976.
4. F. Roeder, H. Orthner et D. Müller, « The Stereotaxic Treatment of Pedophile Homosexuality and Other Sexual Deviations », in *Proceedings of the 2nd International Conference of Psychosurgery,* Copenhague, 1972. Voir aussi note 35 du chapitre 9.
5. M.R. Lebowitz, *La Chimie de l'amour,* Montréal, Les Éditions de l'Homme, 1984.
6. F.A. Beach, « Sexual Attractivity, Proceptivity and Receptivity in Female Mammals », *Horm. Behav.*, 7, 1976, p. 105-138.
7. H. Persky, H.I. Lief, D. Strauss, W.R. Miller et C.P. O'Brien, « Plasma Testosterone Level and Sexual Behavior of Couples », *Arch. Sex. Behav.*, 7, p. 157-173.
8. B. Bohus, « The Influence of Pituitary Neuropeptides on Sexual Behavior », in *Hormones et Sexualité,* Paris, L'Expansion scientifique française, « Problèmes actuels d'endocrinologie et de nutrition », n° 21, 1977.
9. B.S. MacEwen, « Neural Gonadal Steroid Actions », *Science,* 211, 1981, p. 1303-1311.
10. C.D. Toran-Allerand, « Gonadal Hormones and Brain Development : Cellular Aspects of Sexual Differenciation », *Amer. Zool.*, 18, 1978, p. 553-565.
11. S.M. Breedlove et A.P. Arnold, « Hormone Accumulation in a Sexually Dimorphic Motor Nucleus of the Rat Spinal Cord », *Science,* 210, 1980, p. 564-566.
12. S.M. Breedlove, « Hormonal Control of the Anatomical Specificity of Motoneuron-to-Muscle Innervation in Rats », *Science,* 227, 1985, p. 1357-1359.
13. B.R. Komisaruk, N.T. Adler et J.B. Hutchison, « Genital Sensory Field : Enlargement by Oestrogen Treatment in Female Rats », *Science,* 178, 1972, p. 1295-1298.
14. D.B. Kelley, « Auditory and Vocal Nuclei of the Frog Brain Concentrate Sex Hormones », *Science,* 207, 1980, p. 553-555.
15. N. Tinbergen, *The Study of Instinct,* New York, Oxford University Press, 1951.
16. A.P. Arnold, « Quantitative Analysis of Sex Differences in Hormone Accumulation in the Zebra Finch Brain : Methodological and Theoretical Issues », *J. Comp. Neurol.*, 189, 1980, p. 421-436 ;

A.P. Arnold, « Logical Levels of Steroid Hormone Action in the Control of Vertebrate Behavior », *Amer. Zool.*, 21, 1981, p. 233-242. Voir aussi la démonstration que des neurones peuvent se diviser dans le cerveau du serin adulte sous l'influence de la testostérone *in* J.A. Paton et F.N. Nottebohm, « Neurons Generated in the Adult Brain Are Recruited Into Functional Circuits », *Science,* 225, 1984, p. 1046-1048.

17. *Op. cit.* (note 9 de ce chapitre).

18. *Ibid.*

19. On trouvera les données les plus récentes sur la prolactine *in* R.M. MacLeod, M.O. Thorner et U. Scapagnini (éd.), *Prolactin. Basic and Clinical Correlates,* Padoue, Liviana Press ; Berlin, Springer-Verlag, 1985.

20. M.O. Thorner, « Prolactin : Clinical Physiology and the Significance and Management of Hyperprolactinemia », *in* L. Martini et G.M. Besser (éd.), *Clinical Neuroendocrinology,* New York, Academic Press, 1977.

21. C.A. Dudley, T.S. Jamison et R.L. Moss, « Inhibition of Lordosis Behavior in the Female Rat by Intraventricular Infusion of Prolactin and by Chronic Hyperprolactinemia », *Endocrinology,* 110, 1982, p. 677-679.

22. P. Riskind et R.L. Moss, « Midbrain Central Gray : LH-RH Infusion Enhances Lordotic Behavior in Oestrogen Primed Ovariectomized Rats », *Brain Res. Bull.,* 4, 1979, p. 203-205.

23. M. Al Satli, E. Kempf, G. Mack et C. Aron, « Involvement of Dopaminergic Mechanisms in the Control of Ovulation and Sexual Receptivity in Cyclic Female Rats », *Biol. Behav.,* 6, 1981, p. 305-315.

24. M.M. Foreman et R.L. Moss, « Effects of Subcutaneous Injection and Intrahypothalamic Infusion of Releasing Hormones Upon Lordotic Response to Repetitive Coital Stimulation », *Horm. Behav.,* 8, 1977, p. 219-234.

25. On trouvera des données récentes sur le vieillissement du cerveau *in* D. Samuel, S. Algeri, S. Gershon, V.E. Grimm et G. Toffano, *Aging of the Brain,* New York, Raven Press, 1983 ; B. Bioulac et G. Simonnet, « Physiologie du neurone vieillissant », *in* J.P. Emeriau et J.M. Orgogozo (éd.), *Le Cerveau âgé,* Paris, M.K., 1981.

26. Pièce de théâtre écrite par Pablo Picasso vers 1920.

27. Le corps caverneux et le corps spongieux contenant l'urètre forment le tissu érectile du pénis. De l'état flaccide à celui d'érection, le débit sanguin du pénis passe de 10 à 100 millilitres/minute, provoquant la turgescence de la verge.

28. M.L. Stefanick, E.R. Smith et J.M. Davidson, « Penile Reflexes in Intact Rats Following Anesthetization of the Penis and Ejaculation », *Physiol. Behav.,* 31, 1983, p. 63-65.

29. Sur le fiasco, lire « Des fiascos », in *De l'amour, op. cit.* (note 5 du chapitre 8). Stendhal a porté le fiasco à la hauteur d'un art.

30. J.-P. Changeux, « Passage à l'acte », in *L'Homme neuronal,* Paris, Fayard, 1983.
31. R.G. Heath, « Pleasure and Brain Activity in Man. Deep and Surface Electroence-phalograms During Orgasm », *J. Nerv. Ment. Dis.,* 154, 1972, p. 3-18.
32. Saint Bernard, *Œuvres complètes,* trad. de l'abbé Charpentier, Paris, Louis Vives, 1865.
33. S. Freud, cité par C. David, *L'État amoureux,* Paris, Payot, 1971.
34. R.L. Doty, P.A. Green, C. Ram et S. Yankell, « Communication of Gender From Human Breath Odors : Relationship to Perceived Intensity and Pleasantness », *Horm. Behav.,* 1982, p. 13-22.
35. Pour le rôle de l'olfaction dans le comportement sexuel, consulter C. Aron, « La neurobiologie du comportement sexuel des mammifères », *in* J. Delacour (éd.), *Neurobiologie des comportements,* Paris, Hermann, 1984.
36. Tran Ky, F. Drouard et R. Descombes, *Les Racines du sexe,* Paris, Presses de la Renaissance, 1985.
37. M. Bénard, *Guide de la séduction,* Cambes, Edmar, 1985.
38. *Op. cit.* (note 35 de ce chapitre).
39. *Ibid.*
40. E. Alleva, B. D'Udine et A. Oliverio, « Effets d'une expérience olfactive précoce sur les préférences sexuelles de deux souches de souris consanguines », *Biol. Behav.,* 6, 1981, p. 73-78.
41. J. Herbert, « Behavioral Patterns », *in* C.R. Austin et R.V. Short (éd.), *Reproduction in Mammals,* Londres, Cambridge University Press, 1972, t. IV.
42. O.R. Floody, C. Walsh et M.T. Flanagan, « Testosterone Stimulates Ultrasound Production by Male Hamsters », *Horm. Behav.,* 12, 1979, p. 164-171.
43. A.C. Kinsey, W.B. Pomeroy, C.E. Martin et P.H. Gebhard, *Sexual Behavior in the Human Female,* Philadelphie (Penns.), P. Saunders, 1953.
44. D.G. Steel et C.E. Walker, « Male and Female Differences in Reaction to Erotic Stimuli as Related to Sexual Adjustment », *Arch. Sex. Behav.,* 3, 1974, p. 459-470.
45. W.H. Davenport, « Sex in Cross Cultural Perspective », *in* F.A. Beach (éd.), *Human Sexuality in Four Perspectives,* Baltimore (Maryland), Johns Hopkins University Press, 1972.
46. D. Symons, « Precis of the Evolution of Human Sexuality », *Behav. Brain Sci.,* 3, 1980, p. 171-214.
47. G.E. King, « Pair Bonding and Proximal Mechanisms », *Behav. Brain Sci.,* 3, 1980, p. 191-192.
48. W. Rowan, « Relation of Light to Bird Migration and Developmental Changes », *Nature* (Londres), 115, 1925, p. 494-495. Rowan n'avait pas vu le rôle de l'éclairement sur la fonction sexuelle et attribuait les changements observés à un effet d'activation générale du

métabolisme de l'oiseau par la lumière. C'est à Jacques Benoit que revient le mérite d'avoir démontré et su comprendre l'action de la lumière sur la fonction sexuelle chez l'oiseau : J. Benoit, « Activation sexuelle obtenue chez le canard par l'éclairement artificiel pendant la période du repos génital », *C.R. Acad. Sci.* (Paris), 199, 1934, p. 1671-1673.

49. *Op. cit.* (note 41 de ce chapitre).

50. *Ibid.*

51. E.O. Wilson, *Sociobiology : the New Synthesis,* Cambridge (Mass.), Harvard University Press, 1975.

52. F.D. Burton, « Sexual Climax in Female *Macaca mulatta* », in *Proceedings of the 3rd International Congress of Primatology,* Bâle, Karger, 1971.

53. *Op. cit.* (note 46 de ce chapitre).

54. *Ibid.*

55. C.S. Ford, *A Comparative Study of Human Reproduction,* New Haven (Conn.), Yale University Press, 1945.

56. *Op. cit.* (note 43 de ce chapitre).

57. *Op. cit.* (note 46 de ce chapitre).

58. Y. Assenmacher, « Rythmes des sécrétions hormonales », *Courrier du CNRS,* 57, 1984, p. 18-26.

59. S. Hansen, P.D. Södersten et B. Srebro, « A Daily Rhythm in the Behavioral Sensitivity of the Female Rat to Oestradiol », *J. Endocrinol.,* 77, 1978, p. 381-388.

60. C.E. MacCormack et R. Sridaran, « Timing of Ovulation in Rats During Exposure to Continuous Light : Evidence for a Circadian Rhythm of Luteinizing Hormone Secretion », *J. Endocrinol.,* 76, 1978, p. 135-144.

61. *Op. cit.* (note 41 de ce chapitre).

62. *Op. cit.* (note 35 de ce chapitre).

63. *Ibid.*

64. « Le désir est la concupiscence de la chose absente », saint Augustin (Enarratio in psalmis). Lire les *Lettres portugaises* dans l'édition de F. Deloffre et J. Rougeot, Paris, Garnier, 1962.

65. J.R. Wilson, R.E. Kuehn et F.A. Beach, « Modification in the Sexual Behavior of Male Rats Produced by Changing the Stimulus Female », *J. Comp. Physiol. Psychol.,* 56, 1963, p. 636-644.

66. J.C. Schwartz, J. Costentin, M.P. Martres, P. Protais et M. Baudry, « Modulation of Receptor Mechanisms in the CNS : Hyper and Hyposensitivity to Catecholamines », *Neuropharmacology,* 17, 1978, p. 665-685.

67. J. Bancaud, « Épilepsies », in *Encyclopédie médico-chirurgicale,* partie « Neurologie », Paris.

68. A. Jost, « Development Sexual Characteristics », *Science,* 6, 1970, p. 67-71.

69. N.J. MacLusky et F. Naftolin, « Sexual Differentiation of the Central Nervous System », *Science*, 211, 1981, p. 1294-1302.

70. *Op. cit.* (note 9 de ce chapitre).

71. *Ibid.* ; R. Massa et L. Martini, « Interference With the α-Reductase System. New Approach for Developing Anti-Androgens », *Gynecol. Invest.*, 2, 1971-1972, p. 253-270.

72. P.G. Davis et R.J. Barfield, « Activation of Masculine Sexual Behavior by Intracranial Oestradiol Benzoate Implants in Male Rats », *Neuroendocrinology*, 28, 1979, p. 217-227 ; « Activation of Feminine Sexual Behavior in Castrated Male Rats by Intrahypothalamic Implants of Oestradiol Benzoate », *Neuroendocrinology*, 28, 1979, p. 228-233.

73. G. Dörner, F. Döcke et S. Moustafa, « Homosexuality in Female Rats Following Testosterone Implantation in the Anterior Hypothalamus », *J. Reprod. Fertil.*, 17, 1968, p. 173-175, et « Differential Localization of a Male and Female Hypothalamic Mating Center », *J. Reprod. Fertil.*, 17, 1968, p. 583-586.

74. J. Crichton-Browne, « On the Weight of the Brain and its Component Parts in the Insane », *Brain*, 2, 1880, p. 42-67.

75. Des études de Jurgutis (1957), citées dans l'édition russe de Blinkov et Glezer (*The Human Brain in Figure and Tables*, New York, Basic Books, 1968), ont montré que la longueur moyenne de l'hémisphère gauche du cervelet de l'homme adulte était de 61,32 0,30 millimètre pour 62,08 0,28 pour l'hémisphère droit. Chez la femme, il n'existait pratiquement plus d'asymétrie : 58,22 0,23 à gauche, pour 58,25 0,22 à droite. Le cerveau de la femme est donc plus petit et moins asymétrique que celui de l'homme.

76. A. Buffery et J. Gray, « Sex Difference in the Development of Spatial and Linguistic Skills », *in* C. Ounsted et D. Taylor (éd.), *Gender Differences, Their Ontageny and Their Significance*, Edimbourg, Churchill Livingstone, 1972.

77. J. McGlone, « Sex Differences in Human Brain Asymmetry : a Critical Survey », *Behav. Brain Sci.*, 3, 1980, p. 215-263.

78. *Ibid.*

79. *Ibid.*

80. R. Harter Kraft, « Lateral Specialization and Verbal/Spatial Ability in Pre-school Children : Age, Sex and Familial Handedness Differences », *Neuropsychologia*, 22, 1984, p. 319-335.

81. R.A. Gorski, R.E. Harlan, C.D. Jacobson, J.E. Shryne et A.M. Southam, « Evidence for the Existence of a Sexually Dimorphic Nucleus in the Preoptic Area of the Rat », *J. Comp. Neurol.*, 193, 1980, p. 529-539.

82. F.W. Van Leeuwen, A.R. Caffe et G.J. De Vries, « Vasopressin Cells in the Bed Nucleus of the Stria Terminalis of the Rat. Sex Differences and the Influence of Androgens », *Brain Res.*, 325, 1985, p. 391-394.

83. D.W. Pfaff, « Neurobiological Mechanisms of Sexual Motivation », *in* D.W. Pfaff (éd.), *The Physiological Mechanisms of Motivation*, New York, Springer-Verlag, 1982.
84. *Ibid.*
85. *Op. cit.* (note 35 de ce chapitre).
86. *Op. cit.* (note 69 de ce chapitre).
87. G. Dörner, F. Götz et W.D. Döcke, « Prevention of Demasculinization and Feminization of the Brain in Prenatally Stressed Male Rats by Perinatal Androgen Treatment », *Exp. Clin. Endocrinal.* 81, 1983, p. 88-90.
88. G. Dörner, B. Schenk, B. Schmiedel et L. Ahrens, « Stressful Events in Prenatal Life of Bi and Homosexual Men », *Exp. Clin. Endocrinol.*, 81, 1983, p. 83-87.
89. *Ibid.*
90. J. Money et A.A. Ehrhardt, *Man and Woman, Boy and Girl : the Differentiation and Dimorphism of Gender Identity From Conception to Maturity*, Baltimore (Maryland), Johns Hopkins University Press, 1972.
91. *Op. cit.* (note 41 de ce chapitre). La description de cas de pseudo-hermaphrodisme mâle observés en Amérique centrale semble contredire l'opinion de Money. Ces individus génétiquement mâles naissent avec des organes génitaux externes femelles du fait d'un déficit en enzyme (5-α-réductase) permettant la transformation de la testostérone en hydrotestostérone, seule forme active dans la différenciation des organes génitaux mâles. Ces enfants sont élevés comme des filles ; mais, à la puberté, peut-être en raison d'une plus forte sécrétion de testostérone, les petites filles se transforment en garçons. Contrairement à ce que l'on pourrait attendre de la théorie qui lie l'identité de genre aux facteurs sociaux et éducatifs, ces adolescents s'acceptent comme garçons et se servent normalement de leurs nouveaux organes mâles. Ehrhardt remarque toutefois que le fond socio-culturel de ces observations n'a pas été suffisamment examiné pour éliminer toute influence du milieu dans les premières années de la vie de l'enfant. (J. Imperato-McGinley, R.E. Peterson, T. Gautier et E. Sturla, « Androgens and the Evolution of Male-Gender Identity Among Male Pseudo-Hermaphrodites With 5-α-Reductase Deficiency », *N. Engl. J. Med.*, 300, 1979, p. 1233-1237.) Sur le problème d'identité de genre, consulter S.W. Backer, « Psychosexual Differentiation in the Human », *Biol. Reprod.*, 22, 1980, p. 61-72 ; A.A. Ehrhardt et H.F.L. Meyer-Bahlburg, « Effects of Prenatal Sex Hormones on Gender-Related Sex Behaviour », *Science*, 211, 1981, p. 1312-1319.
92. *Op. cit.* (note 41 de ce chapitre).
93. S. Freud, *Essais de psychanalyse*, Paris, Payot, 1927.
94. S. Le Vay, « A Difference in Hypotalamic Structure Between Heterosexual and Homosexual Men », *Science*, 253, 1991, p. 1034-

1037. On consultera également *Scientific American*, 270, 1994, p. 19-32.

95. J. Vague et G. Favier, « Hormones sexuelles et homosexualité », in *Hormones et Sexualité*, Paris, L'Expansion scientifique française, « Problèmes actuels d'endocrinologie et de nutrition », n° 21, 1977.

96. Lou Andreas-Salomé, *Éros*, Paris, Éditions de Minuit, 1984.

97. Sur le problème de la dominance, lire I.S. Bernstein, « Dominance : the Baby and the Bathwater », *Behav. Brain Sci.*, 4, 1981, p. 419-457.

98. I.S. Bernstein, R.M. Rose et T.P Gordon, « Behavioral and Environmental Events Influencing Primate Testosterone Levels », *J. Human Evol.*, 3, 1974, p. 517-525.

99. E.B. Keverne, « Sexual and Aggressive Behavior in Social Groups of Talopoin Monkeys », in *Sex Hormones and Behavior* (Ciba Foundation Symposium 62, New Series), Amsterdam, Elsevier North Holland, 1979.

100. L.A. Bowman, S.R. Dilley et E.B. Kerverne, « Suppression of Oestrogen. Induced LH Surges by Social Subordination in Talopoin Monkeys », *Nature* (Londres), 275, 1978, p. 56-58.

101. A. Cohen, *Belle du Seigneur*, Paris, Gallimard, 1968.

CHAPITRE XII : Le sourire au pied de l'échelle

1. W. James, *The Principles of Psychology*, Cambridge (Mass.), Harvard University Press, 1983.

2. J.P. Sartre, *Esquisse d'une théorie des émotions*, Paris, Hermann, 1965.

3. J. Panksepp, « Toward a General Psychobiological Theory of Emotions », *Behav. Brain Sci.*, 5, 1982, p. 407-467.

4. G. Mandler, « The Search for Emotion », *in* L. Levi (éd.), *Emotions : Their Parameters and Measurement*, New York, Raven Press, 1975.

5. E. Blass, « Prenatal and Post-Natal Determinants of Suckling and Sexual Behaviors in Rats », in *Ethologie 85* (19th International Ethological Conference), Toulouse, université Paul-Sabatier, 1985.

6. *Ibid.*

7. *Ibid.*

8. Il est possible d'induire chez des rates vierges une lactation par présentations successives de petits à la rate, qui finit par adopter un comportement maternel et devient lactante au bout de quelques jours (C. Montagnese, U. 176, INSERM, résultats encore non publiés).

Notons qu'on observe alors les modifications de structures décrites dansle cerveau de la rate lactante par Théodosis et coll., *op. cit.* (note 7 du chapitre 4).

9. R.S. Bridges, « A Quantitative Analysis of the Role of Dosage

Sequences, and Duration of Estradiol and Progesterone Exposure in the Regulation of Maternal Behavior in the Rat », *Endocrinology,* 114, 1984, p. 930-940.

10. R.A. Hinde, *Biological Bases of Human Social Behavior,* New York, McGraw-Hill, 1974.

11. M.H. Klauss, R. Jerauld, N.C. Kreger, W. McAlpine, M. Steffa et J.H. Kennell, « Maternal Attachement : Importance of the First Post-Partum Days », *N. Engl. J. Med.,* 286, 1972, p. 460-463.

12. P. De Chateau, *Neonatal Care Routines : Influences on Maternal and Infant. Behavior and on Breast Feeding,* thèse à l'université d'UMEA, Suisse, 1976.

13. *Op. cit.* (note 11 de ce chapitre).

14. *Op. cit.* (note 11 de l'introduction).

15. *Op. cit.* (note 37 du chapitre 9).

16. B.A. Hamburg, « The Biosocial Bases of Sex Difference », *in* S.L. Washburn et E.R. McCown (éd.), *Perspectives on Human Evolution : Biosocial Perspectives,* New York, Holt, Rinehart & Winston, 1978.

17. R.H. Rahe, « Subject's Recent Life Chances and Their Future Illness Reports », *Ann. Clin. Res.,* 4, 1972, p. 250-265.

18. M. Frankenhaeuser et B. Gardell, « Underload and Overload in Working Life : Outline of a Multidisciplinary Approach », *J. Human Stress,* 2, 1976, p. 35-46.

19. H. Anisman, « Time Dependent Variations in Aversively Motivated Behaviors : Non Associative Effects of Cholinergic and Catecholaminergic Activity », *Psychol. Rev.,* 82, 1975, p. 359-385.

20. Voir une revue très détaillée sur la neuro-endocrinologie des émotions chez R. Dantzer, « Psychobiologie des émotions », *in* J. Delacour (éd.), *Neurobiologie des comportements,* Paris, Hermann, 1984.

21. R.L. Conner, J. Vernikos-Danellis et S. Levine, « Stress, Lighting and Neuroendocrine Function », *Nature* (Londres), 234, 1971, p. 584-586.

22. J.P. Henry et P.M. Stephens, *Stress, Health and the Social Environment,* New York, Springer-Verlag, 1977. Cet ouvrage remarquable contient une somme de renseignements non seulement sur la biologie du stress, mais encore sur la sociobiologie des maladies.

23. E.T. Rolls, *The Brain and Reward,* Oxford, Pergamon, 1975.

24. B.J. Carroll, « Limbic System-Adrenal Cortex Regulation in Depression and Schizophrenia », *Psychosom. Med.,* 38, 1976, p. 106-121.

25. R.M. Sapolsky et B.S. MacEwen, « Adrenal Steroids and the Hippocampus : Involvment in Stress and Aging », *in* R. Isaacson et K. Pribram (éd.), *The Hippocampus,* New York, Plenum Press, 1985.

26. *Op. cit.* (note 20 de ce chapitre).

27. R.C. Bolles et M.S. Fanselow, « A Perceptual-Defensive-Recupe-

rative Method of Fear and Pain », *Behav. Brain Sci.*, 3, 1980, p. 291-323.

28. M.S. Fanselow et R.C. Bolles, « Naloxone and Shock Elicited Freezing in the Rat », *J. Comp. Physiol. Psychol.*, 93, 1979, p. 736-744.

29. *Op. cit.* (note 22 de ce chapitre).

30. J.P. Henry et J.P. Mechan, « Psychosocial Stimuli, Physiological Specificity and Cardio-Vascular Disease », *in* H. Weiner, M.A. Hojer et A.J. Stunkard (éd.), *Brain Behavior and Bodily Diseases*, New York, Raven Press, 1981.

31. S. Schachter, « Cognition and Peripheralist-Centralist Contreversies in Motivation and Emotion », *in* S. Gazzaniga et C. Blakemore (éd.), *Handbook of Psychobiology*, New York, Academic Press, 1975.

32. C.R. Darwin, *The Expression of the Emotions in Man and Animals*, University of Chicago Press, 1965.

33. G.B. Duchenne de Boulogne, *Mécanisme de la physionomie humaine ou Analyse électrophysiologique de l'expression des passions*, Paris, Baillière, 1876.

34. P. Ekman, « L'expression des émotions », *La Recherche*, 11, 1980, p. 1408-1415.

35. P. Ekman, « Universals and Cultural Differences in Facial Expressions of Emotion », *in* J.K. Cole (éd.), *Nebraska Symposium on Motivation*, Lincoln (Nebr.), University of Nebraska Press, 1972.

36. *Op. cit.* (note 34 de ce chapitre).

37. P. Ekman, R.W. Levenson et W.V. Friesen, « Autonomic Nervous System Activity Distinguishes Among Emotions », *Science*, 221, 1983, p. 1208-1210.

38. R.B. Zajone, « Emotion and Facial Efference : a Theory Reclaimed », *Science*, 228, 1985, p. 15-20. Les travaux d'Ekman et la réactualisation de la théorie de Waynbaum donnent une base scientifique sérieuse à la *physionomie*, « science » qui essaie de correler le tempérament, le caractère ou la personnalité du sujet aux traits de son visage. Si l'expression faciale exerce une action en retour sur l'organisme, peut-être n'est-il pas inutile, par ailleurs, de souligner l'intérêt de faire bonne figure en toute circonstance pour conserver la santé...

39. D.G. Freedman, *Human Infancy : an Evolutionary Perspective*, New York, Wiley (Halshed), 1974.

40. *Op. cit.* (note 22 de ce chapitre).

41. N. Chomsky, *Aspects de la théorie de la syntaxe*, trad. fr., Paris, Le Seuil, 1971.

42. H.F. Harlow, J.L. McGaugh et R.F. Thompson, *Psychology*, San Francisco (Calif.), Albion Publications, 1971.

43. T.B. Brazelton, E. Tronick, L. Adamson, H. Als et S. Weise, « Early Mother Infant Reciprocity », in *Parent-Infant Interactions* (Ciba Foundation Symposium n° 33), Amsterdam, Elsevier North Holland, 1975.

44. Eibl-Eibesfeldt, *The Ethology of Man,* New York, Holt, Rinehart & Winston, 1975.

45. C. Travarthen, « The Structure of Motives for Human Communication in Infancy : a Ground-Plan for Human Ethology », in *Éthologie 85* (19th International Ethological Conference), Toulouse, université Paul-Sabatier, 1985.

TABLE

Première partie
FLUIDES

Imprimé en France en janvier 2016
par l'Imprimerie Maury S.A.S. à Millau (12)

N° d'impression : A16/53490B
N° d'édition : 7381-1083-3
Dépôt légal : mars 2002